什么把我们
变成了
这样的哺乳动物

I, MAMMAL
THE STORY
OF WHAT MAKES US MAMMALS

U0180972

［英］利亚姆·德鲁（Liam Drew）著

钟与氏 译

我，哺乳动物

重庆大学出版社

献给玛丽安娜、伊莎贝拉和克里斯蒂娜以及克里夫

CONTENTS
目录

有些动物处处与别处的相同，而另一
些各部分都不同。

——亚里士多德

序

我的家人和别的哺乳动物

　　按照标准的现代风尚，克里斯蒂娜去了浴室，而我在起居室里踱来踱去。这是我们第五次尝试怀孕，但直到这个月，克里斯蒂娜准时的身体才表示，这一次可以从盒子里掏出一种塑料条——这种塑料条会告诉我们，新生的胎盘是否已经往母亲的血液里释放出激素。

　　7个月以后，伊莎贝拉出生了，比预产期提前了8周。第二天早晨，我筋疲力尽地坐在克里斯蒂娜的床边，整个人都处于震惊状态。伊莎贝拉没有成熟到可以吮吸奶水，我们也不知道母亲的身体是否已准备好泌乳，所以我就在一边看了 20 分钟克里斯蒂娜挤压又放开那个塑料泵。最后，她用一个小塑料针筒从乳头周围收集到了几小滴初乳。在伊莎贝拉的病房里，护士（我们怀疑他的洗手服下面藏着一对天使的羽翼）高举注射器的样子就好像克里斯蒂娜是全市集最棒的奶牛。他把这几滴初乳加入进准备好的配方奶，然后把混合物轻柔地推进从伊莎贝拉嘴里通向胃部的塑料管。

很快，沉重的电子装置取代了手持泵。由于伊莎贝拉一直住在医院里，我们在家中度过的前几周的夜晚并没有婴儿的哭闹，只有克里斯蒂娜那发出的勇毅的机械嗡鸣声。直到伊莎贝拉满月时，护士乔伊忽然说是时候让她尝试奶瓶了。我们紧张而期待地盯着乔伊把橡胶奶嘴送到伊莎贝拉嘴边（那里已经没有管子了）——然后我们渴望着，笑起来，感受焦虑的死结缓缓解开——眼看着伊莎贝拉第一次开始吮吸。

现在，克里斯蒂娜托起乳头在伊莎贝拉面前晃圈，又一个星期之后，伊莎贝拉才能抓到它。这是个纯然欢喜的时刻。我内心洋溢着惊叹、喜悦与轻松，着迷地盯着我女儿脸蛋上那个小洼儿有节奏地鼓起和消失。

那时候我并没有想"瞧瞧，我的伴侣和女儿正在进行一种独特的哺乳动物行为"，当然我知道这就是。但在那几周里我没有完整地想过什么事情，没有持久或智力意义上地想过什么。那段时间，我仅仅在作出反应或回应以及感觉。我的感受非常敏锐，那时我用上了大脑中不太常用的部分。某些新东西驱动着我。

伊莎贝拉在医院里住了两个月。第一个月，是克里斯蒂娜和我生命里最难熬的一段日子，但它也充满欢乐。新生儿监护室使我们不断在两类情绪之间摆荡：为人父母的心悦满足和暗无天日的"要是万一……"这种恐惧的量级是全新的，它践踏快乐且因这份快乐的能量而滋长。

在条件允许时，我们尽可能多把伊莎贝拉从她的控温摇篮里抱出来，放在胸口，通常是克里斯蒂娜的胸前，他们管这叫"袋鼠护理"。但是大多数时候，我只是静静地坐在女儿睡着的摇篮边。我会念念叨叨，用消过毒的手穿过塑料门，让她知道我在那里，并且——以我所有的力量——祈望她能好好的。

我恳求伊莎贝拉的身躯，可以像在子宫里一样做好自己的事。我关切的全是她的医生每天最担心的那些事情。有时候是她的消化道，有时是她的呼吸或进食……我会在脑中描绘，比如说，她的肺部以及那些控制它的神经，祈祷着这些结构可以像其原本应该的那样好好发育，这些神经能好好成长延伸，直至抵达且抓牢它们的目标。

在伊莎贝拉的预产日期的前一天，我们离开了医院。我们三个在电梯里下行，就好像第二个产道把我们挤到了外面的世界。伊莎贝拉还很脆弱，但她现在是健康的。我们很幸运。

我现在是个更懂感恩的人，不过后续的磨难不止于此。我见证了怀孕、生育和哺乳的生理代价。我们俩，尤其是克里斯蒂娜，艰难经历了此前不曾料想到的失眠与耗竭。我眼看着她从身到心成为一个母亲，而我自己也体验了成为人父的心智改变。我不一样了。以前，我会把自己首先视为一个自在游荡的大脑、一个心灵、一道认知之流：我思，故我在。如今不复如此。20 年来，我研习生物学；到头来，我理解了我是生物。

本书第一章是关于一个问题的调查：为什么大多数雄性哺乳动物的睾丸都装在一个皱巴巴的袋子里，而非深居腹部保护之中。这是一篇单独的文章，写在我和克里斯蒂娜为人父母之前。（其实，在每一次备孕失败之后我们都会怀疑那个差点踢到我关键部位的足球，痛苦的情感冲击引发了这个故事）。伊莎贝拉出生以后，*Slate* 杂志发表了这篇文章，我以为这就完了。但后来，在忙着喂养伊莎贝拉几个月以后，我发觉自己在计划做类似的调查，这次是关于演化生物学对哺乳的起源的说法。

乳汁，就和阴囊一样，是哺乳动物独有的生物特征。其他动物都不像哺乳动物那样哺育幼崽；事实上正是乳腺这个词启发了"哺乳动物"之名。这个领域于我而言似乎已经很熟悉，一个主题慢慢浮现——我又回到了古代哺乳动物的历史之中，思考许多纪元之前，一种非常特定的动物类型如何演化出一种非常特定的性状，而这种性状塑造了我现在的生活方式。然后，关于那些当爹之后萦绕心头的问题，自从我对它们稍加思索，就发现其中不少是典型的哺乳动物问题。我们的女儿在子宫里发育，靠胎盘提供营养。在医院里，她的体温受到严格监控以确保略高于环境温度。而当上了父母的情感波动，不也是件非常哺乳动物的事？显然是大脑推动了这种转变：挣扎于依恋与焦虑、以经验性的现实呈现万事万物的大脑；哺乳动物独有的、被层叠灰质所包裹的大脑。

过去，当我思考自己哪些特性可以归功于演化的时候，兴趣总是不离我的脑，以及猿类如何跨越一个多由脑所定义的门槛从而成为人类。但现在，被为人父母的生物性急迫所驱，我想回溯得更远。我想拼凑起整个图景，试着理解究竟是什么把我变成了这样的哺乳动物。

世界上的哺乳类

食蚁兽（aardvarks）、土狼（aardwolves）和羊驼（alpaca）。河狸（beavers）、河狸鼠（coypus）和犬羚（dik-diks）。象（elephants）、狐狸（foxes）、长颈鹿（giraffes）、鬣狗（hyenas）、羚羊（impalas）、豺（jackals）、袋鼠（kangaroos）、豹（leopards）、海牛（manatees）、独角鲸（narwhals）和猩猩（orangutans）。北美负鼠（opossums）和澳洲负鼠（possums）。短尾矮袋鼠（quokkas）和犀（rhinoceroses）。松鼠（squirrels）和貘（tapirs）。乌干达赤羚（uganda kob）、田鼠（voles）和角马（wildebeests）。异关节总目（xenarthra，以后会提到这一类哺乳动物——我这儿最正当

的 X）。牦牛（yaks）和斑马（zebras）[1]。

哺乳动物这个词，把重达 150 吨的蓝鲸和轻至 2 克的小臭鼩（etruscan shrew）、1 英寸长的凹脸蝠（bumblebee bat）和 6 吨重的非洲象（african elephant）打包在一块儿。它牵起虎的沉着、鼹鼠的潜行与袋鼠的弹跳，亦结合了犰狳的奇异与猫的家常。

哺乳动物生活在地球上的所有栖息地。它们飞驰、跳跃、漫步、挖洞、滑翔、游泳和飞行。它们扩散得如此之广，生物学家常常把恐龙衰落之后的那段时期称为"哺乳动物时代"。

据 2005 年的第三版《世界哺乳动物物种》［MSW，分为两卷，由唐·威尔逊（Don Wilson）和迪伊安·里德（DeeAnn Reeder）编撰］，目前世上有 5 416 个哺乳类物种。

即将出版的第四卷 MSW 里会有更多物种。自第三版出版以来，动物学家们在刚果民主共和国找到了新猴子，巴布亚新几内亚找到了新狐蝠，澳大利亚有新海豚，塞浦路斯有新鼠，印度尼西亚发现了新无牙鼠，在中国发现了天行长臂猿（Star Wars gibbon），以及一种此前未定种的马来西亚豹[2]。

---

1 土狼是一种像鬣狗的生物，犬羚是一种小羚羊。独角鲸是一种长独角的鲸。短尾矮袋鼠是一种和猫差不多大的有袋类动物，集合了袋鼠、鼠类和兔子的特点。乌干达赤羚是另一种羚羊，雄性会用哨声标记领地。（译注：此处作者列举的动物名称从 A—Z 排列。）

2 有些是全新的物种，有些是此前被认为是同一物种下两个亚种的生物，实际上它们的差异大到足以成为两个物种。

我参考的这两卷 MSW 不动如山地立在架子上。扉页的标签上写着"不得带出图书馆"。我喜欢与这般沉重权威的物件进行现实互动，而非点击网站。当我把厚达 1400 页的第二卷放在桌上时，桌子都在颤抖。

这书本质上是一个长而宏伟的清单。每个标准格式条目会给出这个物种的学名和俗名，然后是首位描述和（或）命名该物种的人，以及相应的年代。然后是 5~20 行关于该物种生存的分类学事实。里面既没有图片，也没有对这种动物的精确描述。这本书的浩瀚，既证明了生物的多样性，也见证了人类描述它的努力，但这两者都无夸耀之嫌；有赖读者的想象力去充分理解这些事实。

在最高一级，哺乳动物被分成 3 个大小悬殊的类别：单孔类（monotreme）、有袋类（marsupial）和胎盘类（placental）哺乳动物。MSW 从单孔类开始：澳大拉西亚[3] 的鸭嘴兽和四种亲缘关系很近的刺食蚁兽（spiny anteaters，即针鼹echidnas，读作 e-KID-nas）。然后 MSW 列出了 331 种有袋类动物。大多数有袋类和澳大拉西亚的单孔类动物生活在一块儿，但也有不少栖息在南美，还有一个物种叫弗吉尼亚负鼠（Virginia opossum），在北美安了家。

---

3 生态学上的 Australasia ecozone（澳新界）地区有许多独特的动植物，且有共同演化史。包括澳大利亚、新几内亚及邻近岛屿，以及印度尼西亚部分岛屿。——译注

剩下的 5080 种胎盘类哺乳动物分布在全世界。其中，1116 种是哺乳王国的飞行家，即蝙蝠；2277 种是啮齿类。事实上，啮齿动物占据了 MSW 整个第二卷。小鼠、家鼠、田鼠、松鼠、花栗鼠、沙鼠、豚鼠和它们的亲属们占所有哺乳动物的 40%。

啮齿动物和蝙蝠之外的哺乳动物数量仅有 1687 种。这里面包括了那些让塞伦盖蒂草原的游客们屏息凝神的物种：成群结队不断迁徙的角马、与它们同行追寻雨水的斑马和羚羊；其他食草动物拨拉草丛的时候，长颈鹿在啃食树顶的叶子；猎豹琢磨着下一个追踪对象，低吼的土狼到处搜寻腐肉；狮群打着瞌睡，消化昨天的猎物。别处还有着稀毛的灰色巨物：成群的非洲象、臃肿的河马和横冲直撞的犀牛。

亚洲也有犀牛和象。这里是犀牛远祖的家乡，而象起源于非洲。

哺乳动物在陆地上演化（这一点很重要），但有两个不同支系后来恢复了完全水生。鲸目（cetaceans，包括海豚和鲸）、海牛和儒艮（dugong）的祖先，分别演化出了只能在水中生活的动物。海豹（seals）、海狮和海象也朝着这个方向发展：它们可以在陆地上活动，但是游起泳来绝对更优美。蓝鲸是有史以来最大的动物（光舌头就和一头大象一样重），而它以磷虾之类的小虾米为食。我二十出头时曾泛舟墨西哥的太平洋海岸，虽从未搞清当时在一旁翻波的是哪一种鲸鱼，但永远不会忘怀看到它们时内心涌起的谦卑之情。海牛分布在佛罗里达和加勒比海岸，它们安详又可爱。这种动物启发了美人鱼的传说，它通过调整肠胃气体来控制上浮。北极熊是另一种惯于水事的哺乳动物，主要捕猎海豹，并且在北极圈安了家。

现在，黑熊会乱翻北美居民的垃圾箱，它是直接或间接受到人类影响的诸多哺乳动物之一。狼和猫科捕食者的后代如今生活在人类屋檐下。绵羊、牛、猪和鹅被人类繁育喂养，直到适合端上餐桌。奶牛（还有山羊和绵羊）的奶成了巨大的产业。

每个大陆和国家都有自己独特的哺乳动物居民。我们的女儿伊莎贝拉出生在美国，这个国家拥有大约 500 种哺乳动物，而我的家乡英国（现在我们已经回到这里）的物种相对有限。大约 100 种哺乳动物生活在英国。狐狸小跑，獾和刺猬漫步。我们这里有鹿，有多产的野兔，偶尔也有水獭。红松鼠越来越少见，因为灰松鼠——维多利亚时代从北美被引入——越来越多。海豹和海豚在这里的海岸边游弋，某些鲸也偶有露面。英国没什么对你有害的生物，大多都只是温柔地吸引着你。

在世间的奇异哺乳动物之中，当有非洲刚果盆地英雄鼩的大名，它有融合的脊椎。有一只鼩曾担负了一个成年男子单脚站在它背上的体重，后来它溜走了，用目击者的话说，它"并未从这件疯狂经历中受到多大损害"。从中非到南非，食蚁兽长长的吻部一夜可钓出多达 50000 只昆虫，但每年都会破例大嚼"食蚁兽黄瓜"，这是一种在地下生长的水果，完全依赖食蚁兽来繁殖。一只松鼠的脚踝可以转动 180 度。裸鼹鼠会活上几十年，几乎不变老，也不得癌症；它们住在地底下，类似于社会性昆虫，有组织地服务于女王，它一窝可以生产 30 多个幼崽。

"智人"（Homo sapiens）出现在 MSW 的第 182 页。我们的分布状况是"广布"，我们的存续状态是"完全无危"。因为每一个物种都有一个"模式"——这是一个最初样本，可以与其他动物相比较——又因为智人是分类学家卡尔·林奈（Carl Linnaeus）在 1758 年给我们的命名，所以人类的模式标本被规定为他的故乡的人：瑞典乌普萨拉。人类被概括在 19 行里。我们没有得到什么特殊待遇，智人只是灵长目的末一条。

哺乳动物朝着数千个方向分岔出去，我们人类只构成生命之树上小小一根嫩枝。也许只有在这根枝条上，才伸出了一只手勾画出整棵树的模样，也只有这儿的心灵才能形成观念，理解这棵树如何生长，但我们仍然只是某根枝条上的小小嫩梢。我们经常赞美自然的多样性和创造性——因为有长颈鹿、英雄鼩和蓝鲸——但自然终究是保守的。如果它造出什么好东西，就会一直拿着不放。我们祖先纵使获得了令人类独树一帜的特质，他们也不曾放弃任何使我们成为哺乳类的特性。

本书正是关于这些特性的，这些多姿多彩的特性定义了一种哺乳动物式的生命（例如人类）；它就像这些物种之间的胶水，装订起了《世界哺乳动物物种》的书页。

不过，这并不是一种沙文主义的实践，不是那种准维多利亚时代的尝试，想展示哺乳类，然后是人类，如何攀上了演化的荣耀之巅。5416 个物种看起来很多，但要知道世上还有超过 10000 种鸟类，差不多数量的非鸟爬行动物。如果加上两栖动物和鱼类，就是约 66000 种脊椎动物。此外还有 130 万种已知的无脊椎动物——主要是昆虫。在大约 33 种基本动物类别里，脊椎动物也不过是其中之一。因此，我们哺乳动物不过是这颗星球上的一种生命形态，而定义了这一存在之道的那些特性，是我在这本书中想稍加展开的主题。

哺乳纲

哺乳动物作为一个分类得到承认，始于 1758 年。（其实它们已经存在了 2.1 亿年，容后细说。）这一年卡尔·林奈出版了《自然系统》（*Systema Naturae*）第十版，其中将人类命名为智人。

《自然系统》一书诞生于 1735 年，当时只有 11 页大纸：一位野心勃勃的瑞典年轻植物学家和分类学家，试图把地球上的每一种植物、动物和矿物都列于其上，包含"我们全球的所有产物与居民"。随后，林奈一辈子都在更新这个系统，在他去世前该书一共出了 12 版，最后一版（完成于 1768 年）足有 2400 页。

不过，这本书的第十版最引人注意。林奈在这一版中首次用他命名植物的方式去命名动物，其使用的双名法系统（Binomial system）沿用至今。前一个命名（比如说Homo）是物种所属的属名；后一个（比如Sapiens）描述该物种。Homo sapiens 是拉丁文，意为"智慧之人"。这个新名字相当有必要，因为林奈勇敢地把人分类为动物界一个物种。[4]

同样在这一版中，林奈还改变了他以前对动物王国的分类方式。关于哺乳动物的重大改变是把鲸和海豚从第九版的鱼类中挪走，与小鼠、马和他重命名为智人的物种为伍。不知道为何这一挪动等了这么久，从亚里士多德开始，人们就发现了鲸和海豚与有毛的温血陆生动物相像：内在解剖结构的惊人相似、呼吸空气、胎生并照料后代。其实，约翰·雷（John Ray）——林奈之前影响力最大的分类学家——在 1692 年就提出把鲸和海豚划归为另一种哺乳动物，不过这个观点并未流行起来。而林奈的重新分类则屹立不倒。184 种彼此相似又与其他类别明显不同的动物，从此划归一国，分门别类。[5]

然而这个新的类别需要一个名字。此前，非水生哺乳动物被称为"四足动物"（Quadrupedia）或"有四足的"。这一术语破绽百出，像蝙蝠、人类和海豹这类生物并没有四只脚，

---

4 私底下林奈更加直率地把人视作动物。在 1747 年给同事的信中，他写道："我向你和全世界寻求什么是人和猿之间符合自然历史原理的一般差异。我显然一个都想不出。"不过他后来抱怨说，如果把人称为一种猿类，"打倒了我头脑中所有的神学家"。

5 这 184 个物种绝大多数都栖居欧洲。有趣的是，林奈曾相信他已差不多列出所有物种，而接过他工作的下一代很可能可以完结此项工作。

猴子则被认为是有四只手的。现在，有了鲸和海豚这些特征鲜明的新成员，再强调"四足"就完全不合适了。

林奈的另外五个分类命名没有遵循特定规则：鱼和鸟是"Pisces"和"Aves"，这是旧的拉丁名称。两栖动物（Amphibians，包含我们现称的爬行动物）来自"amphibious"一词，描述水陆两栖生活的动物；昆虫（insects）一词来自"insections"[6]；而蠕虫、软体动物和其他无脊椎动物被命名为蠕形动物（Vermes），拉丁文的"蠕虫"。

约翰·雷希望称之为"胎生动物"（Vivipara），因为这些动物都是胎生后代，不过林奈有不同看法。他给新分类的命名是来自成员们的另一个决定性特征。他没有给出理由或解释性注释，只是简单描写道："哺乳类（Mammalia）拥有其他动物没有的乳腺。"[7]

《自然系统》在每一类动物、植物和矿物前都列出了这一分类的独有特征。哺乳动物的列表是这么写的：四心室的心脏，

---

6 意为"分节的"。——译注

7 自林奈定义以来，哺乳动物的概念基本上保持稳定，但这个新名称过了几十年才变得常用，而"四足动物"直到 19 世纪初仍十分流行。此外，林奈对类群命名的前后不一致被认为是有问题的，人们曾尝试重新命名哺乳动物。1816 年，著名法国博物学家亨利·德·布兰维尔（Henri de Blainville，曾帮助确立两栖纲和爬行纲是不同类群）提出，哺乳动物可以根据毛发称为有毛类动物（Pilifera），鸟类和爬行类可以根据羽毛和鳞片命名为"Pennifera"和"Squammifera"。约翰·亨特（我们在第六章会见到他），喜欢"Tetracoilia"，指"四心室心脏"，不过这个特征哺乳类和鸟类都有。

有肺、有顶的颌、乳头、五官，体表有毛发（"气候温暖地区则稀疏，水生者几乎没有"），四足（"除水生外"），而且"大多有尾，地面行走，发出叫声"。

我在调查哺乳类物种的时候，或许也用了些林奈式的方法。在写完阴囊的自然史以后我构思要对乳汁进行类似的探索，开始写作准林奈式的哺乳动物特征列表。其中一些广为人知，比如温血、用毛发来保温；另一些则令人称奇，比如说，我们哺乳类都有一个骨性上颚把鼻腔和嘴分隔开，这使我们拥有一种罕见的能力：可以同时进食和呼吸。

这个列表里有些项目可以自成一章，另一些则可集合为一个章节。结果本书的骨架是这样的：阴囊、哺乳动物的 X 和 Y 染色体、生殖器官、胎盘、乳腺、照料后代、骨骼和牙齿、保持温血的毛发、感觉能力，以及巨大的、覆盖着新皮质的脑。不是每种哺乳类都拥有以上全部，这个后面我们会讨论到。但愿所有这些特性加在一起，能捕捉到哺乳动物生物机制的精髓。

我一开始以为，以演化顺序去呈现这些特性合情合理。不过——后面会提到——这个想法被证明过于天真：哺乳动物的出现，不是一个前哺乳类先祖依序往身上叠加新特性的过程。既然这项工作始于探究雄性在外晃荡的阴囊，又因我大女儿的出生所铸成，我是这样安排章节的：从精子的体外生产，穿越长而微妙的哺乳类生殖机制，到我们成熟的身体与大脑的本质——从而大致追迹了哺乳动物式的生命弧环。

随后，在写每一个特性时，我的策略与曾经的伊莎贝拉，如今的玛丽安娜（伊莎贝拉的小妹妹）追究世界的方式并无多少不同："为什么？"孩子们会追问如此之多的基本问题："为什么母牛会产奶？""我们为什么长着腿？"虽然成长会教会我们，这些问题未必总是有一个决定性的答案——我们于是也会问些更没趣的问题："怎么会？""是什么？"和"什么时候？"——但是"为什么？"始终是我们最喜欢的问题。

"所有真实的分类都是以谱系为依据的"

林奈很喜欢说"上帝创造，林奈整理"（他不缺自信）。尽管在《自然系统》成书的时代，林奈生活的时期，自然被视作更高存在的造物，但人们越来越多地开始争论生命形式经时间演化的可能性。在晚年，林奈自己也开始沉思神创造物的程度，最终开始质疑种属（比如说，象）是否是神创的，而新物种（非洲象和亚洲象）也许是自然出现的。

后来，随着科学不断进展，欧洲探险家们也向旧大陆引入了越来越多样的生物，关于物种可变的怀疑也越发激烈。在哺乳动物首次分类101年之后，争论达到了顶峰——《物种起源》(*On the Origin of Species*) 出版了。这本书就像一柄巨锤砸进了科学，生物学从此泾渭分明地分成前达尔文与后达尔文时代。

查尔斯·达尔文（Charles Darwin）这本巨作有两个重要部分。首先，达尔文比任何先驱者都更有力地说服了世人：生命形式确实会随着地质时间而演化。他获取了压倒性的证据来支持这一推断。其次，达尔文就"演化为何发生"提出了一个有力的解释。他的自然选择理论认为，在一个特定环境中，有些遗传特征能使生物体更好地生存和繁衍；相比起那些不太适应环境的生物，这些特性会被传递给更多后代。于是，有用特性的扩增就以不适应特征的消失为代价，累积无数代之后，生物体就会产生可观的变化。

此外，达尔文后来还讨论了性选择，表明雌雄两性对潜在繁殖伙伴的偏好也会塑造能够代代相传下去的特性。

有了这本书，世界不再是遍地永恒不变的动植物们亘古不变地做着相同的事。相反，这里有后事待表。现如今，如果假想有一本古老的家庭相册，一路往前翻，你不会看到从尾到头全是一个个细微不同的人类。你会看到人类一路变形，拥有更多猿类的特征，然后是猴子的特征，等等；穿过无数古老的哺乳类直至两栖动物、鱼以及它们先祖的身影。如果这样一本相册真的存在，我们只能极尽想象它会有多巨大，你又得翻多快？它底下的桌子可不会颤抖，只会塌掉。

这本记录了整个哺乳类诞生全貌的大书，可追溯到 37 亿年前的生命起源。从那以后有 25 亿年之久，生物性的存在仅有各种单细胞生物。在单细胞历史中晚期的某个时候，类似于后来构成动植物身体的复杂细胞诞生了。大约 6 至 8 亿年前，在通往哺乳动物的道路上，其中一些复杂细胞聚集在一起，形成了最初的多细胞生物，到了 5.25 亿年前，出现了最初的脊椎动物。脊椎动物发展为许多有脊椎的鱼，直至 3.5 亿年前，这些鱼的后代中有一些（哺乳类往事中的关键角色）成为最初的四足生物，可以涉足干燥的陆地。

这些历史是哺乳动物存在的基础，不过除了第四章简短提及鱼如何离开水，这部分我将视为默认事实。本书聚焦的生物历史，只关于哺乳动物及其前哺乳类祖先所特有的东西，因而只覆盖了大约 3.1 亿年。

这相当于每页就跨越了百万年，或者每个词相当于 800 年。我并不知道怎么平衡这样的时间框架；我甚至不太确定，数字到了这个规模，是否真的存在一种真正的、人类的方式去理解其含义。如果这 3.1 亿年被拍成电影，然后以 30 亿倍速回放（也就是每个世纪只在一秒间闪过），你都还要看上 5 个星期呢。

你我和鳄鱼最近的共同祖先生活在 3.1 亿年前。这时，哺乳动物支系从主支分出来，那个主支如今还活着的和我们最近的亲属是爬行动物。自这场 3.1 亿年前的分离以来，爬行类也颇做了些自己的事情：演化出了蜥蜴和蛇、龟、鳄鱼、恐龙，及恐龙的幸存后代：鸟 [8]。而哺乳动物那个分支则独立忙活自己的事：产生了，呃，只有哺乳动物（见封面插图）。

---

8 因为有这个先祖，所以鸟算是爬行动物；这个有羽毛且会飞的支系完全是着落在爬行动物谱系树上的。不过，它们已经演化出了如此之多的特性，和其他爬行动物完全不同，所以我还是按如今的习惯分别指称爬行动物和鸟类。

这段历史最好分成三段。第一阶段是前哺乳动物时期，从3.1亿年前至2.1亿年前。这段长达1亿年的演化时光始于哺乳类和鳄鱼最近的共有祖先（一种像蜥蜴的动物，看起来绝对是更像爬行动物而不是哺乳动物），告终于一种无疑归属于我们这一帮的动物。

早期哺乳类分支上的每个过客看起来都根本不像哺乳动物，要区分它们和那些爬行类先祖的化石只能靠头骨上的某个孔，其中最著名的可能就是异齿龙（Dimetrodon）。你可能看过异齿龙的图片或模型，它看起来就是一个长着巨型背帆的大蜥蜴。我还是个小孩的时候有过一个橡胶制的橙色异齿龙，我把它和其他玩具恐龙放在一个盒子里。我并不知道自己犯了个气死人的常见错误——哺乳类祖先不应该和恐龙混为一谈。异齿龙不仅在脊椎动物演化树上是一条不同的分支，而且它们比恐龙存在的时间早上好几百万年，那个时代里，哺乳类的先祖还支配着恐龙的祖宗。

说第一只哺乳动物生活在2.1亿年前，是根据区分哺乳类与其前哺乳类祖先最广为使用的特征：下颌由单块骨头组成，形成独特关节与头骨连接。虽说这个标准看起来好像有点随便，但其实在这个时期，一方面，哺乳类支系发展出了绝大多数今天定义哺乳类的骨骼特征，而这是那个时期出现的一个普遍的化石特征；另一方面这是一个指征，表明动物们受益于越来越高效的颌部，它们正在朝着越来越高能量和温血的生活方式转变。

严格来说，当第一只哺乳动物诞生，演化出哺乳动物的过程就结束了：定义哺乳类的基本特性都已就位，为每一只动物的后代所继承，并且也保证了今日所有哺乳动物之间存在的共性。因此，起初那1亿年是这本书里的转折点。那之后所有"哺乳动物性"的演化实验都是自然的即兴演出。

第二阶段始于2.1亿年前至6600万年前。最初的恐龙出现时，最初的哺乳动物演化了没多久，这意味着在哺乳动物存在的前三分之二时间里，它们都生活在恐龙身边——或者之下、之上，以及想其他办法去回避这些爬行类主宰。就生态机遇而言这种生活会有严重后果。当恐龙还在的时候，没有哺乳动物能长到比獾更大。不过，在过去20年里发现的化石表明，我们迷你祖先的多样性远比此前以为的要丰富。

如果不用颌关节区分哺乳动物，那么还有一个选择是将哺乳动物定义为今日所有哺乳动物最近共同祖先的任一后裔。有袋动物、胎盘动物和单孔动物最近的共同祖先究竟生活在何时，这一问题众说纷纭；大约的时间范围是在1.61亿年至最多2.17亿年之前。为方便起见，我接下来将使用最近估计的单孔动物和有袋类和胎盘类支系分化出去的时间，大约是在1.66亿年之前。

在第二章会提到，生物学家经常从单孔动物（鸭嘴兽和针鼹）身上探求早期哺乳动物的样子。现存五种单孔目物种是仅存的卵生哺乳类，这就和最早的哺乳动物及其祖先一样。胎生这一特性大约在哺乳类起源之后约5000万年演化出来，它如何在后来成为除了这五种单孔目动物以外所有哺乳动物的特有繁殖方式，这将是第五章和第六章的重点。

在今天看来，非单孔目哺乳动物后来分为有袋动物和胎盘哺乳动物，这是最值得被注意的分离。这两类大约在 1.48 亿年前分道扬镳。[9]

今天大约有 19 个目的不同胎盘类哺乳动物，包括啮齿动物、蝙蝠、食肉动物（包括猫、狗和熊）、灵长动物、象、狐猴和海牛（见封面图片）。自 19 世纪中期演化分类获得认可，直至 20 世纪 90 年代，这些目之间的关系都是基于其生理相似性来推断的，不过在第九章我们会讨论到：20 世纪 90 年代，DNA 分析完全重绘了哺乳动物的家谱。新的谱系让人十分震惊，不过目前还没有人能将此推翻。而且新谱系精妙结合了遗传与地理学，提醒着人们，演化的时间尺度恰与板块构造相当。

哺乳动物演化历史的第二阶段终止于一次致命撞击，这场撞击发生在 6600 万年前的墨西哥湾，终结了恐龙的统治。恐龙的离去使世界对哺乳动物的生存和演化门户洞开。而后者充分抓住了这个机会。我们现在虽然已经知道恐龙时代的哺乳动物相当繁荣，但一旦这些巨型蜥蜴消失，哺乳动物的多样性出现了大爆发。在标志着恐龙灭绝的小行星尘埃层的正上

---

9 对有袋类和胎盘类分离时期的评估也是众说纷纭（近至约 1.43 亿年前，远至 1.78 亿年前），因为所有重大事件都已埋藏于生物学的重重过往之下。不过，在本书中我用的是最常见的时间估计，且不讨论其可能性范围。

方，开始了哺乳动物恣肆狂欢的创造性。如果说自然是即兴独奏，这次就好像一个顽强又固执的业余音乐家，把乐器递到约翰·柯川（John Coltrane）和瑟隆尼斯·蒙克（Thelonious Monk）手上。嘭！哺乳动物的时代开始了。

第一章

人类（性腺）的下降[10]

　　球迷们把这个动作称为"勇气守门"：展开四肢成星形挡在进攻者面前，而后者正准备以最大力射门。当我拖着脚挪出球场，佝偻着身子泪流满面，等待胯部酷刑般的重击痛转换成断肠之痛的时候，我满脑子想的都是"什么智障守门"。但等到队友第四次按惯例笑嘻嘻地拍我后背："希望你没想要孩子，哥们儿"，我唯一的想法就是"什么智障蠢睾丸"。

10　原文 The Descent of Man（'s Gonad）可直译为"男人（性腺）的下降"。同时，The Descent of Man 亦是达尔文名著的标题，多译为《人类的由来》，全称为《人类的由来及性选择》（*The Descent of Man, and Selection in Relation to Sex*）。——译注

自然选择把哺乳动物的前肢雕刻成马的前蹄、海豚的鳍、蝙蝠的翼，以及我抓足球的手。为什么在哺乳动物支系里，演化却决定把雄性的重要生殖器官装进一个柔软脆弱、暴露在外的袋子里？这就好像银行不用保险库，把钱都放在街头帐篷里。

有些读者可能认为答案很简单：温度。这么放有助于保持睾丸凉爽。我以前也这么想，并以为快速浏览一下科学文献，就能找到精子对温度敏感的生物学原因，然后就能翻篇了。然而我只找到少数几位把自己的专业时间投身于思考阴囊之存在的科学家，而他们其实对这个所谓的"冷却假说"分歧很大。

数据表明，阴囊里的精子工厂（包括人类的），在比核心体温稍低的情况下运作最良好。而今日的阴囊是个精良调试的设备，拥有可升降的韧带和易延展的皮肤，一起让睾丸温度能比核心体温稍低。（人类的话，温差约2.7℃或5 ℉。）问题在于，这并不能证明降温是睾丸起初下降的原因。这是个鸡和蛋的问题：睾丸是因为灶头太热才跑出去，还是因为不得不离开身体，所以才在较低温度下运作更佳？

我其他的重要器官都喜欢在37℃下工作，大多数都有骨质的保护：颅骨和肋骨守护着大脑和心脏，我妻子的骨盆保护着她的卵巢。放弃骨头的保护会很有风险。因为雄性性腺就像枝形吊灯一样靠活动的管线悬挂，每年都有数千男性因为睾丸破裂或扭转去医院。但是，成年人的睾丸暴露于体外，甚至还不是生殖器官这类安排方式最大的危险。

阴囊的发育之路危机四伏。在发育了8周之后，胎儿开始有两性结构，将来会发育成卵巢或者睾丸。女孩儿这一结构长大以后，不会离其肾脏上方的出发点太远，但是男孩儿最初的睾丸还要经历长达7周的旅程，被肌肉和韧带构成的滑轮系统带着，一路穿越腹腔。再过上几周，肌肉张力才能逐渐使其从腹股沟管下降至体外安顿好。

这个过程如此复杂，意味着经常会出错。大约有3%的男性婴儿出生时睾丸没有成功下降，虽然能自然纠正，但最终还是会有1%的1岁男孩有此问题，这通常会导致不育。

穿过腹股沟管还会使腹腔壁变得虚弱，这可能会使内脏器官移位。在美国，每年约有60万起修复腹股沟疝的手术，绝大多数是长阴囊的那个性别。

疝气和消毒事故增加的风险看起来不太符合演化"适者生存"的概念。这个自然选择口号，反映出能帮物种存续的特性的重要性——不死掉是繁殖成功的关键。像具阴囊性（科学地表述"长着阴囊"这个词）这个性状，既然带来了这么多的不利，它是怎么适应的？这个问题的答案，肯定不会像猎豹腿部肌肉的演化那样直截了当。大多数研究者倾向于认为，这种古怪的解剖学安排，其优势肯定表现在增进繁殖力等方面，但这一点远未得到证明。

除了"为什么要长蛋蛋"的大哉问之外，精子和睾丸的生物机制里有许多合情合理的例子表明其对动物生活方式的适应。以忙于精子竞争的雄性为例，这类物种（哺乳动物中很多都是这样）中雌性与多个雄性交配，哪个能当上父亲取决于谁的精子能在游泳比赛中胜出。（不是每次都只有一位冠军：鼩鼱的一窝幼崽就可能有不同的父亲）。黑猩猩也是这样的，而大猩猩的系统中只有支配性地位的雄性成员能完全占有雌性。结果呢？首先，黑猩猩的精子要比它们的大猩猩队友游得快得多；其次，黑猩猩的睾丸要比大猩猩的小玩意儿大 4 倍。

不过，黑猩猩和大猩猩是在最初的阴囊出现之后 1.4 亿年才出现的。在思考任何演化特征的时候，最好先问谁现在拥有这种特性，以及关键是，谁最早拥有这一特性。在阴囊问题上，后面这个问题的答案当然都是推论——

这种肉质的组织结构没法化石化。一切推断都来自如今的多样性调查和关于这种动物的已知历史。

阴囊本身和睾丸的起源无关。性成为生命的固定搭配已经很久很久了，可以远远地向上追溯至动植物分离的时刻。所有的动物，不管是狒狒还是蓝山雀，鳕鱼或鳄鱼，蛙或果蝇，物种的雄性都有一对睾丸来生产它的种子。[11] 但是，鸟类、爬行动物、鱼、两栖动物和昆虫的雄性腺都在体内——你觉得某种不可或缺的器官本应该在的地方。

阴囊是哺乳动物特有的奇妙之处。所以，需要鸟瞰整个哺乳动物家族树的视角。好在，2010 年有一个布拉格的研究团队做了最新的哺乳动物遗传重建，并在里头贴上了解剖学家关于泳装遮盖区域的研究数据（就像果子挂在树上）。结果发现，标志性睾丸下沉发生在哺乳动物演化的相当早期。此外，阴囊竟如此重要，它演化了不止一次，而是两次。

我们知道最早的哺乳动物生活在 2.1 亿年前，产卵的鸭嘴兽和针鼹从这一主支分离出去大约是在 1.66 亿年前。

11　世界上和体重相比最大的睾丸属于一种树螽（tuberous bush cricket），可占雄性体重的 14%；人类的睾丸占体重比约 0.06%。

除了卵生以外，这些动物还有很多哺乳动物的关键特性，比如温血、毛发和胎盘，只不过每一种都稍微有点儿"偏"。比如说，鸭嘴兽和针鼹的平均体温都相对较低，它们泌乳更像是出汗而不是来自明确的乳头。这点后面还会详述。目前的重点是，鸭嘴兽和针鼹（一如所有早期哺乳类）的睾丸落在它们生命开始的地方：安全地缩在体内，肾脏边上。

鸭嘴兽和针鼹的祖先出去闯天下后，又过了2000万年，哺乳动物分成了如今的两大阵营：胎盘类哺乳动物和有袋类哺乳动物。在有袋类分支上，我们发现了最早的阴囊持有者。我们永远也不会知道那只动物的父母会怎么想。

几乎所有现存的有袋类动物都有阴囊，所以合乎逻辑的推断是，袋鼠、考拉和袋獾的共同祖先拥有最早的阴囊。相对于我们胎盘哺乳动物，有袋类的阴囊是独立演化的，许多技术细节能确认这一点，最具说服力的证据是它是从后往前长的。有袋类动物的睾丸挂在阴茎之前。

有袋类分离（阴囊意义上）之后大约5000万年，胎盘类哺乳动物的演化树上长出了最为有趣的分支。向左转，你会遇到大象、猛犸、土豚、蹄兔和各种非洲鼩——像刺猬和鼹鼠的小动物，但是你不会看到阴囊——所有这些动物的阴囊都像鸭嘴兽一样靠近肾脏。在南美树懒、食蚁兽和犰狳身上你也找不到阴囊，这些物种也早早分了出去。

然而，向右转来到演化树人类所在的这边——大约1亿年前的连接处，下降阴囊就随处可见了。无论是干什么用的，蛋蛋在猫、狗、马、熊、骆驼、绵羊和猪的后肢间晃荡。我们和我们的灵长目表亲自然也长了。这就意味着在根本上，这个分支是第二种独立演变成具阴囊性特征的哺乳类——（谢天谢地）这个晃荡的部分（正确地）长在阴茎后面的哺乳类。[12]

在哺乳动物谱系树更纤细的分支上，事情变得很有意思，因为有许多类群——我们那些睾丸下降但无阴囊的表亲——其睾丸下降离开了肾脏附近，但没有离开体内。这些动物的祖先几乎肯定拥有体外睾丸，这意味着某种程度上它们在具阴囊性上倒车了，重新演化出了体内性腺。这乌压压的一小群包括刺猬、鼹鼠、犀牛、貘、河马、鲸和豚，一些海象和海豹，以及穿山甲——有鳞的食蚁兽。

---

12 奇怪的是，兔（rabbit）和野兔（hare）的阴囊是和有袋类一样在阴茎前面的。这个古怪的解剖学特征，曾经被用于论证这些动物可能在亲缘关系上和有袋类更近，（但并不是）。既然都说到这儿了——据报告，黄腹家蝠（yellow-bellied house bat）的阴囊位于其肛门后方。

再回到水中的哺乳动物那里，把所有东西团起来塞回体内看起来很合理。一个晃悠的阴囊不仅在流体动力上不合适，而且也很容易变成从下方攻击的鱼类的速食小点心。虽然我说小点心，不过世界纪录保持者蓝鲸的睾丸，一个可重逾半吨。[13] 一个更棘手的问题（很可能是理解阴囊机制的关键）：为什么在陆生刺猬、犀牛和穿山甲身上又没了呢？

冷却观点

解释阴囊存在之真谛的科学研究，始于 19 世纪 90 年代的英国剑桥大学。约瑟夫·格里菲思（Joseph Griffiths）把小猎犬当作自己不幸的实验对象，将它们的睾丸塞进腹部并缝合。仅仅一周之后，他发现睾丸开始退化，产生精子的小管收缩，精子事实上已经消失。他将此归结于腹内的温度更高，于是诞生了"冷却假说"。

该假说面临的第一个问题是，也许导致问题的并非腹部的温度，也许是别的什么，比如某种化学环境破坏了组织。这一问题在 20 世纪 20 年代（算是睾丸研究的

---

13 蓝鲸（体重是露脊鲸的两至三倍）通常什么都是最大的。但它们的睾丸只有露脊鲸的不到 1/10 重。露脊鲸生殖腺大到荒谬的原因可能与它们高度混乱的生活方式有关。

黄金时代）得到了很好的解决，日本的一位福井博士（Dr. Fukui）重复了格里菲思的实验，但是在腹壁缝合处上方加了一个小小的冷却装置，结果表明这阻止了退化。

同样是在20世纪20年代，由芝加哥的卡尔·穆尔（Carl Moore）起头，研究者们利用快速成熟的分子生物学领域技术，论述了升温影响精子生产的主要方式。有了这些发现，加上达尔文的自然选择理论正在日渐横扫生物学，穆尔第一个用平实的演化术语给冷却假说建立了理论框架。他认为，在哺乳动物从冷血转变为温血动物之后，维持身体的较高恒温严重妨碍了精子的生产，于是最初那些能用阴囊凉快一下的哺乳动物在繁殖上就变得更为成功。

热量对精子生产的扰乱立竿见影，于是生物学教科书和医学领域都把冷却视作阴囊的缘由。问题是，很多认真对待此问题的生物学家并不买账。反对意见认为，睾丸在更低温度下运作更好，是因为它们被丢到体外才演化出来的。

既然哺乳类成为温血动物已经超过2.1亿年，甚至更久，这也意味着在阴囊出现前，胎盘类哺乳动物的性腺在体内待了1亿年以上，这两件事几乎没有紧密地联系在一起。

冷却假说最大的问题，还是出在演化树无阴囊的分支上。不论睾丸怎么放，所有哺乳动物的核心体温都升高了。很多哺乳动物没有阴囊，但它们在较高温度下制造精子并没有发生什么根本性的矛盾。比如说，没有阴囊的象，其核心体温相较于大猩猩和大多数有袋类动物都高。在哺乳动物之外更夸张：鸟类——仅有的另一种温血动物，睾丸在体内，而有些物种体温高达 42℃。如果冷却真的很重要，那为什么那么多动物的睾丸都在体内？主张冷却假说的人唯一能辩称的理由只有：鸟类的例子不能说明什么，它们与哺乳动物太过不同，在演化上距离过远，或者鸟体内的气囊没准能帮助冷却。而当发现海豚和某些海豹似乎有一个内部冷却系统，给重新缩回体内的阴囊降温时，事情就更有趣了；从尾部和背鳍流回的较冷血液被腹部静脉带回以后，和睾丸动脉交织在一起，冷却了进入动脉的血液。但海豹和海豚是从有阴囊的祖先演化而来的，那些远祖的睾丸可能已经适应了较低温度。

多年来生物学家都在加热阴囊里的睾丸，而且发现这会使其运作不良，但似乎没人想去搞个大象 [或者好操作一点的金毛鼹（African golden mole）] 在肾脏边上的睾丸，然后证明它在较低温度下也能工作得更好。也有可能它不会。许多在睾丸中起作用的蛋白质，全身各种其他类型的细胞也同样需要。通常，所有的组织、肝脏、肾脏或腿是用相同基因来制造那些蛋白质的。但是蛋白质的正常工作高度依赖温度，而一些研究绘制了对睾丸起作用的蛋白质的基因图谱，发现其中许多都包含了两种形式的基因组：一种使蛋白质在体温（37℃）下更好地运作，而另一种修改过的基因则能造出专门在阴囊的凉爽环境下工作的蛋白质。这意味着很有可能早期阴囊依靠的工具不是专门的：它们的蛋白质原是设计用于核心体温下工作的。演化对阴囊特化蛋白质的渐进式创新，正好表明了睾丸在体外必须改变以适应更凉快生活的迹象。

　　不过，最近一项对哺乳类睾丸位置和精确体温的研究，可能为冷却假说提供了迄今最为有力的支持。2014年，南非德班的巴里·洛夫格罗夫（Barry Lovegrove）指出，恐龙离开后，哺乳动物演化爆发，其时核心体温发生了最后一次飙升，可能令阴囊演化势在必行。在这一场景中，哺乳动物在1.5亿年里都是温血动物但体温稍低（大约34℃），生殖腺一直在这个初始温度下工作，只是在体温进一步升高后才离开身体。不是所有数据都对得上（看起来也不会），但许多数据都联系上了——绝大部分睾丸没有下降的哺乳动物，都比绝大部分具阴囊的动物稍凉一点儿。

　　然而冷却假说还有一个大问题，阴囊这么复杂的部件，需要由多方面发育过程共同构建，这种东西的演化不会突然发生。一只海牛不会突然生出一个长阴囊的儿子；具有阴囊这一特性不如说是渐次递增的。达尔文的反对者经常争辩说，演化怎么造得出眼睛？眼睛形成一半的时候有什么用处？要对抗这样的论点，生物学家必须解释为何所有中间阶段都有可取之处（达尔文就试图如此）。

　　如今我们有了充分的知识了解到眼睛如何工作，关于它是怎么从一个感光皮肤斑块，逐步演化成现在位于我们头部前方的神奇装置，相关的论点已颇具说服力，其间的每一个过渡类型对于其所有者而言都有所裨益。至于睾丸如何下降成为无阴囊的睾丸，回答这个问题也得用类似模式。至少我们知道有阴囊的哺乳动物的祖先，一定拥有已下降但无阴囊的睾丸，现存动物中就有这样的例子，但如果这种方式并没有什么冷却作用，这一特性对拥有者又有什么好处呢？冷却并不能解释一开始睾丸为何远离了肾脏。虽说可能存在某个初始理由驱动其产生，然后降温的需求造就了阴囊，但是如果存在某个因素能推动这两步都发生，那或许能是个更让人满意的解释。

此外，为什么较低温度对精子更好这个问题，需要有更确切的解释。有一个说法是，较低温度能防止精子DNA发生突变，最近也有观点认为，精子平时保持凉快，使阴道内的温暖可作为额外的激活信号。但是这些观点仍不能成为抗冷却假说的主要反对意见。

最后，美国康奈尔医学院的迈克尔·贝德福德（Michael Bedford，他本人并不赞同将冷却假说应用于睾丸问题上）想知道，附睾（精子们在离开睾丸里的诞生地之后待着的地方）保持凉爽是否重要。（精子离开睾丸时尚不完备，需要在附睾中进行最后的调整。）贝德福德注意到某些睾丸在腹内的动物将其附睾延伸至皮下，另外，某些动物阴囊是毛茸茸的，但上面会有块光秃秃的地方，使存贮管直接散热。但是如果保持附睾凉爽才是主要目的，为什么要连睾丸一起扔出体外呢？

寻找别的解释

如果阴囊的目的不是冷却哺乳动物繁殖必备之物，那它是干吗的？纵然在该主题的相关文献中跋涉良久，你也未必能找到什么其他说法，其直观吸引力能盖过千疮百孔的冷却假说，虽然这些说法也不见得全无问题，但多少存在些有趣的可能性。

关于阴囊之存在对精子有什么好处，一个替代性解释是：尽管脆弱，但拥有阴囊是有好处的。这一观点最初由瑞士动物学家阿道夫·波特曼（Adolf Portmann）于1952年提出，此前他第一个向冷却假说发起了有力一击。他提出了"展示假说"（display hypothesis）。波特曼认为，阴囊放在体外使雄性能清晰明了地表现他的"繁殖端"，这是在性别间交流中很重要的性信号。波特曼的最佳证据是一些旧大陆（the Old World）的猴子有颜色明亮的阴囊。

这一理论并未得到广泛接受，因为这么明显的炫耀很罕见（很多物种的阴囊几乎看不见），而且明亮颜色的演化时间远晚于原始的阴囊。有人说，阴囊存在了一亿年之久，有几个物种的阴囊被选作性吸引要素也不足为奇。

就在我差点完全抛开了展示假说的时候，发生了两件事。其一，一个同事从坦桑尼亚度蜜月回来，兴奋地给所有愿意看的人展示一个阴囊的照片。这个阴囊正是属于（别担心）波特曼所说的旧大陆猴子——绿长尾猴（vervet monkey），这东西是一种令人惊呼的、炫目的亮蓝色。

好的，这只是一种猴子，我想。但随后我见到了理查德·道金斯（Richard Dawkins）。在一次签售中，我和这位可敬的演化生物学家聊了 3 分钟，于是我问他对阴囊的看法。他表达了对冷却假说的强烈怀疑，然后说他怀疑会不会和演化生物学的"累赘原理"（handicap principle）有关。

累赘原理假定，一个雌性如果要在两个击败了其他竞争者的适格求偶者中做选择，但是其中一个有一只手一直都绑在背后，那么她会选择这·位，因为他显然更强大。这一观点颇具争议，但确实为许多奇怪的生物学现象提供了解释，比如说雄鸟可能引来捕食者的花哨羽毛和鸣声。如果累赘原理是对的，那么阴囊的存在使其拥有者可以宣称："我特别能平事儿，我甚至能把这玩意儿放外边！"

在阴囊问题上，这个理论没有太多支持者，但此观点始终未绝。比方说，近期对橙腹田鼠（prairie voles）的一项研究发现，雌性田鼠确实偏好拥有更大睾丸的雄性，而这个物种的阴囊颇为朴素。

有趣的是，一般意义上被认为是累赘理论最初的支持者的以色列生物学家阿莫茨·扎哈维（Amotz Zahavi），并不喜欢用这个理论解释阴囊。他转向了"训练假说"（training hypothesis），扎哈维只是非正式地与同事斯科特·弗里曼（Scott Freeman）分享了这一观点，人们知道这件事是因为后者在 1990 年的《理论生物学杂志》（*Journal of Theoretical Biology*）上写到此事。

这一观点认为，阴囊极其糟糕的供血使睾丸处在氧气匮乏的环境下，这锤炼了精子。缺少这种必需气体，精子会以各种方式做出反应，使其能更好地应对未来攀越阴道、子宫颈、子宫和输卵管的赫拉克勒斯挑战[14]。

弗里曼不遗余力地研究了大量物种的宝贝的尺寸，发现大小和一次射精的精子数量有很强的相关，更让人惊奇的是，总体上，体内睾丸要比下降的睾丸大一些。要点在于，"训练"造成了以数量换质量的交易——有阴囊的物种可以制造更少的精子，因为它们的质量更高。

弗里曼揭示了这个有趣的关联，他理应被铭记，但训练假说的问题在于，它更多地考虑阴囊缺血而非离体的问题。你忍不住要想，让它就待在体内演化出不咋地的睾丸血管不是更容易一点儿嘛。

过了几年，20 世纪的 90 年代中期，英国伯明翰大学的动物行为学教授迈克尔·钱斯（Michael Chance）

---

14 赫拉克勒斯是希腊传说中的英雄，他完成了 12 项艰巨的任务。——译注

被一篇关于牛津 - 剑桥划船大赛的报道激起了对睾丸的好奇。他读到，比赛后桨手的尿液里含有来自前列腺的液体。

桨手们腹部收紧往复用力，而生殖道并没有括约肌，使得前列腺液流入了尿道。没有这类环形肌肉阀，挤压任何囊或管道都会让里面的内容物发生变化。1996 年钱斯提出了"奔跑假说"（galloping hypothesis），认为当哺乳动物的移动方式令腹部压力骤增以后，睾丸外移就变得有必要了。

对哺乳动物移动方式的调查揭示出了很高的多样性。而当钱斯列出睾丸在体内的动物名单时，他发现里面没多少奔跑者。大象、食蚁兽，以及在哺乳动物演化树上属于睾丸不下降分支的那些表亲，都不怎么到处蹦跶。另一方面，鼹鼠和刺猬这些把生殖用品收回体内的动物，似乎演化出的移动方式也已经远离了会造成内部混乱的跑跳。在那些回到海里的哺乳动物身上，还保有阴囊的少数几种都是在岸上繁殖的，比如象海豹（elephant seals），它们在发情期为保卫领地打得非常狠。

你可能会说，演化原可以弄一两个括约肌或者别的什么内部防护进去，不过，这种东西会和射精机制打架，除此之外还有一个观点也支持钱斯的想法。1991 年，德国弗赖堡大学的罗兰·弗莱（Roland Frey）写的一篇论文（钱斯显然没读过）也认为，腹内压力增加推动睾丸来到体外。在这篇文章里他描述了阴囊里的睾丸血管有一系列特征，以确保压力更恒定，或许是为了避免奔跑时的血液引流受阻。这种特定的适应性在有袋类和其他哺乳动物中有所不同，但看起来都是为了一样的目的。

奔跑假说可能是演化权衡（evolutionary compromise）的一个例子——新的、宝贵的移动方式带来更大好处，相对来说长阴囊的危险是必要的代价。而且，如果说离了能弯曲、延展、运动的脊柱，某种程度上缓解了压力的话，那么这一观点本身也说得通，因为它解释了睾丸下降但无阴囊的情形也是有利的。

演化生物学有许多理论。像侦探似的把现有不完整的证据拼凑成一个连贯的故事，过程是很令人愉快的，但这门科学难在验证观点。最近，一项激动人心的进展可能提供了关于阴囊起源的数据，它找到了最开始控制睾丸从肾脏周边下降到起落架的信号。

睾丸和卵巢在很小的时候是由所谓颅侧悬韧带（cranial suspensory ligament）固定，名叫引带（gubernaculum）的第二条小韧带松松地系住。在坐上过山车之前，睾丸会分泌信号，让悬韧带开始分解，引带就能引导它们前往腹部底下。

来自德国和美国得克萨斯的两个研究团队，同时有了引人注目的发现：他们揭开了睾丸的"来啊抓我啊"信号。它是一种与胰岛素有关的分子，名为（不算特别有想象力）胰岛素样因子3（insulin-like hormone 3，或INSL3）。当科学家删除了产生这个信号的基因后，睾丸就像卵巢一样乖乖待在了肾脏边上。

后续实验多少有点惊悚，想解答卵巢是否因为没有开启 INSL3 基因才待在原地不动，一些雌性小鼠经过基因工程改造，性腺中有了高水平的 INSL3，这足以使它们的卵巢被拉到腹部底下。

加利福尼亚斯坦福大学的特迪·徐（Teddy Hsu），对 INSL3 在睾丸下降中的作用以及相关基因在哺乳动物胎盘特化中的作用很感兴趣，他和同事转向了鸭嘴兽。他们发现鸭嘴兽有单个基因管这个信号的原始版本，正是这一基因在后续哺乳动物中的副本，演化出了睾丸下降的机制，另一种副本则在乳头发育中起作用。这是个美妙的例子，表明了生物历史的遗传事件帮助产生了哺乳动物特化。但是，大象和它们睾丸不下降的表亲们都有这个基因，所以这事还没完。下一步关键是确定形成腹股沟管和阴囊所需的基因。也许最好去看看那些外化又回来的哺乳动物，它们的这些基因很可能有所改变。

意识到我们身体的许多基础方面仍然迷雾重重，颇令人感到谦卑。这么个荒谬的附属物演化出来了两次，这一事实无疑意味着我们应当有所发现。随着越来越多的发现累积，从这么多研究里很有希望诞生某个所向披靡的阴囊外置理论——"具阴囊性的全貌"？

一个成功理论必须能够解释哺乳类睾丸位置的全部多样性，而并不仅仅是阴囊存在本身。我喜欢钱斯和弗莱的奔跑假说，但是，要应对腹部起伏不定的压力，阴囊难道是仅有的办法吗？洛夫格罗夫的近期研究，则确实支持了温度敏感性的作用。性信号说尚在外围，但如果阴囊真是性选择的结果，那哺乳动物中类似孔雀的在哪里，拖着一对儿足球招摇的物种吗？

既然说到足球，在我们还等着具阴囊的完整理论出现的时候，我们守门员也许应该向板球（和棒球）玩家朋友学习，他们利用了演化的赠礼：更大的大脑和可对握的拇指——把自己套进了保护套里。

第二章

哺乳王国边境的生命

　　鸭嘴兽不怎么出门。我最熟悉的那只鸭嘴兽被塞满填充物，静静地待在大英博物馆。我从他后腿的毒刺看出他是雄性。活的鸭嘴兽最接近英国的一次是 1943 年，温斯顿·丘吉尔（Winston Churchill）要求送一只来伦敦提振战时士气。澳大利亚政府送来了一只成年雄性鸭嘴兽，但在离开菲利普港后，这艘船因遭遇潜艇攻击而发射了深水炸弹，导致鸭嘴兽在离利物浦港还有四天航程的时候死在水箱里了。

　　第一个到达英国的死鸭嘴兽，据传是被装在烈酒桶里抵达纽卡斯尔码头的。一位妇人把桶顶在头上，结果桶爆了，里面的动物就这么倾在了地上。当时是 1799 年，澳大利亚还是一个蛮勇新边疆。这个桶是约翰·亨特(John Hunter)船长送来的，他是悉尼流放地的第二任总督，那桶里还有第一只离开故土的袋熊(wombat)。亨特原本想要送来一只完整的鸭嘴兽，但是经过新南威尔士一段反季的高温时间后，标本开始发臭。他只好丢掉这个动物的内脏，仅把外皮送回旧大陆。亨特还放进一幅自己画的活鸭嘴兽素描，以及一张字条，上面写着"鼹鼠类的小型水陆两栖动物"。至此，对这种奇妙动物的漫长探索就此开启。

其后将近一个世纪，争论塑造了哺乳动物的确切定义。到了今天，鸭嘴兽则成了无价之宝，从它身上获得的见解，让人们得以一窥哺乳动物的演化之路。

从迢远之地把新物种送到欧洲，这在1799年并不稀奇。几个世纪以来，探险者们往家乡送了各种奇异的新东西，不过库克船长在1770年发现了澳大利亚东海岸，从而带来了不一样的进口货。伦敦人热爱第一只袋鼠。想要描述新的动植物的博物学家和渴望刺激的公众，都对澳大利亚奇珍兴趣盎然。

然而，一只小眼睛、没外耳的水生鼹鼠，长着有蹼的脚、海狸的尾巴和鸭子的喙，这就太过分了。此外，这只鸭嘴兽曾途经中国海域，那里曾有渔民把猴子的残躯和鱼尾缝在一起进行兜售，声称这是人鱼。最初对鸭嘴兽的学术描述，就是对它的著名质疑——会不会是个骗局："它很自然地引发了是否经过某种人工欺骗手段的怀疑。"萧伯纳总结说，只有在"最细微和严格的检查下，我们才能说服自己这是某个四足动物真正的喙部或吻部"。[15]

不过更多标本确认了这种动物的真实性，当时最优秀的博物学家们开始试图搞明白这东西。鸭嘴兽的存在，就好像重重一拳打在林奈花费多年建立的整洁分类上。托马斯·比尤伊克（Thomas Bewick）在其普及著作《四足动物的历史》（*General History of Quadrupeds*）中画出了它，说鸭嘴兽"拥有三重性：鱼、鸟和四足动物，它不像我们迄今见过的任何东西"。

复杂的还在后面，后来有完整内脏的标本被送来了。埃维拉德·霍姆（Everard Home）——一位外科医生和皇家学会成员——在 1802 年首次发表对雌雄鸭嘴兽的详细描述，他注意到其中一些特征完全是哺乳类才有的，但它又在诸多方面与鸟类或爬行类相似。

雌性的生育机制尤为恼人。这个问题极为重要，因

---

15 那几十年里，"四足动物"（quadruped）还是人们更偏爱的哺乳动物的名称。

为在分类的时候，分类学者尤其关注动植物的繁殖。鲸和海豚已经被迎入哺乳动物这边——虽然它们没有腿和毛发，但它们胎生且泌乳。在这个依据关键特征决定动植物分类的系统里，想找到鸭嘴兽的位置，就必须弄清其生育方式以及其是否有乳腺。

这问题听起来似乎很好解决，但鸭嘴兽们栖息在东澳大利亚的宁静清流里，而这些争论发生在9500公里之外，它们一年仅交配一次，随后雌性会在河岸洞穴深处隐秘地生产。参与这些讨论的大拿们没一个见过活的鸭嘴兽，更别提见过其出生了。

说到泌乳，事情看起来很清楚。霍姆陈述说他的那只雌性并无乳头，并且暗示其无乳腺；这很奇怪，因为它有毛发，但霍姆对此并无疑义。对躯体的进一步研究真的震惊了霍姆。他从未见过这样的雌性生殖系统，无法判断他看到的这些生殖管道是用来产卵还是生出胎儿的。

既然繁殖那么重要，霍姆于是弄来许多少有研究的动物，试图找到类似的东西。很快他发现，鸭嘴兽的生殖解剖学类似针鼹，后者是一种长刺的食蚁兽，大约十年前从澳大利亚来，并没有像鸭嘴"怪"那样引发热潮。基于两者解剖学上的近似，霍姆说这两个物种代表了一个"新的动物族群"。

但这并没有告诉他生殖系统如何工作，所以他再次展开搜寻。最后他宣称这个新族群最为接近现存的某些蛇和蜥蜴，其幼体在卵内发育，但是卵在孵化前仍留在母体内。它们是卵胎生的。因此，鸭嘴兽和哺乳动物一样，出生的时候没有蛋壳。

霍姆对鸭嘴兽的观察很机敏，得出了不少博学的结论。不过，他在泌乳和卵胎生上的想法完全错了。

很快，杰出的法国博物学家艾蒂安·若弗鲁瓦·圣伊莱尔(Étienne Geoffroy Saint-Hilaire)加入了这场争论。他以这个"新族群"的特殊生殖设计为其命名，称鸭嘴兽和针鼹为单孔目（*Monotremata* 或 monotreme）。Mono 是希腊文的"一"，treme 意为孔。这类动物得名于（与鸟和蜥蜴一样）自同一个后端开口生殖和排泄尿液及粪便。这也是霍姆的困惑之一。

[我承认当我知道这一点时偷笑了，而且产生了一瞬间的优越感。但是很快我发现，身为一种双孔的哺乳动物，这么势利眼未免有点五十步笑百步。能为这三种需求每项专供一套管道，似乎再次说明女性更先进。我要是有家酒吧，我会在厕所门上分别挂上 *Bitremes*（双孔）和 *Tritremes*（三孔）]。

若弗鲁瓦对两件事确定不移：他同意霍姆说的鸭嘴

兽不泌乳，但他也很确定它们产卵。他认为只存在两种单独的生殖模式：哺乳动物式的泌乳胎生和产卵但不产生乳汁。因为鸭嘴兽用后一种方式繁殖，在若弗鲁瓦看来单孔动物就不是哺乳动物。

让-巴蒂斯特·拉马克（Jean-Baptiste Lamarck）也认为，鸭嘴兽没有乳腺意味着它们不是哺乳动物。因其获得性遗传的演化理论被证实错误，拉马克如今饱受诟病，但因为在那个时代他已然支持演化变化，或许他也应得到纪念。凭借这一视角，拉马克很有先见之明地把鸭嘴兽看作爬行类和哺乳类的中间状态。

不同意若弗鲁瓦和拉马克的其他著名科学家们认为，鸭嘴兽曾经是哺乳动物。有些人认为单孔目居于哺乳动物上升螺旋的最底层，有袋动物居其上，胎盘动物在有袋动物之上。胎盘动物则以灵长动物为巅峰。

为了解决争论、确定鸭嘴兽如何生殖，争议越来越尖锐，这也让人们现出了原形。最初只是试探性的观点，再出现的时候就变成了宣告事实。比方说，霍姆 1819 年断言单孔目是（像某些爬行动物那样）卵胎生的，其直接程度迥异于最初报告中的不确定感。不过更大的问题在于，当真有新的观察出现时，大佬们经常以支持自己此前论断的方式（往往还剑走偏锋地）去解释这些发现。

1824 年，德国解剖学家约翰·梅克尔（Johann Meckel）在发表的作品中提到，他看到了鸭嘴兽的乳腺，若弗鲁瓦声称那腺体可能是用来释放气味信号，或者用来释放保护皮毛的物质。

两年后，梅克尔发表了对乳腺组织的完整描述，而若弗鲁瓦重申，动物分为"哺乳类、单孔类、鸟、爬行类和鱼类"，霍姆则从澳大利亚取得了新的标本以确认他和若弗鲁瓦是对的。霍姆让助手确认里面没有哺乳动物的乳腺，最后指责梅克尔过于相信鸭嘴兽会泌乳，以至于想象出了乳腺的存在。

公正地讲，这类争辩也许来自（至少部分是）一个事实：鸭嘴兽的乳腺会随着季节和用途大为膨胀和缩小。时机就是一切。

因而，1831 年，英国陆军第 39 军团刚好在鸭嘴兽的繁殖季节驻扎在新南威尔士，就成了一件幸事。

说起来可能是军务不繁，劳德戴尔·莫尔（Lauderdale Maule）上尉从巢里带走了一只鸭嘴兽母亲和它的两只幼崽，用虫子、面包和牛乳喂养。不过，两周后的一次意外导致母亲死亡，于是莫尔立即将它剥了皮，他看到乳汁从她没有乳头的腹部渗出，确认了鸭嘴兽是泌乳的。

莫尔当即给伦敦写信报告了这一发现，而一位军队上尉的证词对家乡的博物学家来说，已足够可靠。经过多年推断与争执之后，鸭嘴兽是泌乳的哺乳动物这一立场，终于被一位养不好宠物的军官守住了。

在乳腺确认了单孔动物是哺乳类之后，人们的注意力就转向了哺乳动物是否会产卵。若弗鲁瓦（对莫尔的观察的反应是气急败坏："如果那是乳汁，给我看看奶油！"）一直到1844年去世之前，都认为鸭嘴兽会产卵。但发现鸭嘴兽的乳腺无疑还是让许多人认为，这种动物一定是胎生的。

年轻的英国人理查德·欧文（Richard Owen）是其中一位。他是个不错的解剖学家，亦参与了确认鸭嘴兽有乳腺的事实。他还曾创造"dinosaur"（恐龙）一词、建立伦敦自然历史博物馆（London's Natural History Museum），以及试图说服达尔文演化不曾发生。欧文的一生颇有意思。因为确信鸭嘴兽不产卵，他从容地接过了若弗鲁瓦的角色：对别人的第一手观察做出莫名其妙的解释。

举例来说，当莫尔上尉也说在鸭嘴兽巢里看过蛋壳碎片的时候，欧文攻击了他的不确定，另有怀疑者认为那些碎片可能是排泄物。1864年，一封来自澳大利亚的信中说，捉到一只怀孕的母鸭嘴兽，她产下了两个蛋，欧文说这并非自然事件，这只雌性鸭嘴兽一定是因为恐惧而流产了。

直到 1884 年，80 岁的欧文才因为威廉·考德威尔（William Caldwell），一位剑桥大学的年轻动物学家在澳大利亚的发现，而勉为其难地改变了想法。

考德威尔终结了近一个世纪的争论，不过人们很难喜欢他：他付钱给原住民让他们捕猎鸭嘴兽和针鼹，这一策略导致了"异乎寻常的屠杀"。随着原住民给他带来越来越多的动物，考德威尔提高了向他们售卖的食物的价格。"因此半个克朗，"他写道，"能买的食物只够让这些懒人饿不死了。"

在考德威尔亲手射杀一只雌性鸭嘴兽之前，有超过 1400 只单孔动物被杀，而被他射杀的那只雌鸭嘴兽正在产卵；第一只蛋躺在她的尸体旁，第二只还留在她膨大的子宫里。

考德威尔得意扬扬地给英国皇家学会即将在蒙特利尔召开的集会发了电报："单孔动物卵生，卵不全裂。"意思是：鸭嘴兽产卵，卵中的细胞分裂方式和鸟一样，而非如哺乳动物那样。

巧合的是，就在考德威尔的电报抵达加拿大的那天，阿德莱德自然历史博物馆的馆长威廉·哈克（Wilhelm Haacke），向南澳大利亚的皇家学会展示了他在一只针鼹育儿袋里找到的蛋壳碎片。因此，在1884年9月2日，某些哺乳动物能产卵这一点得到了双重确认。

一根细小柔弱的枝条

在这个拖拖拉拉的长故事中，1836年1月19日，查尔斯·达尔文醒来以后去猎袋鼠。小猎犬号正停泊在悉尼港，它从加拉帕戈斯群岛出发，穿过了太平洋。而26岁的达尔文，在前往蓝山的路上绕道去了新南威尔士瓦勒拉旺的一个小农庄。他觉得悉尼很有趣，但也很高兴离开了那里；他日志中对澳大利亚风土描述的热情，远远超过对这个熙熙攘攘的殖民地都市的。

达尔文那天一只袋鼠都没看到。不过他写到奔跑很有乐趣，他还检视了一只被灵缇追进空心树的鼠袋鼠[16]（kangaroo rat）。他担心这种进口犬类会威胁到本土动物。

达尔文的日志随后记录了他在当天傍晚，躺在阳光

16 原文 kangaroo rat 一般指更格卢鼠，但该属物种在澳洲应无分布。据史密森尼杂志2015年的一篇研究文章（How Australia Put Evolution on Darwin's Mind），达尔文检视的是鼠袋鼠（rat-kangaroo，或 potoroo），此处采用这一说法。——译注

照耀的河岸上"思考着和世上其他地方相比，这片土地上的物种所拥有的奇妙特征"；和人们常说的不同，自然选择带来演化的想法，并没有在加拉帕戈斯群岛的达尔文头脑中形成，在澳大利亚，一切尚未定型。

在那片河岸上，年轻的博物学者沉思着澳大利亚的动物那些与众不同的形态，同时也意识到它们和别处的生灵仍十分相似。他想知道，是什么创造性的过程产生了这些差异，并对神创论提出了著名的质疑。[17]

随后，"在夜色苍茫之中"，他沿着"一串池塘"漫步，看到了一些"著名的"本地鸭嘴兽。达尔文看着它们"玩耍和潜入水下"，它们让他想起了英国的水老鼠（water rats）。这读起来真是田园诗般的景象，直到邀他猎袋鼠的主人拿枪打了一只给他检查。

在那个阳光明媚的河岸上思考的问题，23年之后，达尔文在《物种起源》中给出了他的答案，并数度提及了那时在暮色中观察的这种动物。

达尔文之前的严格分类学（难以适应鸭嘴兽存在的那种分类学）有力地帮助了他依相似性排列动植物。一

---

17 第一版《小猎犬号之旅》（*The Voyage of The Beagle*，本书汇编了达尔文的旅行日志）里包含了这一质疑段落，但是在第二版中达尔文撤回了这段内容。

目了然：拥有共同特征的不同物种，彼此间有程度差异。但是达尔文并不感情用事。在呈现他的理论时，他芟除了此前分类学背后的哲学。他写道："……所有真实的分类都是以谱系为依据的；博物学家们无意识地寻求的暗藏纽带实乃共同的谱系，而不是一些未知的造物计划。"[18]

《物种起源》的插图强调了这一观点。在一张折页中，是我们如今称为系统发生树的东西：一张生物学系统树的图解，展示了物种如何随地质时间死亡、幸存和分化。在这张图里的物种是假设的，但它传递的信息十分明确：所有的生命在某种程度上互相关联，这类图应形成未来一切分类学的基础。

达尔文认为，物种间的关系可以基于观察它们共有或不共有的特征来推断，共有的特征继承自共同的祖先。而且，如果这样一种特征在两个物种间有差异，那就是通向这些物种的支系产生了分化。差异的数量或受到自两个物种分离后的时间累积及其后生活环境的影响。

达尔文特别指出了某些核心特性——某些不易随生活方式而改变的属性——的有用性。他认为，所有哺乳动物的关系，或许最明显地体现在颌的角度、生殖模式

18 摘自《物种起源》，2016，译林出版社，苗德岁译。下同。——译注

和毛发上——这些特征将会持存，即使一个哺乳动物表面上发生了变化——比如演化出鸟一样的喙来筛滤河床上的食物（我举的例子）。

要是鸭嘴兽和鸟及爬行动物的相似处曾吓到了许多最初描绘它的人，它也一定让达尔文感到战栗。他认为现存的生命是渐进演化而来的。但是这种渐进模式的改变有一个问题。达尔文需要解释，为什么高于物种层级的生物体是不连续的、迥异的实体，而非逐渐过渡的形式。以哺乳动物和爬行动物为例，它们分明相异，能以许多截然不同的特征加以区别，并且其间没有什么过渡形式。

达尔文认为，答案是演化最终将导致一种形式完全取代另一种，经过了漫长的地质时间，不同类别相继出现。所有的中间形态都曾存在过，但通常那些生物都灭绝了。

所以想找到这些居间的类型，最好是去找沉积岩里来自亿万年前的化石。不过，达尔文对化石记录能有多完整持怀疑态度，所以他考虑了一些替代方案。其中，他写道，鸭嘴兽和肺鱼是"现今世界上几种形状最为奇异的动物"，所以它们也许"可以（被）称作活化石，（这）将帮助我们构成一幅古代生物类型的图画"。

对他来说，这两种动物是来自远古的偶然的幸存者。肺鱼是鱼类和两栖动物的中间状态，而鸭嘴兽则体现了爬行动物与哺乳动物之间的联系。它们对达尔文来说很完美，其稀有性支持了他的判断：大多数中间生物早已消亡，而它们的存在又是中间形态的活证明。当他再度论证应当画一个完整的生命树，树上的枝条可以追溯出物种的祖先时，他写道：

"诚如我们偶尔可见，树基部的分叉处生出的一根细小柔弱的枝条，由于某种有利的机缘，至今还在旺盛地生长着；同样，我们偶尔看到诸如（鸭嘴兽）或（肺鱼）之类的动物，通过亲缘关系，在某种轻微程度上连接起了生物的两大分支。"

正是由于鸭嘴兽身居这么一根细小柔弱的单孔目枝条[19]上，使其成了本书的健卒——几乎每章都会露个头。使单孔动物留存至今的好运道，同时也是所有有意挖掘哺乳动物历史之人的幸运。看起来，大多数时候你要想搞清楚某个哺乳动物特性的自然史，去调查单孔动物都会得到一些演化线索。

---

19 化石记录支持了这一见解：它一直都是一根相当柔弱的枝条——鸭嘴兽和针鼹并非某个曾经繁茂的大族子遗，毋宁说是演化的一支旁系。

有袋动物和胎盘动物的共同祖先，生活在大约 1.48 亿年前，而单孔动物——另外 5 种现存的哺乳动物——则是哺乳动物主干在 2000 万年前甩出去的一支的孑遗。因而，在其他现存哺乳动物继承到现在形态的 2000 万年以前，鸭嘴兽和针鼹为那时的"哺乳动物性"是什么提供了证据。

如果说达尔文对鸭嘴兽的描述有些悖谬之处，那可能在于"活化石"这个词。这个词指现存物种经历很长很长的时间不曾改变，但这不太可能发生。达尔文说"少数古老的、中间的亲本类型，偶尔会将变化甚少的后代传到如今"，但这并非事实——众生演化。鸭嘴兽游潜、挖掘并繁殖出了自身的蜿蜒道路。它们演化出了独有的特性。只需看看它们和针鼹有多么不同（除了同样的泄殖腔解剖结构之外），这根哺乳类细枝上每一个现存者都对环境做出了自己的适应。所有哺乳动物都不是从长着鸭子嘴的水生鼹鼠变来的。

正相反，鸭嘴兽和针鼹使我们能推断哺乳动物的特性是怎么变成现在这样的。我不想剧透以后会谈到的关于单孔目的惊喜，让我们谈谈 19 世纪让博物学家操碎心的卵和没有乳头的乳腺吧。

想象一下，如果世界上只有两种哺乳动物：鸭嘴兽和兔子，我们想知道它们的共同祖先是卵生还是胎生。这很难说：这个祖先也许是卵生的，而兔子演化出了胎生；或者祖先也许是胎生的而鸭嘴兽演化出了卵生。这两个场景都同样有可能，每个都发生了一次演化转变。

但如果这个假想的世界还有龟类，而我们从其无数差异之处得知，龟的支系分化在鸭嘴兽和兔子分化之前，我们就多了一条线索。那么其中一个场景就是：所有三个物种的共同祖先是卵生的，只有兔子演化出了胎生。另一个场景则是：共同祖先是胎生的，而龟和鸭嘴兽独立演化出了卵生。第一种场景下包含了一次演化转变，第二种则需要两次。所以，尽管第二种也不是不可能，但第一种更简单，符合简约性原理（principle of parsimony）。

简约性原理很长时间以来居于演化推断的中心地带，它在此领域运作良好。基本上，最简单的解释就是最好的。

而且，当你有越多特性丰富的种类可比较，这些推断就越可信。在真实世界里，爬行动物通常都产卵，而爬行动物和哺乳动物最近的共同祖先本质上肯定产卵，单孔动物即有力证实了这一结论。

此外，单孔动物的卵生，让胎生的演化有了一个相对的时间戳。由于鸭嘴兽的其他一些特征，我们知道，哺乳动物演化出毛发、乳汁、温血以及别的许多哺乳动

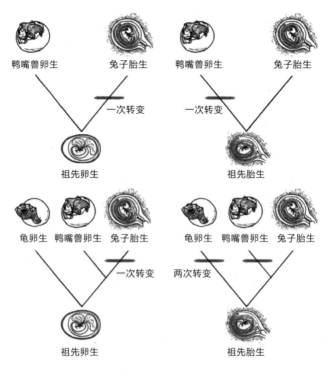

图 2.1 最大简约性决定了特性状态变化最少的是最佳演化的解释。

物性状，发生在它们生出不带蛋壳的幼崽之前。

回到哺乳腺的问题：爬行动物、鸟类和其他脊椎动物都不泌乳，因此我们可以确信乳汁演化只发生在哺乳动物的这条支系。它出现在胎盘哺乳动物、有袋类哺乳动物和（没错，若弗鲁瓦先生的）单孔哺乳动物当中，这告诉我们乳汁的演化发生在这三个支系分化之前。

所有哺乳动物乳腺管、乳汁成分及其背后的遗传学因素的相似性，有力地支持了这个结论。最简单的解释是，所有这三个支系用来喂饱小婴儿的系统，都继承自某个已经演化出这一系统的共同祖先。

但单孔动物没有乳头。这就是为什么说，这种动物为一种有特性的演化轨迹提供了独特的视角。没有乳头的泌乳意味着，在正兽亚纲（therians，这个术语指有袋和胎盘哺乳动物合并的分类）出现之前，哺乳动物有乳腺，但是早期的乳汁是以更弥漫性的方式从母体上渗出的。比如说，小鸭嘴兽会吮吸母亲的毛发，因为乳汁会从毛上滴落。

当然，一只动物在演化出乳腺之前没有演化出乳头是很合理的；但是更加弥漫性的泌乳，或许是一条很有趣的线索，指向一开始为何以及如何演化出了乳腺。

同样的，单孔动物虽然产卵，但这些卵和鸟、爬行动物的蛋的差异也很有趣。人们可能把卵生和胎生看作天壤之别，但单孔动物的卵告诉我们，哺乳动物是如何变成了能直接生出会尖叫的婴孩；这条线索揭示了产卵和胎盘之间的那条鸿沟是如何被跨越的。

我们会在第六和第七章再次回顾这两条线索。

定义哺乳动物

有人说，如果长毛和有乳汁就算哺乳动物的话，那椰子也是哺乳动物。这不是什么名人发言，只是来自网络论坛上的某个人。我不知道这句话是否是特意针对陈旧过时的林奈式思维所作的评论，但后续着实有趣：许多（奇怪，好认真的）回复反对椰子是哺乳动物的说法，纷纷指出由于椰子没有乳头、外耳或三块听小骨，所以，基于以上种种，椰子不是真的哺乳动物。此外还有几个人，就像19世纪中期穿越来的时间旅行者那样反对说，椰子不是胎生的。然而却没有人指出，椰子在系统发育树上和棕榈树的关系，比它和长颈鹿或疣猪的关系近，这才是它不是哺乳动物的原因。在21世纪，林奈式思维仍健康茁壮。

假如你想要比网上扯闲篇更实际点的证据，可以拿本主流字典查一下，你会发现哺乳动物仍然被定义为一种有毛发、乳腺，也许还有其他一两种特性（取决于这本字典的水平）。这种思维模式里有些东西迎合我们的感觉。这么一来，当某只特定的哺乳动物决定要写一本关于他作为这么一种生物的书时，他决定把整件事搭建在一个准林奈式的脚手架上。我知道这一章一旦写完，我就要回到列表里，一条接一条地过一遍那些定义性的哺乳动物特征——这一事实现在都让我有些不舒服了。要为自己辩解的话，我只能说这种"别出心裁"的安排能让我更好地把注意力一次集中在一件事上。

融合达尔文和林奈——尝试将林奈基于性状的方案重叠于现代生物学基于谱系的分类学之上——的一个明显问题是，没有哪个进化支系非要保持它继承来的某个性状不可。鲸的祖先有过四条腿，属于某个被我们称为四足动物（tetrapod，正因其有四只脚的特征）的族群，这一事实并不妨碍它们的腿在演化中变得越来越短，直至某时后腿完全消失而前腿变成了鳍。在生物学上，如果生态上的机遇更青睐游泳而非走路，谁也不需要因为忠于林奈的理念而必须坚持长着四条腿——演化中的支系总会根据环境获得新性状并甩下那些旧的。

实际上，以重要特征定义哺乳动物这种方式，在拥有毛发这个决定性特征上被海豚动摇了。象、犰狳和人类可能表明，拥有毛发也不是说全身都要被体毛覆盖，但是海豚在这一点上走得更远。"哺乳动物在生命中的一些时候拥有一些毛发"一说在海豚身上很有必要，因为它们仅在生命前几周嘴边会有几根胡须（这被认为用来帮助新生儿找到母亲的乳头）。

用性状定义动物的另一个问题是：同样没有什么能

阻止两个分离的支系独立演化出相同性状。举例来说，温血对于哺乳动物成为现在的样子至关重要，但较晚些时候，另一种温血生物演化了出来（它们长着羽毛），而温血则不再是仅限于哺乳动物才有的性状。当然，林奈式方法可以强调哺乳类和鸟类保温方式不同，但演化出温血是生物学的现实。而且鸟与哺乳动物的相似之处不止于此，二者趋同演化出哺育后代、更大的脑以及四心室等性状。更别提哺乳动物里也有会飞的蝙蝠，鸭嘴兽祖先还长出了鸟嘴。趋同演化会造成惊人的相似性——在哺乳动物当中你也会看到，不同的长鼻食蚁兽都是独立出现的——这些造成了混乱，不仅在试图基于生理性状构建分类的时候麻烦，在以系统发生学追踪演化关系时也是如此。

达尔文式的分类学家放弃了用特征来定义分类，他们讨论演化支。演化支是某个共同祖先的所有后代物种组成的群体。这就是为什么——比方说——鸟是爬行动物。鸟类从恐龙演化而来，而恐龙明确是从爬行动物的枝干上长出来的。无论有多少特征使鸟类和其他爬行动物截然不同，它们的祖先始终是固定的。更反常识的是，基于演化支的分类学意味着两栖动物、爬行动物和哺乳动物都是奇怪的硬骨鱼。同样，所有硬骨鱼都有一个明确的祖先，追溯其后代图谱则表明有一个古怪的支系跑上了岸，最终产生了所有的陆地脊椎动物。

从演化支的视角看，哺乳动物十分有趣，其哺乳类祖先在 3.1 亿年前从爬行动物先祖中分化出来，然而所有现存哺乳动物都来自一个生活在仅 1.66 亿年前的共同祖先（见封底图片）。从哺乳动物的独特起源到 1.66 亿年前单孔目和正兽亚纲哺乳类的分化，这一演化实验没有产生任何存活下来的旁支。

这是一条鸿沟，理解这里发生了什么，颇能说明前哺乳动物历史的特征。化石记录表明，被称为哺乳动物先祖的物种在不同级上还有后续的"辐射分化"，每一级都有自己艰深难懂的名字。下面是一幅插图，一开始是盘龙类（pelycosaurs）——其中就有背上有帆的异齿龙；其次是兽孔目（therapsids），它使哺乳动物生物机制往前进了一大步；第三个则是犬齿兽（cynodonts）。

辐射的意思是，尽管有一系列共同特征，但这里出现的是一个完整的生物谱系。因此，异齿龙在盘龙类最初辐射的食肉目中位列顶级捕食者，但也存在食草和吃昆虫的各种大大小小的盘龙类动物。随着地质时间往前推，这么想似乎也说得通：演化过程中，食草物种产生了未来的植食者，食肉者则产生了未来的杀手，等等；

也就是说所有支系并肩朝着未来走去。但事实并非如此。不，这些盘龙中出现了一个新类型的哺乳动物先祖，正是从这个单一支系当中自然产生了新的食肉、食草和食虫的兽孔目动物辐射，它们最终取代了所有同行的盘龙类。

然后，从兽孔目当中又有一个支系出现，这个支系养育了犬齿兽辐射，而那里面包含了一个支系，从中诞生了世上曾有过的一切哺乳动物的最近的共同祖先。[20]

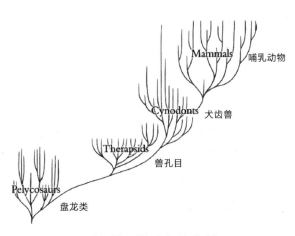

图 2.2 哺乳动物及其祖先随时间的分化

20 这个盘龙类—兽孔目—犬齿兽—哺乳动物的 1—2—3—4 分级是简化的版本；在主要分支中还有更小的和重叠的分支，正如今日更为明显的有袋类和胎盘类哺乳动物代表了两个同时存在的辐射。

再来看爬行动物也很有意思，其中有一系列早期分化——比方说龟、蜥蜴和鳄鱼——都成功并存至今。这表明爬行动物们找到了不同生态位，而哺乳动物祖先的后继者们的生活方式相似以至于彼此相互竞争，新的类型最终将老的推向灭绝——达尔文提出了这一机制，用来解释哺乳动物类群中存在的那条鸿沟。

至于为什么较新的辐射组代替了旧的，最为明显的答案就是：新群具有某些竞争优势。考虑到这些优势的性质，我们又回到了定义不同群组的特殊性状。演化出某种关键特性会令（比如说）兽孔目碾压盘龙类吗？是某个独特的哺乳动物特性，让它们超越了犬齿兽吗？

答案"是也不是"。是的，演化出新特性——本书的主题——使继承这些特性的动物产生了某种优势。但是复杂特性的演化需要时间，更重要的是，获取新特性和在手机里加个 App 不一样——并不是简单地拿个螺丝拧到一个生物的整体上就完了。因此不是这么回事，兽孔目并不是得到了性状 X，随后犬齿兽又得到了 Y 而哺乳动物有了 Z……动物的身体部位并非孤立地存在或演化。所以，当我思考哺乳动物一个接一个的特性的时候，全程都得留意这一个事实：各个特征的出现和变化往往是齐头并进，而非一个接着一个。我们定义为单个特性的东西，其实总是互相关联，正是在这种关联下，才能找到意义非凡的"哺乳动物性"的概念。这说法虽有些老套——但整体大于部分之和。

关于鸭嘴最后的话

当达尔文检查东道主给他猎的鸭嘴兽时，他注意到那著名的鸭嘴和英格兰博物馆标本上那个干硬的凸起物相当不同（事实上鸭嘴兽的鸭嘴和鸟的硬喙是由完全不同的材料构成的）。针对鸭嘴兽的前半部分，埃维拉德·霍姆功不可没，他极好地解释了这一奇妙结构。他写道从鸭嘴到大脑的神经"不同寻常地大"，认为这个嘴部"起到手的作用，在感觉上有很好的辨识力"。今天我们已经知道，鸭嘴确实能"很好地辨识"，不仅如此，它还有手做不到的能力。

现在我们知道，鸭嘴兽在河床上搜寻甲壳动物和小食时，它的眼睛和耳朵所在的凹陷会拉紧，鼻孔的皮肤阀也会合上；这家伙觅食时实际上又聋又瞎，也没有嗅觉。当它摇着头，在河床上用嘴扫来扫去的时候，在执行搜索的就只有这一个部位。

20 世纪 80 年代初，两个德国科学家发现鸭嘴兽嘴部有一些不寻常的神经末梢，迹象显示它们不仅有常规触觉，可能还能在水中扫描电场。很快，由德国和澳大利亚科学家组成的另一个团队把电池放在水箱里，发现鸭嘴兽对其有反应。事实上它们对之进行了攻击，而且它们避开了带电的障碍物，但是撞上了不动的障碍物。科学家发现，除了 6 万个触觉感受器外，鸭嘴上还有 4 万个电感受器。而其大脑中处理嘴部信号输入的大块区域，以精致的条带状交替接收机械信号和电信号。针鼹似乎有这种感觉系统的残余，但鸭嘴兽的鸭嘴，是哺乳动物中无出其右的奇妙感觉系统：它提醒了我们，演化是保守与创新的平衡。

我傻傻地喜欢鸭嘴兽——喜欢到不止一次去伦敦的博物馆里看那个填充标本。除了它们独特的生物机理，我也喜欢它们在东澳大利亚游来游去，对它们所造成的所有混乱与惊愕一无所知；也对人们老说它们的解剖和生理是"过渡性的"毫无知觉。它们只是划着水，打着洞，潜水觅食体会自己电感的世界，每年一只雌性可能会产下几枚卵。就这样，它们忙着自己的事儿，一如过去的数百万年。

第三章

Y，我是雄的

一只雄性鸭嘴兽求爱的信号是用鸭嘴抓住雌性的尾巴。它俩就这么锁在一起，穷尽各种水中杂耍动作。有时她会游走，而他死死抓着紧跟不舍。如果她360度回旋，他也会紧随其后曼舞——这一对就像个毛茸茸的开瓶器一样在水中钻旋。有报告称，交配行为本身是在雄性始终咬住雌性尾巴的情况下完成的。无论是否属实，一只雌性近期是否"活跃"，能从尾巴上的秃斑看出。

怀孕之后，雌性会往河岸挖进20米深，建造一个新的巢室，铺以树叶，然后产卵——通常是两枚。卵在她体内大约 17 天（目前仍不清楚精确时间），然后花 10 天孵化，再给孵出来的宝宝——她的小"巴哥"[21]——哺乳 3 ~ 4 个月。

另一方面，一旦水中性爱结束，雄性拍拍尾巴走人，与后代和雌性的后续都无关了。

人类的情况通常没那么赤裸裸，不过，拜每个个体细胞里住着的 Y 染色体所赐，在造小孩问题上我得找个有两对 X 染色体的人一起。而且如果没能把这个 Y 染色体传给后代，这就意味着现在我是家里的男人，和伴侣、女儿在一块儿的唯一男性。我是个父亲，我是个爹地，爸爸，父系，男性家长。听我怒吼！[22]

诸如此类。容我承认。当我坐在医院病房里，狂喜地看到伊莎贝拉初次吮吸的时候，我满怀的欢欣与巨大安慰中其实还伴随着某些别的，另一层感觉——某种意外而奇怪的感觉。那一刻我看到的，是一件今生我不可能做到的事情。

---

21 puggles，指针鼹或鸭嘴兽幼崽，源于 20 世纪 90 年代的澳大利亚玩具。——译注

22 本章标题 I am male 可译为"我是男人"，20 世纪 70 年代的流行歌曲 I am woman 有一句歌词："我是女人，听我怒吼"（I am woman, hear me roar）。——译注

我大概永远不知道，这个想法此前在整个生育过程——克里斯蒂娜怀孕的七个月里——为何从未出现在我脑中。我只能说在克里斯蒂娜怀孕那段时间每件事都太抽象了，一个女儿在那时还只是一个观念。在医院里，被哺喂着的时候，伊莎贝拉是一个人，她的坚毅与尊严每日都令我感到谦卑。看着她吮吸的时候，我心中竭力地希望我也能像克里斯蒂娜那样帮助她。

另一方面，我可能不应太夸大这一点，因为后来，当两个女儿饥饿的尖叫刺破她们父母的宝贵睡眠时，我很典型地抓住自己这边的被子，嘟囔着姑娘们要妈妈了。只有克里斯蒂娜不在的时候，我才再次哀叹自己没有长着一对内置的哺育和安抚孩子的组织。

谈到男女差异的时候我立即感到了紧张。但不管怎么说，如果要讨论哺乳动物及其独特之处，就绕不过它们的繁殖方式。而讨论哺乳动物的繁殖，你就得谈到雌性和雄性。我在这里说的性别决定指的是性最基本的方面，即胎儿发育出睾丸或卵巢及其直接结果。完整的性别差异不在此讨论之列，性别认同则是微妙和复杂的现象，更远远超出本书讨论的范围。

虽说本书的诞生源自一个刁钻足球造成的对雄性脆弱的深刻印象，然而一旦论及哺乳动物幼崽，故事就主要是关于雌性身躯的。想搞清鸭嘴兽是什么的人都不怎么关心雄性；这种动物的繁殖谜题在雌性身上。哺乳动物繁殖需要精子和卵子在雌性体内相会；由雌性孕育其后产生及生长的胚胎，这些胚胎（除了单孔动物的）与母亲产生复杂而动态的关系。哺乳动物幼崽出生之后此种联结仍然持续，这些不成熟的小动物不需要自己觅食，它们的饮食需求都由母亲的乳腺来满足。

因此，哺乳动物繁殖故事的核心是：一根直截了当把卵子从卵巢送到外界的直管，在极漫长的时间里，如何被雌性哺乳动物及其祖先转化为输卵管、子宫、子宫颈和阴道的连续体，以及雌性如何发展出产乳的能力。这些创新深刻改变了哺乳动物的生活。

当这一切发生的时候，雄性又在干吗呢？他们用上了那个把精子从性腺送出去的简单管道，为了改进成效而在末端装了点东西。

这倒也不奇怪。在90%的哺乳动物中，父亲的工作在射精之后就完成了（就像鸭嘴兽）。超过90%的这类爸爸们对后代福祉仅有的一点贡献，就是在某个卵子里扔下一点儿他们的染色体。而那些对后代成长确有贡献的雄性，一般被演化塑造的是其行为而非躯体。雄性的身躯是被受精之前，而非之后的难题磨炼出来的，这个难题就是：

确保那些导致受精前后状态切换的精子是他们自己的。

后续章节会讨论到这些生殖创新是如何出现的。而本章将聚焦哺乳动物是如何变成雌雄两性的。

X 和 Y

我成了雄性这个结果，是由于一个卵子在受精时，精子携带的 Y 染色体所导致。我是个 XY。我的两个后代是来自我携带有 X 染色体的精子。两个女儿都是 XX。这是人类性别决定的关键。

复习一下人类基础知识：人类（几乎所有人，偶尔会出现不同情况）有 46 条染色体，排成 23 对。每一对染色体都是一条来自母亲，一条来自父亲。从第 1 对到第 22 对，紧密结合的两条染色体都是一样的，除了其间某些标准的遗传多样性。最后一对则要么是一对 X 染色体，要么是一条 X、一条 Y。如果是两个 X，这个人通常是女性。如果是 X 和 Y，这个人通常是男性。卵子和精子分别携带 23 条染色体——每种一条——由于 XX= 女性，XY= 男性的配置，一个女性输卵管排出的每个卵子都含有一个 X，而精子有些携带 X 染色体，有些携带 Y，以 50 ：50 的比例混合。一个人类胚胎的性别，因此是由成功受精的那个精子带着的是 X 还是 Y 染色体所决定的。这个繁殖后代的系统产生一半男性一半女性的方法既简单又高效。

事实上它太简单有效了，而 X 和 Y 染色体又如此有寓意，自从我知道有这么个规则，我就假定它是任何动物分为雌雄两性的标准手段。不过，这个随意的假定是错的，而且大错特错。使人类分为雌雄两性的 X 和 Y 染色体，完全是个哺乳动物的发明。

有性生殖是个极为古老的程序，尽管其在数十亿年前的确切起源有些模糊，相比起单性繁殖，有性生殖根本的好处是，性对一个物种遗传多样性组合进行了洗牌。它创造出的新生物体，探索了以新的方法结合其父母各自基因的可能性。它促进了适应。

其实以这种方式繁殖并不必然需要两种性别。排除掉昆虫（那就是超过一百万个物种），大约还有 1/3 的动物（包括脊椎动物和无脊椎动物）是雌雄同体的（hermaphrodites）。一个既可以制造"雄性"也能造"雌性"配子（性细胞）的物种有非常明显的优势。首先，这种动物就有了一个后备计划。即使它找不到一个伴儿来混合基因，也不会就此毁灭；它能使自己受精。但是在诉诸这种方式之前，它一开始就能有两倍概率找到伴侣，因为雌雄同体的物种当中所有成员都是潜在的伴侣。

雌性和雄性分开意味着你的物种当中只有一半成员能和你繁育后代，这代价还挺大的。

那为什么还要搞那么复杂？这事要说回配子的本质。精细胞和卵细胞截然不同。一个精细胞只是一头DNA，再加一个外挂的发动机和一个尾巴，而一个卵细胞含有DNA，还要加上一个胚胎初始发育所需的一切能量和细胞功能。这两种细胞类型因而代表了繁殖策略范畴上的两极。精子又小又廉价，易于传播，使其制造者有更大概率得到后代。另一边的卵子则很大且代价高昂，装满资源，生产出可能性更多的后代。看起来在性细胞的早期历史中，演化认为在尺寸和策略上居于中间位置是不利的，而中间地带就这么消失了。

雌雄同体者兼履父母之职，必定是多面手。但是动物若只生产卵子或者精子可以变得更专精——它们的躯体和行为演化出各自的特性，使其更擅散布精子，或更小心照料高质量的卵子。从那以后，尔等分作雌雄两性，这一场景在脊椎动物生命开篇时已成现实（也有些例外：有些鱼和蜥蜴雌雄同体）。

除了把物种的繁殖对象减半之外，两种性别还有个有趣的问题：从一个基因组中，这个物种必须造就两类动物。这就必须有一个发育开关，引导成长中的躯体沿着

两条路径之一前行；在哺乳动物里，这个开关多少涉及 X
和 Y 染色体。

　　除了误以为 X 和 Y 染色体是整个生物界制造雌性和
雄性的标准方式，我过去还有个误解，以为 X 和 Y 染色
体得名于 X 染色体是个 X 形，而笨笨的小 Y 染色体是因
为长得像个粗短的 Y 字母。事实上这两个概念始于 1891
年，赫尔曼·亨金（Hermann Henking）使用了新染色
技术研究萤火虫的精子。

　　在亨金以前，染色体几乎是看不到的，遗传的生物
基础一直是个谜。他的染色意外揭示了真相——染色体字
面意义上就是"被染色的小体"。选萤火虫可能有些怪，
其实是因为昆虫染色体很大，容易被看到，相形之下，
哺乳动物的染色体小小地揉成一团，而且数量又很多。
后者在维多利亚时代的显微镜下是看不到的，在此后数
十年间都是个难题。

　　关键是，亨金研究的萤火虫精子彼此并不相同。一
半精子中有个奇怪的小颗粒，看起来是个小小的染色体，
但和其他染色体的行为不尽相同。由于其神秘性质，亨
金将其命名为"X 素"。

　　这个词再次出现是在 1905 年，宾夕法尼亚州布林
莫尔学院的妮蒂·史蒂文斯（Nettie Stevens）解决了性

别决定的染色体基础：她发现雄性面包虫（mealworm beetle）有一对染色体彼此不同，而雌性面包虫的这对染色体是成对的，这类染色体此后以 X 和 Y 染色体的名字为人所知。

史蒂文斯的观察影响深远，具有两方面的重要性：首先是它在性别决定领域里具有直接的解释力；其次是它对遗传学的广泛影响。20 世纪开始，人们重新发现了格雷戈尔·孟德尔（Gregor Mendel）通过种豌豆找到的遗传规律——这一遗传规律表明，全部性状背后的遗传物质在代际间会不稀释地传递——生物学家们热切地将这些规律应用于人类和其他生物体。但是，基因仍然是出于生理基础需要而纯粹假设出来的实体。虽然就染色体在细胞内的位置及其在性别和受孕过程中的行为来说，它们很可能是基因的容器或载体，但真正发现某种动物的性别和其拥有的染色体紧密相关，是对这一观点极为有力的支持证据。

此外，甲虫（和后来的果蝇）的 XY 系统能完美解释某些遗传病为何会不成比例地影响男性[23]。这些线索结合

23 某些疾病如血友病由 X 染色体上的变异引起。在 X 染色体上遗传了致病基因的男性会患病。而女性如果在第二条 X 染色体上的基因是正常的，就不会患病。

起来，使人们普遍接受了人类的性别也是被同样的 XY 染色体系统所决定的。

就这个想法而论，事情在 20 世纪 20 年代发展得不错。纽约哥伦比亚大学——新兴遗传学科的中心——著名的蝇屋，在果蝇中发现了 XY 系统的作用模式。果蝇的性别是根据每只昆虫拥有的 X 染色体数量决定的：1 条 X 是雄性，两条 X 就是雌性。这一点得到确认，是因一只变异的、拥有 X 但没有 Y 染色体的蝇——称为 XO 果蝇——是雄性的。"他"是不育的，但是 Y 染色体在决定其性别上并无作用。一条 X= 雄性，再多一条 X 就会让"他"成为雌性。

同时，得克萨斯大学的狄奥菲鲁斯·佩因特（Theophilus Painter）的兴趣从昆虫染色体转向了哺乳动物染色体。佩因特的切人点是负鼠（opossums），他确认这种有袋动物是有 X 和 Y 染色体的；但他还需要人类的数据来完成研究。哺乳动物的染色体仍然顽强得难以观察，关键是选择正确的细胞，以及对其做高质量的准备。结果人类 Y 染色体的存在是在睾丸组织中确认的，这些组织来自得克萨斯州州立医院一些因"过度自渎"而被阉割的精神病人，在移除之后被快速制备。在这篇宣布哺乳动物有 X 和 Y 染色体的论文中，佩因特吹嘘了他把这些男人的睾丸放进特殊固定液的速度有多快[24]。

一切都看起来很连贯。人们假定 X 和 Y 染色体在人类、负鼠和所有其他哺乳动物中决定性别，就像果蝇那样，谁又能责备他们这样想呢？

性激素与染色体

雌性有两条 X 染色体，雄性有一条 X 和一条 Y 染色体，这个强有力的证据表明微观结构能决定性别，但这也提出了一个问题：染色体是怎么塑造命运的。

在妮蒂·史蒂文斯等人在遗传学上有所发现的同时，其他生物学家正在研究和双胞胎兄弟共用一个子宫的母牛的生殖系统解剖学。这种所谓的"正异性孪生母牛"[25]有雄性化的生殖器官，其雄性化程度似乎取决于在子宫中和双胞胎兄弟分享供血的程度。许多推测认为是雄性释放的化学信号改变了其姊妹的发育。

这一观点启发了艾尔弗雷德·约斯特（Alfred

---

24 佩因特在 X 和 Y 上是对的，他还论证了此前一项人类有 48 条染色体的说法，这个数字进入了教科书，而且显然让一代又一代的科学家在那时模糊的图片里想象出了一对额外的染色体。

25 freemartins，指母牛生产异性双胎中公犊能正常发育，母犊的生殖腺和第二性器官发育不全或有缺损，也有音译为"弗里马丁"或称生殖不全牝犊。——译注

Jost），20世纪40年代晚期他在巴黎进行了性别决定研究历史上最重要的实验之一。约斯特推测，来自雄性双胞胎兄弟的性激素不仅引发了姊妹的雄性特征，而且雄性自身形成也有赖于这些性激素。如果约斯特是对的，表现出雄性特征就不再是在遗传意义上成为雄性所固有及必然的终点；雄性特征的发育将取决于雄性激素的作用。

就这些性激素可能的来源可以做一个直观的实验。约斯特想阉割胚胎状态的雄性，看看会发生什么。他认为兔子比较容易操作，但面临两个主要挑战。首先，他得弄到一些兔子。通常这很容易，但是在饥馑的战后法国，大多数人更想见到兔子在锅里而不是实验室里。第二，他搞到兔子以后，必须以极高的精度完成手术。要切除兔子胚胎上极不成熟且还是中性状态的睾丸，然后再把这些失去球球的小兔兔放回母亲子宫，且不造成额外的伤害，堪称一项壮举。

不过，成功完成此项手术的结果是值得的。约斯特见证了一窝健康幼崽的诞生，他发现所有的幼崽都表现为雌性。当具有 X 和 Y 染色体的躯体没有了睾丸分泌物，自然造就了雌兔。[26]

---

26 虽然约斯特的实验用的是兔子，这种性激素诱导雄性特征并非哺乳动物独有的机制，许多脊椎动物都有。

20 世纪 50 年代，约斯特开始着手研究究竟睾丸分泌了什么东西造成一个雄性的"雄性化"，同时，遗传学也取得了重大飞跃，最显著的进展是弗朗西斯·克里克（Francis Crick）和詹姆斯·沃森（James Watson）在1953 年公布了 DNA 的结构。他们也着手追寻这种化学上无甚出奇的分子是如何成为遗传之基础的。不过，遗传学家也终于知道了怎样可靠地检查哺乳动物的染色体[27]。

医学遗传学家们终于得以开始效仿当初遗传学研究的基础——果蝇研究。1959 年，已有 3 种人类疾病能确凿地指出其和某种染色体遗传异常相关联。首先是唐氏综合征（Down's syndrome），看起来是多出一条 21号染色体造成的。另两种涉及的疾患影响性别身份[28]，此事出乎意料：人类和果蝇不一样。

拥有 XO 染色体的人类不是男性（不像果蝇）而是女性；而拥有两条 X 染色体和一条 Y 染色体（尽管有两

---

27 1956 年，人类细胞中染色体数量终于纠正为 46 条。直到那时，随着佩因特在得克萨斯病人身上看到 48 条染色体的说法被明确否定，许多研究者才承认自己早就数出了 46 条，但不好意思说。

28 这两类分别是特纳氏综合征（Turner's syndrome）和克氏综合征（Klinefelter's syndrome），与一系列严重程度不等的健康问题有关。最重要的是，它们都会导致不育，以及与性别解剖学有关的问题，但两种情况下个体性别都是明确的。

条 X 染色体）的人类却是男性。结论很明显：如果一个人类有一条 Y 染色体，他在生物学上就是男性。

结合这一惊人的遗传学发现和约斯特的结果似乎说明：有一条 Y 染色体和功能完备的睾丸，就会导致哺乳动物成为雄性。哺乳动物的性别决定可能很简洁：Y 染色体通过引导构建一对睾丸来启动雄性发育。

遗传学家用他们新获得的能力去调查各种哺乳动物的染色体时，发现了相同的模式：雌性 XX，雄性 XY。只有一个例外。

20 世纪 70 年代早期，研究者深入查看了一下鸭嘴兽的细胞，他们发现即使在这个层面上这种动物也很古怪。它们不是只有一对性染色体——哦，不——而是有 5 条 X 和 5 条 Y 染色体。这种事情就是我特别爱鸭嘴兽的理由。一只雌性鸭嘴兽是 $X_1 X_1 X_2 X_2 X_3 X_3 X_4 X_4 X_5 X_5$，咬尾巴的雄性则是 $X_1 Y_1 X_2 Y_2 X_3 Y_3 X_4 Y_4 X_5 Y_5$。

直到 2004 年，这个系统究竟是如何运行的才为人所知。澳大利亚国立大学的遗传学家珍妮·格雷夫斯（Jenny Graves）和她的团队表明，这 5 个 X 和 5 个 Y 在产生精子和卵子的过程中排列在单独链条里，因此每一个都表现得像某种超级染色体。格雷夫斯是有袋动物和单孔动物遗传学专家，这位学者和这些动物在解码哺乳动物性别决定的遗传学中都扮演着重要角色。不过，在此前长达 30 年的时间里，$X_1 X_1 X_2 X_2 X_3 X_3 X_4 X_4 X_5 X_5$ 和 $X_1 Y_1 X_2 Y_2 X_3 Y_3 X_4 Y_4 X_5 Y_5$ 的鸭嘴兽遗传学都束之高阁，被视为另一种单孔目怪癖，不过是标准哺乳动物 XY 系统的鸭嘴版。

从染色体到基因

20 世纪 80 年代，遗传学界已经准备好认真研究这一问题：究竟是什么让 Y 染色体启动雄性性别。研究者的注意力从拥有 XXY 或 XO 的患者身上转移到了更罕见的人群，这些人的染色体是更大的谜团：在 20000 例新生儿里会有一例女性带有 XY 染色体，或男性带有 XX。

对这一现象的假设是，Y 染色体含有一个基因，向胚胎发出指令使其性腺转变为睾丸，从而决定了性别。在 XY 女性中，这个基因丢失了或失去了功能。XX 男性的情形则被认为是这一关键基因指令从 Y 染色体跳到了 X 染色体上。

波士顿麻省理工学院的大卫·佩奇（David Page）研究团队长期追踪 Y 染色体上这个小小的关键点，发表了多篇备受瞩目的论文描述他们有多接近答案。1987 年，他们宣布发现了决定人类男性的单个基因。这一基因正常情况下位于人类的 Y 染色体，但 XX 男性的这个基因位于他们从父亲那儿遗传的那条 X 染色体上。而 XY 女性的这个基因从 Y 染色体上消失了。佩奇称之为 ZFY（zinc finger Y-chromosomal protein，锌指 Y 染色体蛋白），他们发表在《细胞》（*Cell*）杂志上的论文被视作预示着光明的遗传学终将大获全胜。

现在可能是个恰当的时机回头看看我那个天真的假定了，我以为 X 和 Y 染色体——就像我自己的——在所有两性物种当中都是雌雄性别背后的支撑。这不仅仅是错的，而且是相当大的错——躯体被塑造为雄性或雌性有许多种方式。通过遗传二选一的基因开关尽管最常见，但并非必须如此。环境因素触发性别决定的情形也不罕见，比如说龟或鳄鱼的雌雄取决于孵化温度。

当性别由遗传学开关决定时，所需的基因就不会是共有的。若想完全理清性别决定的遗传机制，我们得把植物、昆虫和无脊椎动物当中有雌雄两性的都调查一遍，不过脊椎动物已经能提供很大的多样性了。许多种类的雄性有不同的染色体，而雌性则是一对相匹配的染色体，哺乳动物就是如此；但是从系统发生学上看，这些动物却没有集中在一起，作为一个由共同祖先繁衍而来的单一族群，而是散落于脊椎动物的发育树各处；而且我们现在已经知道它们的性别分化使用的基因不同、策略迥异——有时是一个总的雄性开关（如哺乳动物），有时是一组取决于剂量的系统，比如果蝇。

此外还有雌性拥有不匹配的性染色体和雄性拥有匹配染色体的情况。这种安排在鸟类、蛇和某些其他物种中可见，其中雌性是 ZW，雄性是 ZZ。Z 和 W 的命名仅用于说明此种情形，它没有描述这些染色体本身。

你可能以为，性别决定机制作为动物生理的基本方面，会是固定联系、长久保留的，但它其实极易改变。如果你还想要更多例证，可以去日本看看，地理上互相隔绝的本土粗皮蛙（wrinkled frogs）各自用上了 XY 或 ZW 的系统。

佩奇关于 ZFY 的论文基本建立在人类遗传学和相关胎盘哺乳动物的基础上，此后他决定设法证明这一基因是所有哺乳动物性别决定的关键。这项工作的一部分是确认 ZFY 也在有袋类哺乳动物的 Y 染色体上。看起来赢面挺大。除了 Y 染色体比胎盘哺乳动物小一些，有袋类哺乳动物显然和我们一样有性别。佩奇给身在墨尔本的珍妮·格雷夫斯送去了一小段 DNA，这段 DNA 会粘在 ZFY 上，无论 ZFY 在有袋动物基因组的哪个位置。

与此同时，一位伦敦的生物学家彼得·古德费洛（Peter Goodfellow）也在研究性染色体，他也同样认为这个问题很有趣，于是独立给格雷夫斯送去了第二段 ZFY 的探针。

格雷夫斯把这两个样本给了自己的博士研究生安德鲁·辛克莱（Andrew Sinclair），等着他拿回来一张清晰染色的袋鼠 Y 染色体图像。只不过，辛克莱回来说，ZFY 在第五号染色体上——一条普普通通的常染色体。格雷夫斯做了许多博士生导师看到奇怪结果时都会做的事：她让辛克莱回去重新检查一下。

不过这一指导的结果只是辛克莱得到了更有说服力的证据，表明 ZFY 真的不在 Y 染色体上。但一个性别决定基因不可能在一条常染色体上。格雷夫斯、辛克莱和古德费洛写了一篇论文（佩奇列为共同作者）寄给了《自然》（Nature）杂志。很快这本杂志的封面告诉全世界，ZFY 是个错误。

拿到博士学位以后，辛克莱离开澳大利亚，加入了古德费洛的实验室——寻找真正的性别决定基因；佩奇则重新开始。因为 XX 男性的搭车基因研究基础很可靠，搜索并未花太长时间。1990 年，辛克莱、古德费洛和罗宾·洛夫尔-巴杰（Robin Lovell-Badge）合作发表了两篇论文（还是在《自然》上）描述了一个名叫SRY（Sex Region of the Y, Y染色体性别区域）的基因。这次没错了：SRY是哺乳动物特有的单个基因，在胎盘类和有袋类哺乳动物的Y染色体上都有发现，它使哺乳动物成为雄性。

有时候，一项发现会带出一大片精彩研究，这就是一例。现在我们已经知道，当哺乳动物早期未分化的胚胎的性腺中含有一条完整的Y染色体时，SRY开关打开，其存在促成性腺发育为雄性。SRY激活其他基因的网络表达，后者再进一步激活那些指导睾丸建造的基因。这里涉及的30来个基因现在都已经搞清楚了，但是还有更多的未知。这些基因和那些非哺乳类的脊椎动物使用的性别决定基因有许多共同之处。看起来，开关可能会随着演化时间推移而改变，但更广泛的测试引导网络却是很保守的。

SRY的DNA序列在哺乳动物中的多样性惊人，但在每个物种中它干的事情又都一样。比方说，遗传学家在XX小鼠中插入了山羊的SRY基因，然后发现它们发育出了（小鼠尺寸的）睾丸；这些睾丸通过艾尔弗雷德·约斯特曾研究过的性激素，指导XX小鼠长成雄性。

格雷夫斯的实验室想把这个故事完成，他们着手去做那件势在必行的事情：探明鸭嘴兽的 5 个 Y 染色体哪个含有单孔动物版本的 SRY。格雷夫斯此前的工作中已有证据表明，鸭嘴兽 X 染色体上有些片段很像人类的 X。没人觉得这会有什么问题。

只不过，SRY 不在那里。在寻找了十年之后，格雷夫斯最终让步，接受鸭嘴兽没有 SRY，针鼹也没有。[29]

这一结论得到了弗兰克·格吕茨纳（Frank Grützner）和弗雷德里克·贝鲁内斯（Frédéric Veyrunes）的确认，他们在格雷夫斯的实验室工作，用给鸭嘴兽全基因组测序的技术来检查其性染色体。到了这个时候，SRY 不见了这事已经不算什么真正的意外了，但这个结果引发了另一场震动。早些时候认为鸭嘴兽的 X 染色体和人类相近的说法是错的。基因组序列揭示，鸭嘴兽的 6 号染色体——普通的常染色体——最为接近哺乳动物的 X 染色体。如果说鸭嘴兽的性染色体和谁比较像——它像鸟类的 Z 和 W 染色体！

格雷夫斯说这就像个重磅炸弹。首先，这说明他们不知道是什么使鸭嘴兽成为雄性或雌性。正如此前提到

---

29 针鼹有 5 条 X 染色体但只有 4 条 Y，Y_5 和另一条 Y 染色体融合了。

的，鸟类和哺乳动物的情况正相反：雄性有两条 Z 染色体，雌性是 Z 和 W。[30] 令人费解的是，鸭嘴兽的性染色体应该与之相似，但其作用方式却反过来。直到今天也没人知道鸭嘴兽是怎么变成产卵者还是咬尾者的[31]。目前最好的候选基因是一个决定鱼类性别的基因。

其次，这些发现还表明，哺乳动物的性别决定被 SRY 劫走，是在单孔动物从哺乳类演化树上分出去以后，至有袋动物和胎盘动物共同祖先出现之前的那段较短时间内发生的。SRY 决定性别是正兽亚纲独有的特性。此外，这一发现还找到了 SRY 和 Y 染色体的出生日期：距今约 1.66 亿—1.48 亿年前的某个时间。

历史文本 DNA

克里克和沃森弄清了 DNA 的结构，他们的结果表明它既具有夺目的优雅，同时也实在简朴。优雅在于两根链条相对穿过彼此并互相环绕。其简朴则在于它实际

---

30 鸟类决定性别的基因完全不同，它们和果蝇一样，双倍剂量基因会产生雄性。

31 2021 年 1 月，《自然》杂志登载了一篇论文 Platypus and echidna genomes reveal mammalian biology and evolution（zhou *et al.*），研究者组装了接近完整的鸭嘴兽（和针鼹）基因组。这项研究还发现，鸭嘴兽的染色体起源于一个祖先染色体的环状构型。——译注

上只是用四个化学碱基构成的一根长链——A、C、G、T构成的遗传字母表。

除了碱基如何以相同方式成对地出现在链条上，还有一个问题是，这些碱基以什么顺序串在一起，似乎也没什么规律。虽然在某种程度上，这些顺序及其携带的信息像接力棒一样被一代代传下去。很快问题就变成：一维的 DNA 序列，是怎么令三维生命形式出现的？很快人们就有了共识：A、C、G 和 T 的序列必定指导了氨基酸在蛋白质里的排列顺序，从而引发了解开其背后密码的热烈求索。

弗朗西斯·克里克是解开这个谜的中坚力量[32]，不过他也想知道，在遗传学的新认识中还会出现什么。他意识到，生物体之间的差异必定封装在他们的 DNA 中和蛋白质序列中，他——像平时一样——完全理解了其中的含义。1958 年，他写道："没多久我们就会需要一门新学科叫作'蛋白质分类学'，研究生物体蛋白质氨基酸序列及其物种间的比较。"克里克预计，这些序列将会带来"海量的演化信息"。

---

32 由 3 个连续的 DNA 碱基对组成的序列指定了蛋白质里下一个氨基酸是 20 个中的哪一个。

这是因为演化产生新生命形式正是靠DNA序列的变化。因此，比较物种间序列就能对生命历史进行基于概率的推断。比如说，与其比较牙齿形式如何变化，现在你可以检查基因序列的差异来了解不同支系如何随着时间而彼此隔离。因此，弄清了DNA结构之后没几年，DNA在其已然大放异彩的履历中又加入了演化的历史记录之功。

尽管如此，在科学上有个好想法是一回事，让它成真则是另一个难题。克里克提出这个想法是1958年，在前一年，埃米尔·扎克坎德尔（Emile Zuckerkandl）——这位法国生物学家在之前漂泊的学术生涯中几无多少重要成就——在一家巴黎酒店与莱纳斯·鲍林（Linus Pauling）会面，想找份工作。鲍林当时正致力于研究生命与疾病的分子基础，[33] 他在化学键和蛋白质结构方面的工作曾获诺贝尔奖，这些工作也帮助了克里克和沃森在DNA结构上的探索。

在1959年的加州理工学院，鲍林让扎克坎德尔研究从不同灵长动物当中提取的血红蛋白的细微差异。鲍林很了解血红蛋白：他此前已证明镰刀状贫血这种血液病

---

33 并且积极呼吁和平和裁减核武器。

是由于这种蛋白质携氧能力的缺陷引起的。而当扎克坎德尔估算了血红蛋白氨基酸序列的变异性后，一个非常简单的想法出现了。扎克坎德尔和鲍林认为，如果他们知道血红蛋白在两个物种之间差异的程度和这两个物种拥有的最近共同祖先距今的时间（基于化石记录），他们就能计算出分子演化过程的速率。如果两个物种在1亿年前分化，它们的血红蛋白氨基酸有10个差异，那就意味着一个氨基酸的替换相当于过了1000万年。他们设计出了"分子钟"。

分子钟的美妙之处在于，如果能知道它的指针走多快，你就再也不需要化石证据来确定物种分化时间了。两个物种间有3个氨基酸差异？那就是分化了3000万年。不需要再比较现存生物的复杂形态了，只要把一维的DNA序列排成排，直接给它们互相间的差异编目，并从它们的遗传物质去推断各个物种之间的亲缘关系。

这个想法改变了一切。自达尔文以后的一个世纪，活着（和已死）物种之间的遗传学关系都是通过解剖学和形态学比较来小心推断的。现在，很明显，用DNA样本就能做到了。

有些形态学家非常欢迎这种新方法，将其视为一种宝贵的辅助技术，但也有许多人对此抱有怀疑。公平地说，你能想象这事有多怪。通过三维形态比较物种，意味着对物种有广博又精确的了解。但是这儿冒出来几个分子生物学家——可能都从未见过这些物种——声称他们那几排装着含 DNA 清澈小液滴的塑料管里拥有的信息，远胜所有密切深入的解剖学知识。

值得称道的是，扎克坎德尔和鲍林谨慎地考虑了他们的方法存在的注意事项和问题。[34] 不过这并没有扑灭把分子证据应用在演化研究中的热情。

天真的分子生物学家想颠覆传统的坏名声，在 20 世纪 90 年代中期最甚。他们两度声称，DNA 分析证明了豚鼠不是啮齿动物。这个说法激怒（也逗乐）了形态分类学家，并且最终被发现是对小数据集的错误解释。但到了 90 年代后期，技术进步和关于 A、T、G、C 浩如烟海的新研究，完全重写了哺乳动物的历史——我们将在第九章再次提到此事。

不过，现在我们还是集中在扎克坎德尔和鲍林的另一个重要见解上：不是关于不同物种的同一基因，而是

---

34 扎克坎德尔和鲍林曾写道："我们提出这一评估，最多是给我们一个机会去发现它为什么可能是错的。"后来证明，分子钟确实远比"某个氨基酸差异等于 X 百万年的系统发育分离"这个理解来得复杂。关于如何最好地计算 DNA 序列的变化速率以及支系何时分离，如今仍有广泛且时常激烈的争论。

同一物种的不同基因。

哺乳动物不止有一种血红蛋白，而是四种。通过比较不同的人类血红蛋白，扎克坎德尔和鲍林发现，这几种不同的蛋白几乎肯定由单一的血红蛋白祖先演化而来。他们认为，这一基因一定是通过复制生产了自身的副本，而每一个独立版本都自由地走上了自己的演化之路。

现在人们已经知道，新基因很少是无中生有地制造的。除了基因突变会逐步改变蛋白质的氨基酸序列，较大的 DNA 片段会复制或重排（整段删除或以新组合堆在一起）——而这种新配置随后被放进了自然选择的筛子里。[35]

那么，SRY 是从哪里来的？ 1994 年，格雷夫斯和她的学生杰米·福斯特（Jamie Foster）描述了 X 染色体上一个和 SRY 相似的基因，被称为 SOX3，他们认为 SRY 或许源于 SOX3 的某个变体。开启这个转变的突变，一定是把 SOX3 转化成了一个指导发育中的身体走上雄性之路的基因。这可能发生在 XY 染色体的祖先还只是一对相同的常染色体的时候。只有当这一重大突变发生了，含有 SOX3/SRY 祖先的染色体才会事实上变成决定性别的

---

35 并且，自然的，追踪这些复制和重组，在生物学历史上开了另一扇窗。

染色体。

当染色体会决定性别时，它身上会发生一些奇怪的事情。因为（在这个例子里）雌性从未拥有过能打造雄性之躯的染色体，但是一半物种成员没有这条染色体的日子还得过。哺乳动物 Y 染色体的历史因此就一直是个关于退化和失去的故事。首先，Y 染色体的位点跳来跳去，于是不能和 X 染色体重组，然后这些位点就丢了。现在，人类 Y 染色体上只有 4 个基因是在最初的 X/Y 染色体上就有的。似乎其最初的功能是携带 SRY，提供一些参与制造精子的基因。一项近期研究表明，产生一只雄性可育小鼠只需要两个 Y 染色体基因。

考虑到这类退化，人类 Y 染色体是否走上了一条不可避免的灭绝道路，目前尚不明朗。格雷夫斯是这么认为的，而另一些人则引用来自灵长动物的证据称这种矮小的染色体已经到达了一个稳定平台。

不过，我们确实已经知道有两个哺乳动物支系已经抛弃了 SRY。两种都是啮齿动物。有一种鼹形田鼠（mole vole）没有 Y 染色体，而裔鼠（Ryukyu spiny rats）把一些 Y 染色体基因附着到 X 染色体上，但没有附着 SRY 基因拷贝。目前，1 号染色体上的一种雄性特有基因是最有潜力接手性别决定工作的。

令人着迷的是，雌雄两性这种表型一直能够存在，尽管几乎所有哺乳动物都失去了创造这种表型的关键基因。同样的，身体走向雌雄两种版本也早于SRY。这个基因并没有创造出两性；它只是变成了正兽亚纲哺乳动物实现两性的手段。（SRY恰好在正确的时间出现在正确的动物身上，乘上了哺乳动物辐射的东风，从而使得哺乳动物的性别决定在遗传上独一无二且几乎一致。）这表明表型的重要性，以及性状是如何独立于其背后的特定基因。一种表型实现之后就会借由不同的基因手段在时间长河里持存。一代又一代，从DNA的4个重复化学碱基里现身的活着的生命体才是最重要的。

至于我们这样有两种性别的哺乳动物，这一组建过程始于雌性和雄性找到了一种结合在一起的办法，说起来，就是染色体的结合。

第四章

哺乳动物的小鸟和小蜜蜂[36]

　　白颈鼬（African striped weasel）会花上一小时。狮子10 ~ 15秒——不过到了发情期它们一天会来上20 ~ 40次。平均而言，人类是4 ~ 5分钟。狗此时紧紧卡住彼此。北短尾鼩鼱（short-tailed shrew）雄性平时都懒洋洋的，此时却会被雌性拖拽上25分钟。雌性林鼬（ferret）太久不交配会死。

　　性。交配。插入。繁殖所必需的雄性配子释放在雌性卵细胞附近。做爱是一种艺术。

---

36 "小鸟和蜜蜂"（birds and bees）是对性行为的委婉表达。——译注

罗氏鼠负鼠（Robinson's mouse opossum）这时只靠雄性的尾巴挂在树枝上；而雄性短尾猴（stump-tail macaque monkey）一完事就可能被其他短尾猴攻击。只有当雌性喜欢候选雄性洒在她身上的尿液时，豪猪才会共赴巫山。有一种像鼠一样的有袋动物，每年在树洞里集体繁殖一次——这场狂欢极为凶猛，而雄性间的竞争又如此激烈，以至于所有雄性的免疫系统都崩溃了，没一个能活到自己一岁生日。

在提到的这些哺乳动物里，大多数采取"四足体位"。四足体位是说，雌性用四肢支撑——美洲驼（llama）是躺下——雄性在其身后，通常仅用后肢站立。在人类王国里，古罗马人称之为"野生动物体位"，《爱经》（Kama Sutra）称之为"母牛式"。而你可能是从人类最好的朋友那里得知的。值得注意的例外当中，包括我们人类：我们无所不试（或至少年轻时会多尝试，最终固定下来两三种）。倭黑猩猩（bonobos）也展现出巨大的多样性，它们用性行为打招呼、缓和紧张，而且看起来还是个打发时间的好办法。猩猩（orangutans）通常更喜欢传教士体位。而恢复水生生活的鲸豚们因为解剖结构重组，采用各种面对面的交配姿势。不过哺乳动物性行为中最有趣的，还是我们用来交配的身体部位的解剖学独特性。

本章不会提到太多个人私事——对大家都好[37]——不过我要说下面这句话。在进行性活动的前18年里，我有3条原则：

1. 不要得病。
2. 不要让任何人怀孕。
3. 在不违反1、2两条的前提下，享受乐趣。

放弃规则2是件大事。你也许会觉得这一修正也会让规则3的约束放松，但其实在我生命的繁殖阶段，"前戏"有时只不过是我看电视时被粗暴提醒的一句"别太舒服了，我在排卵期！"

我们人类非常习惯拿性作为消遣，以至于忘了它是件多么严肃的事情。大多数生物体的性，其唯一规则是：

1. 繁殖。

亲密性和快乐只是某些特定支系才有的福利。雄性风媒植物只需要有种机制让自己的花粉乘风而去，也许

---

37 你得自己猜那两三种姿势是啥。

能掉在下风处某棵雌株上就行。小可怜儿。我们哺乳动物演化源头的鱼类，雌雄之间几乎不相识。它们的繁殖就和许多现生鱼类一样是大量产卵：雌雄个体往水里释放出性细胞，受精有赖于水中的性细胞云雾随机碰撞。大量产卵是动物的性的原始形式。然后，从鱼到哺乳动物的漫长旅程中，性变得越来越亲密和个体化。首先出现了体内受精。这是一个里程碑事件，尽管这一模式偶发于诸多其他动物支系，包括不少鱼类。但最终，哺乳动物成了唯一通过将阴茎插入阴道交配的动物。

这种独特性形式或是因为雌性的原因，因为在严格的解剖学意义上，阴道完全是个哺乳动物式发明。我曾经遇到某人对这一事实很着迷，她想写首歌叫"只有哺乳动物才有阴道"。我解释说这个说法只根据阴道的一个非常精细的技术定义才成立，其他雌性动物也有功能上类似的组织，但她仍确信这会是首好歌。

从生物学上来说，阴道的目的就是繁殖，这其实非常特殊。在有阴道之前是泄殖腔。泄殖腔是一个居于身体后端的孔，用来解决所有者一切排泄和性的需要——这个名称来自拉丁文的"下水道"。爬行动物和鸟类有泄殖腔，鸭嘴兽屁股上那个孔也叫这个名字。你也许能回想起来：这个唯一的进出口，就是为什么鸭嘴兽和针鼹会叫单孔动物的原因。虽然后来发现有袋动物其实也有一个接近泄殖腔的东西，它们的各处通道在此汇集。

在思考雌性哺乳动物生殖器官的性质时，我们要回到动物后窍功能划分的程度——这种动物因此成了单孔、双孔或三孔动物。我们还得追溯到输卵管的祖先——那个起初把卵子送入原始哺乳动物泄殖腔的结构——它是怎么演化成了如今对哺乳动物生殖至关重要的多面结构。

我们从雄性解剖学谈起，它会带我们回到前哺乳动物祖先。虽然哺乳动物阴茎好像是一个怪诞的结构——比如说吧，别家雄性都不会用自己的生殖部位尿尿——不过许多动物都有交接器。[38] 而说到脊椎动物，长久以来人们对此争论不休：到底是哺乳动物自己一笔一画从头开始造出了阴茎，还是从某种更古老的动物那里继承了某个交接器原型，然后将其调整为己有。

---

38 当需要将精子从雄性转移到雌性时，通常会演化出某种雄性的延伸物。基于此前章节讨论过的原因，卵子要比活络的精子大很多且资源负担大，体内受精几乎普遍都是在雌性体内。海马是个值得注意的例外，雌性会把卵子放进雄性育儿袋里。

曾几何时有阴茎

哈佛博物馆里有一系列制备于 1909 年的显微镜载片，上面是喙头蜥（tautaras）胚胎的薄片。喙头蜥是仅生活在新西兰的爬行动物，体长可达 80 厘米，成体颇为像龙。过去人们以为喙头蜥和蜥蜴与蛇的亲缘关系很近，但现在我们已经知道它是 2 亿年前就与其他爬行动物分离的某个支系的子遗。这使我非常震撼：它们就像有鳞界的鸭嘴兽。雄性喙头蜥没有阴茎：这一事实推动了关于哺乳动物阴茎起源的研究。

鱼类没有生殖交接器，大量产卵不需要这个。那些算是体内受精的鱼类通常用一个改造过的鳍来完成任务。真正的阴茎仅在脊椎动物上岸之后才演化出来，哺乳动物、爬行动物和鸟类中均有发现[39]，但不清楚这些不同的陆地支系是独立地各自演化出了生殖突，还是阴茎演化出了一次，然后在不同类群中分化。

认为每个支系独立演化出交接器的依据是，这些附件之间差异太大。龟、鳄和哺乳动物都有一个居中的生殖器，但这些器官也截然不同。蜥蜴和蛇（统称有鳞目）有一对阴茎，看起来是一对 V 字凸起，不过让人失望的

---

39 少数两栖动物也有；见下一个脚注。

是它们一次只想用一边。然后是鸟：97%的鸟类物种没有阴茎，但例外的成员里包括著名的鸭子，其螺旋起子性状的生殖器可以超过体长。因此，陆生脊椎动物的雄性生殖附件，初看之下实在不太像仅仅是单个创新的不同变体。

此外，喙头蜥与97%的鸟通过后窍的短暂并合来交尾（人称"泄殖腔之吻"），这为阴茎多起源的说法给出了额外的证据。泄殖腔之吻的高效表明，阴茎对体内受精来说并不像人们可能以为的那么不可或缺，所以这一看法也是有道理的：早期陆生哺乳动物繁殖无须突出的辅助生殖器，各个陆生支系是后来才演化出雄性生殖器的。在这一场景下，喙头蜥代表了留存至今的某种远古状态，就像鸭嘴兽产卵也是保留了哺乳动物的原始特征。

另一个模型认为，阴茎的演化是在陆生动物家族树的基干上出现的，其后或分化或消失；对该结构的发育研究支持了这个说法。鸟类胚胎最终没有阴茎，但它的生殖外设在一开始和那些最后会长出全套雄性器官的动物一样，只不过其发育后来停止了，相关组织亦萎缩了。而且，哺乳动物、爬行动物和鸟类生殖器有类似的初始阶段，其过程受相似的基因指导。这些共有机制可假定是从最初造出这个部位的生物那里保留下来的，暗示着一个单一的外生殖器起源。不过，要敲定这个说法我们还需要知道，雄性的喙头蜥缺少阴茎是否也是因为这东西在生殖系统构造过程当中被抛弃了。

如果喙头蜥经历过某种最初阶段的阴茎发育，或能说明它们是从曾经拥有这一器官的先祖发展而来；而完全不长的话，则更符合祖先根本没有阴茎的情形。佛罗里达大学的阴茎研究者们在一次影响深远的对话时琢磨，要是有几个喙头蜥胚胎，岂不美哉？

前几年，生殖发育领域的马丁·科恩（Martin Cohn）教授和他的博士后汤姆·桑格（Thom Sanger）、研究生玛丽萨·格雷德勒（Marissa Gredler）聊天，说到由于喙头蜥严格受到保护（成体自 1895 年、卵自 1898 年），获取其胚胎如同天方夜谭。想避开禁令将这一物种用于实验目的，申请理由仅是为了解决阴茎演化之谜的，不太可能。

但是桑格有个惊喜要给同事们。他之前在哈佛工作的时候，一位博物馆馆长踢了踢一个旧柜子对他说："你可能会对这个有兴趣，里面全是爬行动物胚胎。"作为蜥蜴专家，桑格翻了翻这个箱子，惊喜地发现在右边底下角落里的载片上标着喙头蜥的学名。

就在成体喙头蜥于 1895 年开始受到保护以后不久

（肯定推动了3年后对该物种卵的保护），一个名叫阿瑟·邓迪（Arthur Dendy）的英国人前往新西兰，收集、孵化并解剖了170个（！）喙头蜥胚胎，研究这种动物的发育。他把其中4个送到了哈佛胚胎学收藏馆（Harvard Embryological Collection），在那里这些胚胎被切片封装在载玻片上，后来或许长达一个世纪无人问津。桑格曾经很想拿它们做点什么研究，现在他有理由了。

科恩的团队跻身于全球最顶尖的阴茎发育专家之列，他们清楚地知道上哪儿找胚胎的生殖隆起。哈佛的胚胎当中，一个太小，两个太老。但有一个精确处在对的时间段里。研究团队扫描了每一个切片，对其作了三维数字重建。桑格不太确定他们会看到什么。他担心在胚胎底部只会看到些模糊的隆起，不能得出任何可靠结论。但结果不是——他看到的毫无疑问是一对生殖隆起，与他极为熟悉的、发育中的蜥蜴出奇地相似。这种奇妙的爬行动物确实会经历造出阴茎的初始阶段，和所有陆生脊椎动物一样。

如果把鸟类、有鳞动物和哺乳动物生殖萌芽的重叠遗传图像和这些陈年显微载片所揭示的东西结合起来，我们就有了迄今最强有力的证据表明，哺乳动物的阴茎不是我们自己的创造，而是分化自某种起源于3.1亿余年之前的生殖器。[40]

我，四足动物

一些读者可能原以为会读到一章充满挑逗意味的哺乳动物性行为，怀着对他们的歉意，我要简短地绕到前哺乳动物的历史中，一探最初那个发明了脊椎动物交接器起源的远古祖先。这些最初在自己或伴侣的腿间窥见某种性的延伸物的祖先们，不同于此前的任何动物。这是脊椎动物历史上公认最伟大转变的产物：从鱼到陆地动物。

人们有时会说脊椎动物入侵了陆地，但这种转变并不像通常我们对"入侵"的理解那样快速和自愿。整个过程大概用了6000万年——从4亿年前到3.4亿年前——鱼类的一个演化支系变成了可以离水生活一阵子的动物。我们还不清楚为什么会这样，但并不是某个鱼曾经出发去陆地生活。某些鱼类慢慢迁移到越来越浅的水中生活、

---

40 桑格告诉我这个故事可能还不完整。有种类似蛇的奇妙两栖动物蚓螈（caecilians）也有类似阴茎的器官，所以有可能脊椎动物的阴茎会更为古老——出自羊膜动物和两栖动物的共同祖先，而蚓螈以外的两栖动物失去了阴茎，就像喙头蜥和许多鸟类那样。目前为止，我们对两栖动物的生殖器的有限认知尚不足以确认这一点。

演化，其间出现了一系列特征，最终使后代们能完全走出祖先的水中家园。

举个例子，陆地脊椎动物得名即是来自其中一个最引人注目的特征：哺乳动物、爬行动物、鸟和两栖动物都是"四足动物"——通常它们都有四条腿。四肢是变形的鳍，但并非陆地行走的优势驱动了这种变化的出现。相反，鳍（通常是精巧的突出物，通过肌肉沿其身体轴线收缩一波又一波向前推动身体）转化为这样一种结构：当捕食者鱼类从水底掠起伏击猎物时猛推身体，为动物的运动提供动力。

自然究竟如何把鳍转变为肢的问题已广受研究。通过比较协调这些肢体制造的遗传程序，发育生物学家阐明，制造鳍的基因可能是借由微调，往原本简单的结构逐步加人新元素——产生肢体的上部和下部，还在末端加入踝、足及趾。这些工作涉及遗传开关之间优雅的串联（这些遗传开关是一切发育的基础），展示了新生腿的不同部分如何开启基因，这些基因确立了这些部分未来的特性。比如说，某一段区域可能是未来的踝，某些无甚出奇的组织表达了特定的遗传开关，很久以后才有进一步的基因被激活，启动真正令这一组织变成腿足之间关节的过程。提及这一点是因为，阴茎和腿一样，也是一种必须延伸到动物体外的附件。此外，雌性的生殖道尽管不那么像腿，也同样是由上游、中游和下游的组件所构成的。

肺部是脊椎动物能在陆地生活的另一创新。不过就和腿一样，这个呼吸装置也不是为了离水大业而演化的。相反，第一条不完全依赖鳃获取氧气的鱼只是简单地利用了一个事实：在它们生活的水面上的空气里充满了氧。这些鱼可能生活在温暖而缺氧的水中，所以它们从空气中吞下更多氧。一开始，气体交换发生在鱼嘴中，后来演化出更精细的内表面，有鳃的鱼身上同时发育着肺的先驱形式。事实上，肺和如今大多数鱼类的鱼鳔同源，而不是鳃。

不过仅有肺和腿不足以让一个生物上岸溜达。首先，陆地上能用的腿，中间不能松松垮垮。水的浮力意味着有一种向上的推力持续对抗下拉的重力，这意味着一条水中的鱼实际上是失重的。空气没有那么大的浮力，所以早期的四足动物需要更强健的脊椎、胸腔和新的腹部肌肉才能战胜重力。

事实上，陆地生活——或者说被空气包围的生活——和水中如此不同，远古鱼类身体几乎每一个方面都需要在适应陆地之前至少做几处升级。举几个例子：再也不能连水带大餐一起吸进嘴，四足动物需要新的下颌和吞咽机制。要灵活控制头部，它们也演化出了脖子。大多数四足动物的感觉器官也需要适应新的刺激，使它们在空气中做出与水中不同的反应。循环系统得应对重力难题。陆地上的生物还得面对一个问题是，空气的温度变化速度远比水快——海岸上的温度骤降或飙升的同时，附近海域温度可能几乎没什么变化。

早期四足动物的化石记录稀少但迷人，它们显示出无处不变的一个动物演化支系，从越来越平坦的口鼻到越来越不像鳍的尾部。这是一系列慢慢拓展到越来越浅的水域的生物，持续适应着当下——比方说从潟湖到泥滩——而非面向未来的环境。但是当它们抵达了水域的边界，植物和无脊椎动物已经在外面安营扎寨了，于是，陆地有了可以持续把脊椎动物往外拉扯的食物。

为什么我要小小地跑这个题？首先，在本章里，我们已经知道抵达岸上之后陆地脊椎动物很快就发明了性行为。第二，陆地化呼应了第二章关于哺乳动物成其为哺乳动物的话题：并没有哪个单一特征决定性地标志着新动物类型的诞生。第三，最初的真正陆地动物非常接近哺乳动物和爬行动物最近的共同祖先，后者则位于哺乳动物传奇的开端。还有最后——也是最重要的一点——

尽管四足动物演化出了这一切，但最初的陆地脊椎动物还远远不算精通陆地生活。脊椎动物大约在 5.25 亿年前起源于水中，此前生命作为水中独有的现象已度过了约 30 亿年——水曾经是生命所知的一切。跟随早期植物和无脊椎动物上岸的四足动物做出了极新异的创举。但是当这些动物有能力在地面生活的时候，它们却远不能称其精通这个领域。对于陆地生物而言，呼吸、捕猎和进食、移动、应对气温变化以及繁殖，仍然是一片有待大规模创新的竞技场——这些都是哺乳动物祖先不得不面对的挑战。

我，羊膜动物

自打四足动物演化出有用的腿，不久之后它们就分为两个主要支系。一个走向了今日的两栖动物，仍然和水关系紧密；另一个则产生了爬行动物、鸟类和哺乳动物，统称羊膜动物（amniote）。

科恩和桑格推断早期羊膜动物折腾出了基础的交接器，并为后继所有陆地脊椎动物所继承。但这不过是这些动物的重大生殖创新之一。"羊膜"这个词可能有些陌生，"羊水"则耳熟能详得多——这是婴儿在子宫里泡着的液体。通过演化出新类型的卵，胚胎在其中被充满液体的膜所包裹，使早期羊膜动物得以在陆地上产卵。

它们已经能在陆上做绝大多数事情，现在连繁殖用的水也不用找了。

3.12亿年前，最初的羊膜动物们在自己生活的潮湿森林里产卵，正如今天小型蜥蜴们所做的那样。那是一个陆地生态系统复杂性激增的时期。地面植物的丰富性急速增加，与此同时节肢动物和昆虫也可能发生了分化，这给羊膜动物提供了丰富的食物来源。

在生殖大翻新之外，脊椎动物还进一步通过一系列躯体更新摆脱了对水的依赖，在此我将提到其中两点：防水的皮肤和新的呼吸方式。

水在空气里会蒸发。这就是说，如果一个陆生动物的皮肤渗水，就会失去这种珍贵的物质，从而导致脱水。最早的四足动物皮肤可能比鱼类祖先要厚一些，但羊膜动物更进一步，它们的身体包覆物更为复杂且完全不渗水。羊膜动物的皮肤是一种多层结构，外层由坚硬的死细胞构成，其下是一层疏水脂肪以阻止水分逃逸。

皮肤是一个不太受承认的器官，但它对哺乳动物生理至关重要。在爬行动物的支系中，皮肤变得粗硬有鳞，其中有一群动物还长了羽毛。而在哺乳动物当中，它仍保持较柔软的状态，并保留了祖先的分泌腺。正是从这些分泌腺中萌生了哺乳动物最为标志性的特征：最明显的是毛发，以及制造汗液[41]、体味和某种特别有营养的白色液体。

　　两栖动物的皮肤（同样含有分泌腺）从未变得防水，因为这种动物需要透过它呼吸。氧气溶解在它们潮湿的体表并进入体内。这样能轻易在水下呼吸，也是补充两栖动物气体交换的主要手段，因为它们的呼吸不如羊膜动物有力。和早期四足动物一样，两栖动物的呼吸是利用嘴和颊，把空气鼓进及吸出肺部。这一机制存续超过3亿年，表明它运作良好，不过羊膜动物还是发展出了一套更强大的通气机制。羊膜动物直接通过扩展容纳肺的胸腔来呼吸。这一技艺（最初仅仅通过提起肋骨来实现）降低了胸腔内部的压力，从而将气体吸进去。有力的呼吸对哺乳动物后来演化出越来越耗氧的代谢机制非常重要，但它们还得设法让这个系统更为高效才行。演化出基于胸腔的呼吸方式对羊膜动物还有个有趣的额外好处——它们的肺可以远离嘴部了，看来这给通往前肢的大神经留出了更多空间。于是，羊膜动物得以发育出比今两栖动物更精细的前肢。这是特性演化从不孤立

---

41 出汗是在身体需要时主动地在严格控制下释放水分，而非渗水。水分蒸发在此是福非祸。

发生的又一个例子。

好了，让我们回到生殖话题。早期四足动物的繁殖（就像它们的鱼类祖先和两栖后代）是大量产卵，借助水体繁殖和度过幼体阶段。直到蝌蚪状的幼体消耗了足够多的热量得以驱动其变态，有能力离开水的成体四足动物才会出现。

而羊膜动物演化出的卵，堪比一个私家池塘。母亲把她的卵细胞封在一个蛋壳中，里面同样有足够的水、能量和材料，能让那个卵发育成一个独立的生物体。

除了壳，羊膜动物的卵还包括三种新的膜类产物——这些结构对胚胎在充满液体的卵中存活至关重要。一种膜包围着胚胎和蛋黄，另一种（羊膜，包含羊膜液）仅仅包裹着生长中的胚胎；第三种则从胚胎的肠道延伸出来，具有两种奇妙的功能：处理胚胎产生的含氮废物，以及通过它呼吸。这从肠道延伸出的第三种膜，就是为什么我们哺乳动物最终有了肚脐的原因：有朝一日这些膜会转化成哺乳动物的胎盘（见第六章）。

在鸟类演化出来之前，羊膜动物的卵演化了超过一亿年，这让生物学家可以笑嘻嘻地讲：是先有蛋才有鸡。不过在蛋到底为什么演化出来这个问题上，生物学家们就有点儿失落了。通常认为，羊膜动物的卵可以放在干燥的地面上，有利于羊膜动物开展更全面的陆地生活。尽管这几乎肯定是蛋带来的好处之一，但某些现存两栖动物和无脊椎动物也可以在地面产下非羊膜的卵。也许正是因为羊膜卵在机械上对胚胎有更大支持，或者因为卵可以变更大从而产生更强健的后代——这是一个开端：母亲生产数量更少但更大的卵；从此由数量转向了质量。

然而有一点可以肯定：这些卵是在已然体内受精的动物身上演化出来的。羊膜动物的卵需要在雌性生殖系统将其封进蛋壳里之前受精，这就意味着蛋虽然比鸡早，但鸡鸡几乎肯定比蛋早。

自然选择不知道未来，早期羊膜动物演化出阴茎和体内受精，并不是为了打好基础从而在未来翻新它们制造宝宝的整个方式。这些动物在水中或水边生殖，所以插入性行为的演化或许有其他理由。研究鱼类获得体内受精的人们倾向于认为，雄性会对这种方式而非大量产卵产生偏好，是因为它提供了更高的受精率，而且，比起等待雌性释放出卵子并在其上播撒精子，体内受精或许更能确定父亲身份。不过和鱼类专门改变了鳍的目的用来传输精子不同，羊膜动物没有鳍，它们需要发明一个专门的新器官。

要弄清这是怎么实现的，我们还得回到腿。在关于肢体演化的研究中，马丁·科恩——就是让桑格去检查喙头蜥胚胎那位——把肢体发育的遗传学应用到了阴茎。如前所述，阴茎和肢体一样，是一个三维附件，其发育必须实现前后、左右和远近端的协作。在21世纪初，科恩发现许多为肢体工作的信号分子和基因也参与到了性器的构造中。羊膜动物并没有改变某个身体部位的原本目的，但它们改变了一组基因工具包的目的来制造附件。

　　腿和生殖系统的关联在2014年得到了拓展，哈佛大学克利夫·塔宾（Cliff Tabin）实验室的帕特里克·乔普（Patrick Tschopp）和同事展示了生殖器是从胚胎组织里的什么长成的。在发育早期，可以用荧光标记特定细胞，让它们所有的细胞后代都会有荧光，这意味着你能看到最初标记的细胞在更成熟生物体的什么地方出现。乔普和同事，包括桑格，标记了蜥蜴胚胎里将会生成肢体的细胞，发现后来新生生殖器发出了绿色荧光。也就是说，蜥蜴的生殖系统也是从造腿的细胞分化而来的——这一观察多少解释了为什么蜥蜴和蛇有两个半阴茎。[42]

42　对比蜥蜴开启腿部和生殖隆起的特定基因，发现两者有明显的重合。此外，蛇类的阴茎在遗传上也和蜥蜴的腿相似。虽然蛇已经不要腿了，但它们保留了胚胎的肢体组织，从中制造出了生殖器官。

阴茎的诞生意味着，有朝一日一种奇怪的智慧猿类会嘲笑它或为之烦恼，还把它藏起来不给人看见。不过生殖器的关键在于，我们现在有了婚床而不仅仅是个婚姻大澡堂。阴茎改变了羊膜动物性行为的方式，因此也开启了它们生殖上的革命。受精，然后发育，不再发生在外面的广阔世界，而在母亲的体内上演。

回到哺乳动物

乔普和同事研究小鼠阴茎的发育起源时发现，这一哺乳动物支系用于建造阴茎的材料从肢体前体细胞转为尾巴的前体细胞。令人惊奇的是，组织生殖系统发育的这些细胞好像在哺乳动物演化中动过了，现在指示完全不同的细胞去制造阴茎。确切原因目前尚不清楚，但这一发育怪癖在哺乳动物生殖器的怪事列表上又添了小而显眼的一笔。

之前提到过，雄性哺乳动物是世上唯一用它们的小家伙排尿的。这是一个相当晚近的事件，因为雄性鸭嘴兽不这样。鸭嘴兽的尿液在离开膀胱以后看似被约束在阴茎里，但最后关头它通过松弛的生殖器底部一处通道释放。只有当兴奋的雄性用嘴咬住雌性的尾巴时，鸭嘴兽勃起的机制才会关闭那个不成熟的出口——于是液压使阴茎自其常驻的泄殖腔中伸出，确保精子能通过完整长度的阴茎。尽管雌性标本让埃维拉德·霍姆大惑不解，但在 1802 年他已经用那个泡过的雄性标本正确推断出了生殖和尿道的不同出口。

能通过一个管道排尿，对一个喝多了的现代人类男性来说确实是个午夜优势，但对此很难找到一个真正的生物学解释。如果用阴茎排尿真的有正经的生物学优势，你想雌性哺乳动物也会这么做的。在某些雌性哺乳动物当中尿道的确穿过阴蒂，但这些雌性中极少有可以和阴茎相提并论的增大结构。[43]

既然说到这个……哺乳动物还是唯一从一开始就生产大量尿液的羊膜动物。爬行动物演化出的机制是把它们的含氮废物转化为粉状的白色尿酸（想想鸟粪），用这种方式摆脱氨的代价略高，但和哺乳动物从鱼那里保留下来的基于尿素的系统相比，这个办法能为身体留存更多的水。

---

43 最著名的例子：雌性斑鬣狗（spotted hyena）有长达 18 厘米（7 英寸）的阴蒂，或称假性阴茎。这个过度增大的器官常被归于这种高度攻击性的动物血液中散布着高水平的睾酮。鬣狗的阴道穿过这整个结构，意味着与雄性的交配需要将其常规的阴茎插入雌性的假性阴茎，更夸张的是生育也要通过这里，这对幼崽非常危险，尤其是初产。

哺乳动物用阴茎排尿还有一个问题是，哺乳动物在羊膜动物中还是唯一有条封闭管道穿过其生殖器的——其他动物射精都是通过其器官旁边的一条沟槽（必须承认的是，有时也相当封闭）。这个尿道沟在哺乳动物阴茎发育时很明显，但在出生前会封闭形成我们熟知的管道。

最后，哺乳动物勃起的方式也非常特别，虽然龟类也趋同利用充血实现硬度。其他脊椎动物要么用淋巴液，或淋巴液加血液。古希腊人和中世纪之前所有人都认为，人类勃起是通过聚集空气。平息这一谬论的人履历实在太丰满，以至于人们很少提及他的这一成就。

1477 年的佛罗伦萨，列奥纳多·达·芬奇观看了对新近绞死的一名罪犯的解剖。根据列奥纳多所说，以这种方式处决的男性经常死时表现出性唤起。亲眼见证罪犯的器官紧密充血，列奥纳多写下了他的血液动力勃起理论。他提到即使整个身体都充满空气，也不足以使阴茎"密实如木"。他还补充提醒读者"此外可以看到勃起的阴茎有红色的头部，这是充血的迹象"。

所有这些关于"哺乳动物阴茎"的讨论看起来好像在说哺乳动物的丁丁都差不多。不过事实并非如此。我人生中一大段时间都是个热情的守门员，我曾以为自己在男更衣室里耗费的时间——在所有那些忸怩、露骨和奇异的心照不宣的礼节之中——已经让我见识了足够多的阴茎多样性。但是，哦，不。

根据一般排名标准，哺乳动物的生殖器尺寸从鼩鼱的约5毫米（0.2英寸）到蓝鲸的小伙伴——过于巨大以至于有自己的维基页面。这个页面上报告的尺寸长达2.4~3米（8~10英尺），但合情合理地说了"不太可能测量到其性交中的状态"。尽管如此，仅有尺寸尚不能尽述演化在雄性哺乳动物腰部以下的器官都干了些什么。我最近对哺乳动物的调查就好像看恐怖电影——总想把眼睛移开……比如说，公猫的阴茎被刺覆盖，这些刺远比啮齿动物或黑猩猩阴茎上的大得多。这类凸起物被认为是诱导雌性排卵，这在猫身上仅发生于性交之后。公羊的阴茎则相反，看起来上面凸起一个从里往外翻的尿道，用于在母羊体内喷洒精子。猪勃起的阴茎很像它打卷的尾巴，因为两个勃起腔大小不同而形成螺旋。海象的阴茎里有一根60厘米（约2英尺）长的骨头称为"阴茎骨"（baculum 或 os penis）。阿拉斯加原住民经常收集这些骨头雕刻成装饰性的刀柄之类。这种骨头也许看似奇异，但要知道大多数哺乳动物（包括灵长动物）都有，所以人类没有才奇怪吧[44]。不过，人类阴茎有一个头部，膨胀起来像个蘑菇的伞盖。有人提出其功能或类似一个泵，在前射精阶段的推挤中把前一位的任何遗留物给挤出去。

有袋动物和鸭嘴兽的阴茎有两个头，后面很快还会讲到。但针鼹的阴茎不是两个而是四个头，被称为"花结"（rosette）。这已经够奇怪的了，但是在它们性唤起的时候两个头会收缩，只有两个是有用的。

最后，我得说说貘（tapirs）。主要是我看了一个貘的视频，它一直萦绕在我心头。阴茎相对于这种动物来说算长的，但不止于此，它看起来像一个独立的生物体。事实上它让我想起电影《异形》（Alien）里约翰·赫特胸腔里长出来的生物。然后还有杰克。杰克住在旧金山动物园，而且杰克踩在了自己的阴茎上。饲养员报道说虽然尽了最大的努力，阴茎还是"变紫、变黑，然后坏死了。然后它掉了下来，他（杰克）吃了它"。

该如何看待这一切（除了庆幸我从没为哺乳动物全

---

44 鲸和象也没有，意味着海象阴茎骨已位居最大之列。奇怪的是，阴茎骨在哺乳动物历史上演化和消失了好几次，关于它到底服务于怎样的目的，争论已有相当久且至今仍然持续。

明星足球队守过门）？一个想法是，哺乳动物的阴茎和许多哺乳动物的性状一样有着广泛而奇妙的适应性。但另一方面，生殖器一般被认为是动物王国中演化最快的结构。重要的是为什么快。过去这种多样性曾被归因为拥有一个比对手更好的阴茎是一种雄性军备竞赛，但现在人们的认识已经超越了这个观点。有性生殖是一个精细人微的过程，该过程必须服务于参与双方。科学界如今业已认识到，雌性并不像人们过去以为的那么被动。

阴道

阴道有个问题：人们从未充分研究过它。2014 年，当时在瑞典乌普萨拉大学的马林·阿－金（Malin Ah-King）和她的同事系统性地研究了生殖系统演化方面的研究是集中在雄性、雌性还是两者兼有。结果令人震惊。364 项动物生殖研究中，44% 是关于雌雄两性的，49% 的研究只讨论雄性，而仅关注雌性的只有 8%。[45] 作者批评了这种怠惰，称"解剖学性别差异对可及性的影响，不能完全解释这一领域持续存在的雄性偏向"。相反，

---

45 即使关于哺乳动物的研究只有 27 项，这些研究中的雄性偏向仍然很强。我没有有趣的哺乳动物阴道列表，缺少相关研究。

他们将其视为一种长期的错误观念造成的影响，即认为雄性是性交换的主角，而雌性生殖器既不多变又无趣。

但是雌性并不想要随便哪个雄性来给自己的卵受精（把这种话写出来就会发现这也太显而易见了）。两性交配的整个历史和生殖演化动力呈现出雌性和雄性之间错综复杂的交互影响，有适应也有反适应。当然，阴茎演化得很快，但不完全是因为某种更衣室里的竞争；同样还因为雌性发展出了为自己服务的机制。雌性演化出了许多方式，确保在卵子遇到可能的最高质量精子时才怀孕。

20世纪90年代，像1993年的《为什么雌性要让雄性给她们的卵受精那么难？》（Why do females make it so difficult for males to fertilise their eggs？）之类标题的论文中，出现了对性的新观点。雄性在彼此竞争、杀出一条血路通往雌性的同时，雌性的身体其实也常常有一些方法能让她们控制谁可以成为后代的父亲，大多在性交后起作用。到目前为止，发生性行为并不足以使雄性成为父亲——射精以后精子能否成功，其命运悬而未决。我不会详述雌性如何操纵已存入的精子走向成功——这在所有动物中都有发现——简单举例，一个雌性可能会存储精子来增加其互相间的竞争性（这个把戏也使雌性能控制何时怀孕）。雌性子宫可以不准备好着床，在大鼠和仓鼠中就曾观察到这一现象。引导精子和卵子交互作用的分子，可能会互相较量来实现良好匹配。雌性免疫系统也可能对精子并不友好。雌性啮齿动物和狮尾狒（geladas）——狒狒（baboon）的近亲——曾被发现在新的雄性威胁到其现有胎儿未来安全时终止妊娠。

事实上，在早期羊膜动物当中，雌性让精子游更远才能抵达卵子可能是羊膜卵演化的一个必要步骤。对于准备好日后产下已受精的卵的母体来说，受孕必须在生殖道的高处发生。

雌性的谨慎源于卵子和精子的不同（上一章谈到过）。一个雌性投入她的配子中的资源远超雄性。在下一章会详细提及，当雌性哺乳动物承担起哺育后代的重任，所需的投资是巨大的。在性演化的方方面面，两性投资不匹配带来的影响几乎无处不在。

幸好，我们在研究上似乎已经转过弯来了，当代关于性的研究越来越考虑其动力机制。现在大家都明白了，光对着男性部位猛盯是不够的。我们需要知道，母羊生殖道如何适应公羊奇怪的射精解剖结构——或一个外翻的尿道是否是对雌性创新结构的反应；对于一个开瓶器状、用于固定雄性位置的阴茎，母猪做了什么；还有，如果母猫的交配后排卵是被带刺生殖器激起的，那如果公猫不合心意，她是否可以不排卵？我不知道母貘会对伴侣怪物般的装备做什么，但她显然会做点什么……

但现在让我们回到很久以前，哺乳动物独特阴道最初的演化。要讨论这个问题，检视这一结构的发育仍颇有助益。这一视角告诉我们的第一件事是，阴道不是一个单一结构。它是上下两部分合并而成的，各有自己的发育起源——上半部是输卵管的变体，下半部分则是泄殖腔分化而来。

是的……在我自鸣得意地高兴完了"身为正兽亚纲哺乳动物，比有泄殖腔的动物拥有更复杂的外部排泄通道"以后才发现，其实说到底，我们（包括雄性），在生命极早期的特定阶段都有过泄殖腔。简单来说，胚胎状态的哺乳动物都有一个后端蓄水池，它们的直肠、尿道和生殖道都汇聚至此（虽然就事论事，胚胎既没有性活跃，也不吃喝，而且泌尿问题有胎盘搞定）。如果你想到最原始的时候尿液、粪便和配子全都是要排出去的产物，泄殖腔的设计就合理了——用广撒卵方式繁殖的雌性生殖道本就不是一个接受性行为的结构。

虽然泄殖腔没有持续到哺乳动物成年，但它仍然是一个关键的发育结构——它既是一个空腔，也是协调雌性和雄性外生殖器建造的组织和信号来源。[46] 阴道下半部分形成的关键事件，是泄殖腔分为前后两个腔。

想象一个羊毛绒球帽子。这就是泄殖腔。在帽子背面，有一条结实的管子接入其中——这是后肠。然后在前一半，尿道和生殖道接入了帽子。（你可能不想戴这个帽子。事实上在这个思想实验接下来的部分里你也没法戴它。）演化所做的是伸进帽子里抓住绒球往下拉，把帽子里的内部空间一分为二。现在前后被分隔开了，某种生物针线活让两者之间的隔断变得水密。这么一来，后半部分就变成了后肠的延伸，而前半部分则允许胎儿和尿液通过，随后来到外面的世界，以及让精子进入生殖道。它被称为泌尿生殖窦。

这就使雌性变成了双孔的动物。但是我们要的是三孔，对不？哦，实际上，是，也不是。雌性人类实际上在这一点上很不寻常。大多数雌性哺乳动物并不是三孔的。大多数雌性生殖道这样两分之后就差不多了——尿道同生殖道一起，与固体废物排放单位分开足矣。进一步区分尿道和阴道，每一个都在身体上有单独的出口，

---

46 泄殖腔位置的转变看起来改变了阴茎在哺乳动物中的起源，从肢体变成尾端组织。

这种情形仅发生在特定啮齿动物和灵长动物身上。

阴道上一半——人类是上 1/3——由输卵管末端组成。输卵管在进化上是个古老的管道，它把卵子从成对的卵巢中汇集起来，输送到外部。在人类这种物种中，这两个导管在中间融合，两个卵巢（或卵管）结束于一个子宫，子宫颈位于阴道的单一顶端。不过在哺乳动物当中，输卵管延伸到什么地方汇聚的情形十分多样化。人类的这处设计高度融合，是很"高级"的灵长动物；大多数其他哺乳动物的子宫清楚地显示出，它们是从一对输卵管分化而来。在啮齿动物和兔子当中，两个输卵管有独立的子宫，每一个都有自己的子宫颈。而鹿、马和猫是另一种情形，两个不同子宫共享一个子宫颈。大象、狗和鲸鱼则是一个子宫，但是顶部左右各有一个角状突起。[47] 这种多样性可能会让人认为，存在一系列的中间融合形态，一路向着最为完美的人类情形上升。不过这个观念老得能追溯到维多利亚女王的罩袍。

和啮齿动物一样，有袋动物也有两个分开的子宫，但是它们更夸张。有袋动物有 3 个阴道——两个让精子进去，一个让孩子出来。前两个仍是演化历史的偶然，

---

47 有些人类女性也有这样的"双角子宫"。

而第三个完全是个谜。胎盘哺乳动物的输尿管（从肾脏到膀胱的管道）从发育中的输卵管外面经过，所以输卵管可以在中间自由融合。但是有袋动物的输尿管从输卵管之间下来，就是说这些生殖通道不能融合。所以有袋动物有两个阴道，每边一个，仅到泄殖腔才碰在一起。这一双体设计，几乎肯定是雄性有袋动物为什么会有双头阴茎的原因。

目前尚不清楚，为什么不能是爸爸的遗传物质从哪儿进去，幼崽就从哪儿出来。它们就不。生育的时候，怀孕的有袋动物会在中间发育出第三条阴道。中间阴道的发现者是启蒙时期澳大利亚物种神奇生殖道的杰出探索者：埃维拉德·霍姆。霍姆在 1795 年解剖一只袋鼠的时候发现此事，但就像鸭嘴兽的谜一样，近一个世纪之后雌性有袋动物下身的完整事实才真正揭开。中间这一百年里有些解剖学家同意霍姆，另一些则认为这是他想象出来的。但是在 1881 年，约瑟夫·詹姆斯·弗莱彻（Joseph James Fletcher）和约瑟夫·杰克逊·利斯特（Joseph Jackson Lister）检查了一组生殖状态已知的袋鼠，表明中间阴道是为生育通过专门形成的。一些物种初产下幼崽后这条阴道仍然开放；而另一些物种则会再度封闭，围绕每次生育重新形成。后一种场景是有袋动物标准操作。

下一章还会回到有袋动物的生殖话题。现在我们最后谈一下阴道的输卵管部分，略提及发育生物学。输卵管最基础的形式是个一端漏斗状（收集卵子）的管子，另一端则是释放这些卵子的出口。在羊膜动物中，这个管道的演化充满了局部修改。输卵管的不同区域先是特化，为卵子提供白蛋白，然后又制造了壳。在哺乳动物这里，壳腺变成了子宫和子宫颈，演化出了独特的阴道。在早期发育中——早在这每个区域分开之前——一组基因（与形成腿和阴茎的那些基因关系紧密）的开关被打开，不同的基因标记每一个单独区域。

如果说第三章把 DNA 视为制造生物体的核心说明书和演化变革的日志，那么造就生物体的发育过程，则令生物学家有了一条路径来研究演化变革如何在形态和功能上发生。

第五章

下一代

　　比计划来得早，1976 年那个漫长炎热的夏天，我父亲的一个小小的移动细胞，附着在了我母亲 21 岁的输卵管（之一）里落下的一个卵子上。这个精子长途跋涉挖通了卵子的外层，丢下了自己的 23 条染色体。这么着，它的任务就完成了。受精卵分裂成 2 个、4 个、8 个然后是 16 个……最终是数以万亿计的细胞。当它有 16 个细胞的时候，这一小团东西看起来都差不多；而当那儿有几万亿细胞时，那就是我了。

　　根据最近的研究估计，成年人类大约由 37.2 万亿个细胞组成。精子和卵子的结合是一个里程碑事件，但是要变成一整个人，还有许多事要做。要获得 37.2 万亿个细胞，就需要至少 37.2 万亿减 1 个分裂细胞——那枚卵子及其后代分裂过的次数多得难以想象。[48] 而当细胞增多时，它们也要经历一系列的变化——它们相互作用、承担不同的身份、移动、构成不同组织……最终，细胞会形成从阴茎、阴道到脑袋、肩膀、膝盖和脚趾的一切。

制造一只动物的过程如此鬼斧神工，好玩的是，一旦完成，成熟了的生物体首要目标就是把整件事再来一遍。卵子和精子相遇——动物被制造出来，动物发育直至性成熟——卵子和精子相遇……总是这样的生殖循环。

也许，生命究竟走过多少百万年这个问题已然令人绝望，其实另一个问题——我们有多少祖先更让人傻眼：这个循环循环了又循环，究竟发生过多少百万亿次？

在人类历史的大多数时候，没有人知道动物是如何发育的。在安东尼·范·列文虎克（Antonie van Leeuwenhoek）发明了显微镜，并于 17 世纪 60 年代 [49]

---

48 现实情况下发生的分裂次数更多，因为发育过程会制造比需要更多的细胞，那些没能在正确时间出现在正确地点的会被处理掉。

49 我喜欢这一事实：发明显微镜的人也发现了精子——不知道列文虎克想了多久这个问题："我知道我要用这个东西观察什么吗？"不，我不该这么粗俗：精液的性质在当时是个深深的谜团，而实际上是别人哄着列文虎克这么做的，他还很担心别人会怎么看他。他还说，他从未因这项工作玷污自己，一直使用的是婚姻生活的自然副产品。

发现精子之后，他相信每个精子的头部里都有一个微缩动物，只要长大就好了。其他人则认为卵子包含了全部秘密。"精子进去，宝宝出来"，好像炼金术，对不？

今天，发育生物学已经跻身最优雅、最惊人的学科之列。从一团模糊的细胞中，经由自组织的奇迹出现了一只生物，其过程现在也大抵为人所知。近些时候，这些知识又将发育放回了演化生物学的中心位置。肢体和生殖系统的构造，对推断其演化历史没什么特别有用的东西；而对于所有躯体部位，理解其发育则有助于增进对演化的理解。了解躯体的造就过程，能阐明躯体原可能被造就成多么不同，以及如今的躯体可能是如何从过去的躯体中出现的。它合拢了遗传变化与最终形式之间的鸿沟。

然而，处在发育状态（处于不成熟中）也是很危险的。幼体既不完全，还很无力。它们脆弱、易脱水、饥饿，总是很快就会被冻着或热着。它们的食谱很有限，也是很好捕捉的猎物。未成熟是危险的。假如你以任何动物的死亡可能性和年龄作图，会发现死亡率最高点发生在非常年幼和非常年老的时候；未成熟与衰老的危机之间夹着一段相对高生存率的稳定时期。

因此，无论发育的最终产物多么辉煌，这都是不够

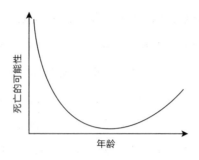

的——无论我们说的是大象、虎、兔子、刺鱼还是雏菊——只要这个物种还要一直活下去，演化必须塑造出能够成功通过每一个发育阶段的法子。

我，多细胞生物

只有多细胞生物才面临发育的问题。细菌分裂成两个，然后两只新的小细菌各走各路。我不太确定，相比诸如生命终极起源或者人类出现而言，多细胞生命的出现是否得到了应有的关注。但多细胞生命的出现是一个真正的颠覆之举。在生命存在于地球上最初的 25 亿年里，只存在单细胞生物体：这个生命就是一个细胞，而且这个细胞是一个生命。这就是说，在地球生物史 2/3 的时间里，细胞没觉得聚在一起有什么价值。人们可能会总结道，团结生活的好处极难被偶然发现，或者那时的生命与如今差异太大。不管怎样，你可以拿一只东北虎和一"只"

大肠杆菌（*E. coli* bacterium）相比较。它们天差地别。单细胞不能折断鹿的脖子，大猫也没法住进人类肠道。但这些是表面的差异。生物机理被牢牢捆在其核心机制上，多细胞和单细胞有机体肯定做着同样基础的事：细菌和老虎都需要氧气和食物来产生能量、平衡含水量、排泄代谢副产物；它们也都要对威胁生命的处境做出反应，以及都需要繁殖。

两者间的巨大差异在于，单细胞的细菌得靠自己满足这些需求，而老虎是由极为擅长特定任务的不同细胞所组成的。老虎的肠道细胞善于吸收鹿肉的营养，但要是老虎视网膜里都排列着它的肠道细胞，那只会造就一只瞎虎。生命走向多细胞是一个根本性的转变——群体中的细胞开始各司其职，不同细胞为共同福利而做出各自的贡献——竞争被合作所取代。

想象最早以有用的方式黏在一起的细胞群。它们形成了形状不定的团块，聚在一起并且得到了一些简单的益处。我们得想象，这么一来，成员细胞开始实行一些有差异的功能。也许外层细胞会比中心那些变得坚硬些。或许，随后内部细胞——从变硬的需求中解放了出来——就可以做一些对外层细胞更互惠互利的事；也许它们能更高效地执行某种代谢功能。

起初这些团块可能颇为自行其是。细胞没有被编程为待在外层，只是如果它们待在那儿就自己变硬了。而随着时间的推移，越来越精密的发育模式演化了出来。细胞的相同性（都是克隆体，携带相同的 DNA，其特征取决于开启了其遗传物质当中哪一段基因）变得越来越严格。细胞间开始传递信号，确保不同细胞种类设置遵守越来越一成不变的安排；后续的子代也会变得越发相似。多细胞生命体走上了生长和发育的道路。

今天，我们理所当然地认为动物的身体由不同部分组成，但这些部分，每一个都是从某种此前并不存在该部分的状态演化而来的。心脏、大脑、肾脏、眼……所有这些都是从零开始的。稍微想想它们为何演化出来会很有意思——有些不过是功能上的分化，使特化细胞可以做专门的工作。感觉器官在监测上的高效远胜单细胞所能为。皮肤是完美的外部屏障。封闭的肠道善于容纳和榨干食物的每一滴营养。但另有一些创新看起来一开始是为了适应多细胞这种状态。单细胞不需要循环系统——只有当细胞不能面朝含氧的外界时，它们才需要把氧气弄到自己身边。要是血液也变成了堆放废物的垃圾场，它还得需要过滤和解毒器。到最后就出现了执行全新功能的特征。

演化理论和发育生物学的融合（称为演化发育生物学，evo-devo）转向了遗传和细胞编程来研究动物形态演化。就像我们在哺乳动物睾丸的发育历程、SRY 使性腺转化为睾丸，以及阴茎和阴道制造中提及的讨论，这仍会是本书反复出现的主题。

演化发育生物学经常回答这样的问题：一个器官是怎么演化的。严格来说它不涉及"为什么"演化出某个结构。选择压力导致某个形态而非另一个得以持续，这和自然界多样性发生的过程是分开的。

演化发育生物学的先驱之一，耶鲁大学的金特·瓦格纳（Günter Wagner），对现存结构的适应和创新——创造出新的结构——之间的区别格外感兴趣。比方说，适应会更关注乳腺如何根据其所有者的特定生物机制改变形态，还有诸如乳腺如何根据幼体的需求产出不同的乳汁。而创新，则更关注乳腺的起源。其他类型的动物都没有为自己的幼体提供这种养料的腺体。相比有了乳腺之后的适应，哺乳腺从一个远古的、无乳腺的状态中出现是个截然不同的挑战。

创新的核心是产生新的细胞类型，而新的细胞类型需要出现新基因网络才能实现，瓦格纳喜欢称之为"特征身份网络"（character identity networks）。瓦格纳区分了规定细胞是什么的基因和它用来发挥功能的基因。比如说，第四章提到某些基因开启发育中肢体或生殖道的不同区域，以决定那个区域未来的命运，就是这类特征身份网络的组成部分。和 SRY 一样，这些基因的工作方式是开关更多身份基因，直到被表达基因的模式创造出一种诸如对脚踝、子宫而言独有的细胞类型。

一旦这些身份完成，一系列更多的基因（称为"效应基因"，effector genes）开关打开，接下去就是把细胞做出来，让他们去干子宫或者脚踝细胞的那些活儿。这有点像一个人先穿起围裙和帽子——即他/她的身份网络——来担上主厨的身份，后来拿到了菜刀锅碗炉灶——即效应基因——才开始派上主厨的用场。

"研究新异性，"瓦格纳写道，"能解释某支系所拥有的特性的起源，这些特性开启了新的功能和形态学的可能性。"他指出，彻底的新异性罕有发生。[50] 除了解释创新起源的挑战，这一评论的迷人之处在于，某种全新的东西——诸如乳腺或头发——的出现，为需要这些新东西的生物创造出了全新的可能性。正如第四章所说，

---

50 事实上，要严格定义某个特性是完全新奇的还是某个已有特征的极端适应可能过于技术性。

体内受精或许出于某个理由而演化，但其出现也使新形式的胚胎和动物发育得以发生。

关于新异性开启可能性的另一个例子，来自瓦格纳和他同事文森特·林奇（Vincent Lynch）研究的一种细胞类型：蜕膜基质细胞（decidual stromal cell，或称DSC）。DSC是一种仅仅存在于胎盘哺乳动物子宫壁的细胞类型，对这些动物的妊娠十分重要。DSC有多种功能，包括帮助限制胎盘植入子宫的深度，并防止母体免疫系统攻击胎儿——这本来是会发生的，因为胎儿含有来自父亲的外来基因。瓦格纳和林奇发现，这类细胞来自有袋类动物子宫的一种细胞类型，出自响应孕酮激素的细胞。经过一些明显的基因重排，孕酮现在能开启DSC的一系列独特基因，创造出一种新的细胞，从而允许了比有袋动物更长、更复杂的妊娠发生。

种系

动物细胞之间最基础的劳动分工之一，是存在制造该动物的细胞，和保留制造未来动物潜力的细胞（如精子和卵子）。只有多细胞生命的身上才会有不能产生未来下一代的细胞。这个观点正式提出是在19世纪晚期，来自德国生物学家奥古斯特·魏斯曼（August

Weismann）。1881年，魏斯曼开了一个讲座，题为《生命的持续》，引用了上一代生理学家约翰内斯·米勒（Johannes Müller）的话："有机体会死去；相似个体间代代延续呈现出不朽的表象，而个体自身却在消逝。"

魏斯曼随后解释说，任何参与建造有机体身躯的细胞都是有寿算的——动物死去的时候它也会死去。但有些细胞的功能就是生殖生物体，它们本质上是不朽的——它们在一代又一代身上继续分裂。

魏斯曼把这一观点拓展为种质学说。他认为，生殖细胞在诞生又死去的动物间代代川流不息，这些细胞就是遗传的中介。他认为这些细胞和其他体细胞完全分隔。因此，新性状只会是生殖细胞的改变（如今我们知道是它们含有的 DNA 上的变化）。这一洞察在当时和后世都产生了深远的影响，因为它否定了一种旧的观点：亲代在生活中获得的特征可以传递给后代。[51]

永生的细胞支系穿行于易朽的躯体，这一观点还呈现出一种迷人的理念——究竟是什么支撑着生命永无止息的进程？

_____

51 今天，人们再次对这种可能性产生兴趣，即配子 DNA 是否能因这类方式被改变，从而改变后代利用到它的方式——这一过程被称为表观遗传学。但遗传改变是演化变化的基本要素，这一观念并未动摇。

在我生命的大多数时间里，一听到生殖细胞[52]，我都简单将其等同于睾丸和卵巢里出现的精子和卵子。但这不完全正确：生殖细胞是一种物理现实。这里真的有一个细胞的"系列/线"（line），穿过了每一个可育的动物，而从未对这个动物的躯体构造有所贡献。

在小鼠（对这种哺乳动物的生殖细胞研究非常充分）怀孕之后，一开始会发生快速的细胞增殖，然后，当这些细胞大多沿着自己终有尽时的循环，前去建造易朽之躯的各个部分，此时有一小部分细胞静静留存下来。这就是"原殖细胞"（primordial germ cells）。只有这些细胞才有潜力萌生另一代。它们承载着魏斯曼说的"种质"。在真正的胚胎外待上很短一段时间后，这些细胞通过胎儿的后肠迁移进性腺，在那里完成自己的生命周期。严格来说，卵巢和精巢并不生产卵子和精子，它们让生殖细胞寄居其中。

坦白讲，魏斯曼领悟到的是，生物体是一种走向终结的方式。我们的躯体和心灵是生物性结构的外显，而这个结构的建立是为了使智人（Homo sapiens）的生殖细胞一直分裂下去。我们是能够不朽的细胞系的短暂居所。

----

52 生殖细胞（germline）亦可译为种系。——译注

在我眼中，发现生殖细胞如何以不间断的织线将生命延续——领会到生殖细胞一再制造身体，又把它们抛在一边——这样的感觉堪比生物学的哥白尼时刻。正如这位天文学家把人类从宇宙中心取出，看透我们的行星实则围绕太阳旋转，理解种系也改变了我们拥有自己的精子或卵子的日常观念，把它翻了个个儿。我们是生殖细胞的躯壳。

哺乳动物式的道路

1976年，造就了我的那两个生殖细胞相遇，在我母亲体内融合。它们在她的输卵管中分裂。这些细胞的初始结构是哺乳动物独有的。首先形成一个囊胚，在那里躺着未来制造我身体的一团紧密的细胞球（称为内细胞团，inner cell mass）。这个细胞团被一个由细胞组成的较大空心球体包围，后者将会变成我胎盘的一部分——胎盘哺乳动物发育的初始阶段更多是关于制造胚胎的救生衣，而不是制造这个哺乳动物余下的部分。

到达子宫之后，囊胚植入我母亲的子宫壁，开始快速建造胎盘。一旦胎盘造好了，这个结构会在母亲体内搜罗胚胎版的我所需的所有营养来支持我发育。胎盘是下一章的主题。关键在于，哺乳动物起初是在子宫里生长的——我在子宫内待了9个月，一只非洲象的宝宝要这么过上近两年——哺乳动物幼体的全世界就是它的母亲。

在漫长而复杂的妊娠之后，哺乳动物幼体即使降生，也仍然被乳头维系在母亲身边，只能进食来自母亲身体的营养。我两度看到伴侣这样哺育我们的女儿一整年，前半年孩子们没有任何固体食物入喉。一只小猩猩要喂8年。这只乳臭未干的小家伙一直待在母亲身边——有时是父亲——它同时还需要学习必要的生存技能，或者形成某些定义了哺乳动物社会的个体间联结。这是哺乳动物式的繁殖：亲代关心发育中的幼崽的脆弱性；连续数代，以深远而略有差异的形式彼此交叠。

我们那些大量产卵的祖先与此形成鲜明对比，它们让自己的精子和卵子在体外的水中相遇，把子代丢在那里，自己掉尾而去。这些动物——就和大多数现存的播撒卵的动物一样——在代际之间划出一条分明的界限。在产卵的鱼类中，繁殖是一个数字游戏。雌性翻车鱼一次产下3亿个卵。计划了亿万子嗣，活下来万中无一。

就算是像兔子那样的哺乳动物，其繁育的后代数以人类标准来看非常多，它们对每个后代的投资仍然巨大。当上父母，尤其是成为母亲，在哺乳动物的繁殖事业里就意味着投入。

　　有时当克里斯蒂娜和我看着我们的女儿们，我们会想她们长大会变成什么样。我们会想她们成年后的样子，走上怎样的职业道路，拥有什么样的理想，她们会成为什么人？都说儿童是个过渡阶段，是慢慢走向实现自我的小生命。

　　而在人类国度之外，这一观感或许更强烈。在美学意义和动物学意义上我们总是赞叹成年体——比如狮子而非幼狮；牝马而非马驹；蝴蝶而非蛹。成年代表着演化的创造力。幼体则只是处在实现其蕴含的潜能的道路上。但这是短视的，所有生命阶段都需发挥作用；要使一个物种持续，它就得经历生殖循环的整个过程。

　　我们身为父母迄今所投入（尤其是克里斯蒂娜的投入）以及将要在未来投入的，代表了哺乳动物的亲代模式在人类身上所拓展到的极致。不过关于亲代照料的出现，有一点很清楚：我们和我们的女儿并不仅仅是一个物种当中相继的两代人——哺乳动物的演化产生了我们。它塑造出了家庭单位，它打磨出我们之间的互动，于是，我们每一个人都会在某段时间里身为两代人基本单位的组成部分。

胎盘与育儿袋

很少有哺乳动物的照片能像袋鼠育儿袋里带着宝宝那样唤起强烈的母性。但这个袋子并不是一个用来携带幼小哺乳动物的简单附件，里面的宝宝就像人类熟悉的新生儿那般发育完全。既然讲到了早期哺乳动物发育和母亲的照料，这里是哺乳动物两个王国——胎盘哺乳动物和有袋动物——之间最鲜明的两分对照。

我之前说有袋动物什么来着？大约有 330 个物种。它们主要栖息在澳大拉西亚，在南美洲和中美洲也有分布。弗吉尼亚负鼠已缓慢地在北美扎根。有袋动物的阴囊位于其阴茎前方，这些阴茎是双头的。雌性有一对阴道和单独的产道。有袋动物有 X 和 Y 性染色体，虽然它们的 Y 染色体比较小，而且没有烟幕弹基因 ZFY。我提过胎盘哺乳动物和有袋动物在 1.48 亿年之前分开。哦，还有，18 世纪 70 年代的英格兰，袋鼠皮是个奇观。

不过袋鼠震惊伦敦是在第一只有袋动物到达欧洲 270 年后的事了。1492 年，西班牙的探险家文森特·平松（Vicente Pinzón）与克里斯托弗·哥伦布（Christopher Columbus）作伴，初次旅行到美洲。7 年之后，平松行至巴西，带领第一批欧洲人看见了亚马孙河，以及一只负鼠（opossum）。

这只负鼠的育儿袋里有幼崽，平松对这个内置婴儿篮非常着迷，他把这只动物和它的幼崽都带回去，呈上了西班牙女王伊莎贝拉和国王斐迪南的宫廷。

这件事有两个版本。一个广为流传的版本是，平松小心保护负鼠母亲和它的两个幼崽穿越大西洋，伊莎贝拉女王看到小家伙们依偎在母亲的育儿袋内外，于是龙颜甚悦，宣布这只动物是位伟大的母亲。

另一个版本同意平松把负鼠带回西班牙的部分，不过在他到家之前，负鼠母亲死了，幼崽没了。而女王伊莎贝拉并没有看到母子间充满感染力的互动，而是把手指伸进育儿袋并对之印象深刻。

你可以任选一个版本。不过请记得这是 1500 年，当时穿越大西洋要一个月，而负鼠通常不生活在船上。

在接下去的一个世纪，欧洲旅行家们虽然接连不断地与有袋动物相逢，但次数不多。由于 17 世纪伊比利亚霸主划分世界的方式，西班牙人遇到了更多的美洲有袋动物，而葡萄牙人往南走，遇到了澳大利亚的有袋动物。1770 年，库克船长（Captain Cook）并没有完全发现澳大利亚，他发现的是它的东海岸；这让地图制作者了解了这个区域，也向旧大陆介绍了澳大利亚那些更具异国情调的东海岸本地物种，比如袋鼠，以及鸭嘴兽。

新发现的有袋动物们，它们的育儿袋总能引发想象。有袋动物（marsupial）来自"marsupium"——拉丁文"口袋"一词——意味着就像哺乳动物一样，这一类的物种总的来说也是由一种母性特征所命名的。[53] 令人格外兴奋的是，这些育儿袋里的幼体是多么地小：通常，拼命挂在它们母亲乳头上的这些小生命都极小、无毛，而且很像胎儿。

结果，17世纪的人普遍认为这些有袋动物的胚胎是直接从乳头上长出来的。荷兰博物学家威廉·皮索（Willem Piso）说他的解剖证明有袋动物没有子宫，在1648年他写道："育儿袋就是这种动物的子宫，精子被纳入育儿袋，幼体就在那里形成。"

更好的解剖发现了两个子宫，但这并未打消人们的奇想：人们推测胚胎从子宫通过身体，自乳头诞生。这听起来很牵强，但还有另一个（民间）解释是有袋动物在鼻子里怀孕，然后被母亲一个喷嚏打进育儿袋。人们观察到母亲在育儿袋里出现幼崽之前，经常把头伸进育儿袋里，而雄性那两个头的阴茎看起来无比适合在一对鼻孔里射

---

53 有袋动物这个名字底下的物种有50%的雌性没有这个结构，不过它们的幼崽还是会爬上母亲的腹部，就好像那里有个育儿袋一样。

精……

想要理解这些离奇的理论，你得先知道这些袋子里的住户有多小。最大的现存有袋动物是红大袋鼠（red kangaroo），体型和人类相近，而这种动物生下来的独立幼体只有你的小手指第一节那么大。事实上，新生袋鼠可能比你的手指更粉红一些，但也像你的手指尖儿一样，它没有可用的眼睛或后肢。新生袋鼠只占它母亲体重的约 0.003%。在小一些的有袋动物当中，新生儿的体型更是小得离谱，新生的袋貂（honey possum）体重只有 4 毫克——约 1/250 克（或者如果你想的话，超过 7000 只才有 1 盎司）。

小有袋动物抵达育儿袋之谜直到 1920 年才终得揭晓，当时，得克萨斯大学的卡尔·哈特曼（Carl Hartman）终于详细描述了一次生育过程。哈特曼捕获了一只怀孕的野生弗吉尼亚负鼠——这种动物看起来像个穿着獾皮的白脸大鼠——然后把它养在自家窗户外面的笼子里。这是 1920 年，哈特曼完全（且正确地）认为新生儿会从这个动物的泄殖腔出生，当时，两个子宫和临时出现的产道已经是公认的事实。但他想知道的是，这小小的新生儿究竟是怎么到达育儿袋的。他和妻子日夜观察着笼子。

最后，哈特曼看到了母亲确实在新生儿降生前把口鼻部伸进了育儿袋里——但他知道这不是打喷嚏喷出胚胎，而是为了把育儿袋舔干净。母亲随后采取坐姿并舔起了外生殖器。但当哈特曼心想她是不是要把小小的新生儿用舌头运进育儿袋时，这只负鼠转了个身背对着窗户。哈特曼赶紧跑出去，还好他及时看到了最后一个胚胎的出生。舔生殖器似乎是要弄掉幼体出生时身上包裹的液体。

之后，哈特曼报告说，新生儿看起来"与其说是哺乳动物，其实更像蠕虫……自己尽力上路；没有得到母亲的任何协助"。为了到达育儿袋，它爬过了"整整3英寸崎岖难行的地形"，使用它早熟的前肢"游"过母亲的皮毛。为了测试幼崽的本能，哈特曼将一只从育儿袋中取出放回泄殖腔附近，想看看它会不会又爬回育儿袋。它会。

哈特曼的后续描述揭示了有袋动物生殖的严酷现实。他说，胚胎"还可以做更多：在它到达育儿袋以后，它还能在一堆毛发的丛林里找到乳头。这是它非找到不可的——不然就会死。"

任何新生的有袋动物都是如此——乳头是它们的生命线，是它进入下一个发育阶段的正轨。但是在负鼠（和其他许多有袋动物一样）身上，寻找乳头残酷地提醒了我们自然选择的无情和现实：负鼠通常产下的后代数多于它们的乳头数。在育儿袋内，哈特曼看到了"18个蠕动的胎儿中12个贴上了，虽然或许能容纳13个。而剩下的那些注定饿死"。而他看到了这些命运未眷顾者如何依照本能，无望地吮吸皮瓣或兄弟姐妹的尾巴。

新生袋鼠和它们的负鼠表亲一样有棘轮般的前肢，能使它们一路爬上育儿袋。这些幼兽要爬的路更远，但是和负鼠不同的是，袋鼠一胎只生一只，而等它们抵达旅途的终点时有4个乳头可供选择。[54]

一旦吸上了，所有有袋动物都会长久地紧紧抓住母亲乳头不放，短则数周，长则数月。它们虽然不是从乳头出生的，但有袋动物的大多数发育发生于此。

有袋动物新生儿的体型如此之小，反映出它们极短的妊娠期：一只红大袋鼠妊娠期仅33天，而长得像兔子的袋狸则是12天，是哺乳动物中最短的妊娠期。但漫长动态的哺乳过程弥补了有限的子宫内孵育。红大袋鼠在育儿袋里吮吸和发育长达6个月。直到那时它才算最终站稳脚跟——现在看着也像个袋鼠了——就好像出生了第

---

54 负鼠的13个乳头也使它们成为仅有的乳头为奇数的哺乳动物——12个排成圈，1个在中间。

二次。在这个时候，有袋动物的发育才能和新生的胎盘哺乳动物相比。

墨尔本大学的玛丽莲·伦弗里（Marilyn Renfree）说，"有袋动物实际上是拿脐带换成乳头。"不过，也可能是蜕膜细胞的演化重构了妊娠可能性，胎盘哺乳动物拿乳头换成脐带。

相比生殖策略的大相径庭，其他区分有袋动物和胎盘哺乳动物的特征要细微得多。纯粹主义者们清楚地知道多种骨头和牙齿上的差异，当然这对解释化石十分必要。有袋动物的核心温度比大多数胎盘类哺乳动物低一些。它们也没有连接胎盘哺乳动物两边大脑的神经束。最后这点引发了长期的争论，焦点是有袋哺乳动物是否和它们的胎盘类表亲一样聪明。有袋动物的大脑或许总体略小，其社会互动及行为的范围和复杂性也稍逊于类似的胎盘类物种。

说白了，其实人们长期认为有袋动物是种二流哺乳动物，只是幸运地继承到一片属于自己的大陆岛国然后尽情实验。总共有超过5000种胎盘哺乳动物，而有袋动物只有330种。胎盘类扩散到全世界，主宰着许多生态系统，而有袋动物只在澳大利亚称大王。

当然，在演化生物学的早期岁月里，其中隐含着进步的观念（通常是朝着人类方向），人们把胎盘哺乳动物看成更高等的动物。事实上托马斯·赫胥黎（Thomas Huxley）在 1880 年重新命名哺乳动物时将胎盘类叫作"真兽亚纲"（Eutherians），意为真正的哺乳动物，单孔类叫作"原兽亚纲"（Prototherians，即最初的哺乳动物），而有袋动物叫后兽亚纲（Metatherians）——本质上是"半途的"哺乳动物。

有袋动物并不在去往任何目的地的半途中：它们是它们自己的适应性辐射。但这个二等标签是否公平？这一点见仁见智。这样认为的人指出，有袋动物一度遍及全球，但最终在澳大利亚以外的大陆上都败给了真兽亚纲。另一种观点则认为有袋动物仅是不同而已，并且它们（尤其是生殖机制）适应更无情漂泊的环境。澳大利亚的偏远地带是艰难的求生之地。以有袋动物的繁殖模式，母亲可以更好地控制自己对下一代的投资，包括在资源过于稀缺时从容终止妊娠或哺乳。

但是，专注于有袋类和胎盘类之间的差异，分走了对两者最特异之处的关注：它们之间竟如此相似。随着欧洲探险家发现越来越多有袋动物，以其在旧世界的同类命名成为常态。通常，一种有袋动物学名的英译总是会有个类似的前缀：袋狗（pouched dog）、袋獾（pouched badger）、袋兔（pouched hare）、袋熊或羚等，诸如此类。

虽说有些名字感觉有点偷懒——考拉熊（koala bear）？——许多名字配上对的有袋动物和胎盘动物确有毫无疑问的相似之处。袋鼹（marsupial mole）和金毛鼹（Africa's golden moles）都能在沙中遨游，随着沙砾坍塌身后并不留下隧道。飞翔的袋貂（marsupial phalangers）在树间滑翔，和有胎盘的鼯鼠（flying squirrel）何其类似。袋熊就像旱獭（groundhog），袋鼬（marsupial mice[55]）看起来活像老鼠。而大耳朵的袋狸（bandicoot）不仅长着兔耳，还有强健蹦跶的后腿。袋狼（thylacine）于1936年9月7日灭绝（那天最后一只已知的圈养个体死了），它也被称为塔斯马尼亚之狼，而且看起来特别像狼獾（wolverine）。上推至5万年前，还有"袋狮"（marsupial lions）呢。

就算相似之处不那么显而易见，有袋动物和胎盘哺乳类也常常在各自生态系统中扮演类似角色。袋食蚁兽

---

55 marsupial mice直译为"有袋的鼠"，但与通常汉语所称的袋鼠（kangaroo）并非同一物种。——译注

（numbats）比有胎盘的食蚁兽看起来活泼，钓起的大餐都一样。不说解剖学上的不同，袋鼠（kangaroo）在澳大利亚内陆扮演的角色很像羚羊、鹿或其他别处的大型食草动物——这两类动物甚至都独立演化出了前肠发酵来消化它们的食物。[56]

生物学家在说"胎盘类和有袋类的共同祖先"的时候，那种物种听起来像是一个抽象理论所假想的妙喻，不过是在推断出来的谱系树上的某个分支点。但是接受这个理论就是接受这种动物是实存的。从最后一个共同祖先开始，诞生出了两个几乎无甚差别的物种，但它们各自开启了两个不同种类的哺乳动物的繁荣辐射。

惊人的是，这些渐行渐远的辐射产生了如此之多却完全独立的趋同形态。首先，它证明自然选择结合生物体开发特定生态位的力量之巨。其次，它似乎进一步强调了有袋和胎盘哺乳动物的相似性——哺乳动物生理机制的基础在它们于1.48亿年前的分歧之前就已经就位，而每

---

56 在有袋动物目录当中有一些明显的空缺，最明显的就是没有水生动物和蝙蝠。有袋动物当中没有真正占据天空或水体的成员。最有说服力的解释是，有袋动物的繁殖地点限制了可演化的形态。首先，一只需要在母亲身下持续吮吸的小动物在水下很难活得很好。其次，需要从泄殖腔爬到乳头位置的胎儿所需要的前肢形状设计，否定了其后来向着翅膀或鳍的方向发展的可能。

个支系既有的发展潜力彼此重叠的程度又是如此之高。

在精子和卵子融合并制造我的 34 年后，我让生殖细胞延续了下去。可怜的老生殖细胞，百万又百万年地存活、演化，好容易蜿蜒至我，它得到了什么？年复一年的乳胶屏障，和那些通过服用的小药片根本不让生殖细胞逃离她们性腺的女人……不管怎样，我们总算来到此刻。又一场生殖循环。

写有袋动物的事情让我想起在新生儿科的时候，我们把伊莎贝拉从她的婴儿床里抱起来放在胸前，他们称之为"袋鼠护理"。那时候我以为，这个名字是因为把女儿舒舒服服拴在我们身上的毯子折得像个育儿袋。实际上这是因为，最初倡导这种护理方式的哥伦比亚医生，受到了不成熟的新生袋鼠和它们所走上的另一种发育道路的启示。

第六章

出生前的胞衣[57]

　　离伊莎贝拉的预产期还有两个月，克里斯蒂娜的羊水破了。接下来我们做的每件事都纯靠感觉——叫出租，办入院手续，进行所有的初步咨询——我们的大脑在情绪中心周围立起了屏障。直到开始在一个私人空间里给亲友打电话解释发生了什么，我们才逐渐接受现实。

　　这是一次令人焦躁，甚至有点吓人的孕期。我们曾两度冲进医院，因为克里斯蒂娜正在急剧宫缩。每一次她都会受到监测和补充水分，然后在没有明确诊断下出院。这回，医生说她要在医院一直待到孩子出生，我们当时

---

57 胞衣（afterbirth）字面上有"出生后"的意思。——译注

处境微妙，倒是希望克里斯蒂娜能在这儿住上几个星期。

从到达医院到分娩的36小时里，我们体验了一系列护理和医疗，有得有失。不过到头来运气好像还是在我们这边——克里斯蒂娜平时的产科医生刚好值班，而且有一位冷静干练的护士照料我们。当医生宣布事情要进行到下一步的时候，护士微笑着说，"一会儿见。"

我去洗手间活动了一下肩膀，深呼吸，对镜祈求能表现出一点儿冷静和力量。我们还不知道女儿会如何降生，但即将分娩的人不是我。我是那个试着保持淡定的男人，无论事实上有多害怕，只希望自己对那个将要分娩的人能有点儿用处。

然后当我回去的时候，我们的护士穿戴着塑料围裙、口罩和套鞋回来了。

"噢，"克里斯蒂娜和我异口同声地说。

她声称这一身暴风装备是标准流程，但后果已经酿成。究竟会发生什么事？我们忍不住想。

在接下来的一小时——或者不管多久吧——我们身处神奇的漩涡。我们的医生完全控制住了场面，细致人微，指挥若定；她成功搞定了我们所有的问题。接下来就有了伊莎贝拉——而且我哭了，好的、深切幸福的啜泣——尽管体重只有1.8公斤（4磅），但她发出了第一声啼哭，而且我们知道，虽然她马上就被送进了另一个病房，但她挺好。

我没办法想象，要是克里斯蒂娜生的是个蛋，我还会不会这么感动。或者没准儿也会。也许会是接连双喜？我们会先庆祝生蛋快乐，然后到孵化的时刻再度深深动容。谁知道呢？

在情绪起伏之下，我没太注意周围发生的大量清理工作。除了瞥到一眼护士端走的一个塑料托盘，那一瞬间看到里面是大量的紫红色内容物。

后来我想拥抱和感谢我们的妇产医生帮忙接生孩子。她一边说着下一个准妈妈的事，一边毫无停顿地躲开了。不过真正让我们的宝宝生下来的，是托盘里那堆用完了的紫红色东西，现在正在去往病理学家那儿分析早产的原因，但通常，这个引人注目的器官在任务完成后就被扔掉了。或者，有许多哺乳动物会吃了它。

次女玛丽安娜出生的时候，我也是同样的欣喜若狂和精疲力竭，但少了许多混乱。她几乎是足月出生的，产后的气氛轻松多了。看到她能如此迅速地找到母亲的乳头真是个奇迹。那时我已经有强烈的预感，将来会写关于哺乳动物特性的书，所以我有理由好好观察一下胞衣。我偷偷地朝另一个放胎盘的塑料托盘看去，试图在它被送走烧掉之前，弄清楚这个临时器官。

它是一种不寻常的紫色；几乎是一种浅紫的光泽。其上有几条突出的血管，蔓延如河流在大地上蜿蜒分叉，小弯曲显得随机，但大体上的轨迹看起来目的明确。此外，它没什么形状。上面没有什么东西能表明它的奇妙作用。

很多生理实体——如心脏或手——你能理解它们的结构如何决定其功能；它们的运作方式内在地符合它们外在可见的形态。结构和功能不可分离，这个观点在所有生物机制中都成立，只不过，很多时候只有在显微镜下仔细检查，这种关系才会暴露出来。如果你拿起一个人脑，会很难理解这么个没形没状、笨乎乎的肉团，怎么能创造出一个曾经起舞、曾爱过和痛过，拥有自己思想观念的人类。这个胎盘也让我想到这个——它深不可测。我盯着它看了好一会儿，意识到我内心对它充满感激，也意识到在这上面并没有迸发什么顿悟。而且那边还有个刚来到这世上的哺乳动物，我俩正需要来往一下。

自从那天晚上盯着一个塑料盘发呆以后，我发现我对胎盘的了解比我以为的还少。就本书而言，我最明显的错误就是以为那个器官是哺乳动物独有的。这跟普遍使用的术语有关——毕竟这房间里3个人都是胎盘哺乳动物。这名字来自（1）塑料托盘里的东西，和（2）我女儿曾吮吸的腺体。我以为二者均等定义了胎盘哺乳动物。此外，我以为女儿没包在蛋壳里降生是个稀罕事儿——在一个大家都生蛋的世界里，这是又一个哺乳动物的怪癖。

事实上，尽管乳腺确实很特别，但胎盘和胎生并没有那么特别。产下胎儿——或胎生（viviparity）——在脊椎动物中演化出了约150次；值得注意的是许多蜥蜴和蛇的支系独立演化出了115次左右，[58] 尽管鸟、鳄和龟从未有过这种现象。少数两栖动物和硬骨鱼胎生，而软骨鱼特别是鲨鱼中胎生的为数不少。演化不时喜欢让幼体在母亲体内开始发育。约翰·雷在1692年提议把哺乳动物命名为胎生动物（Vivipara）是个坏主意。

那么胎盘呢，它们对哺乳动物更特殊吗？好吧，至少稍微有一点儿。在胎生的物种当中，一个重要的区别在于如何提供发育所需能量。它可以完全靠母亲打包在卵子中的资源供养（最简单的胎生形式即是如此，卵一直留在输卵管中直至孵化），或者幼体在成长中能

---

58 第二章关于鸭嘴兽是否产卵的争议看起来好像是故纸堆的故事，但直到今天，博物学家仍在尝试见证某些蜥蜴究竟是卵生还是胎生。

依赖母体提供的其他养料。后一种称为"胎性营养"
（matrotrophy），有多种形式：有些胚胎吸收母体特定
腺体释放的营养，另一些则以常规方式进食，摄取子宫
内膜、母亲排出的未受精卵，或者摄取兄弟姐妹！鲨鱼
就是最后那种，直到最后胜出的那只出生。最后一种哺
育方式是胎盘，这个器官变成了成长中胚胎的一个特殊
部位，能与母亲生殖道交互作用，从而摄取胚胎成长所
需的营养。

脊椎动物中，胎性营养的演化次数不多，约 33 次，
而胎盘大约演化了 20 次。

是什么让哺乳动物与众不同？首先，胎生来自有袋
和胎盘哺乳动物最近的共同祖先，[59] 于是所有的正兽亚纲
动物都有这个特征。其次，虽然有许多后代消耗母体营
养的例子，但绝大多数主要利用的是卵黄，而正兽亚纲
的哺乳动物卵细胞则很大程度上缩小了——几乎所有用
来帮正兽亚纲动物活下来的东西都是通过胎盘或乳头输
送的。最后，哺乳动物胎盘的复杂度无与伦比。

哺乳动物的胎盘是由胎儿组织陷入母体子宫组织而
形成的器官，胎儿血管穿梭其中，通过脐带与胎儿相连，

---

59 不过也有一说认为其早期独立演化于每次辐射的基部。

从而在生命最初阶段供养成长中的哺乳动物。

在产房里，我的另一个天真想法，就是想象我看到的胎盘是母爱的直接象征。

结构

1750 年的冬天，一个新近死亡的年轻女性的尸体，从后门送进了位于考文特花园的解剖学学院。这没什么不正常的，约翰·亨特（John Hunter）——学校经营人威廉·亨特（William Hunter）的弟弟，说他在这儿工作的 12 年里见过 2000 余次人类遗体解剖。大多数是从坟墓里挖出来的，由约翰的地下同伙协助从后门运进来。但是这一次很特别——令威廉为之战栗——因为这个躯体还带着第二具尸体，这个年轻女性已经有了 9 个月的身孕。

约翰·亨特和威廉·亨特是一对神奇的搭档。威廉是家里第七个孩子，而十年后出生的约翰则是这对拉纳克郡的农民夫妇的第十个孩子。除了他们俩，兄弟姐妹里只有两个活到了成年。父母给了威廉自己力所能及的教育机会：他 14 岁在格拉斯哥大学学习神学，但后来认为医学才是自己的使命，于是父母设法让他去两位优秀的苏格兰医师那里受训。23 岁时，他出发前往伦敦，在另外两位受人尊敬的医生门下学习，这两位都是解剖学和产科的专家。在首都，威廉"喜欢戴着厚厚的假发"，他口才好、有创业精神、雄心勃勃。

约翰则以粗暴闻名。在孩提时期他就不喜欢书本学习，经常翘课去当地森林里冒险，当威廉离开后，他也退学回家照料孀居的母亲。但在17岁时，约翰挥别了母亲，去伦敦找他哥哥。

约翰到了以后，威廉给他一个人类胳膊让他解剖。我们不确定威廉知不知道约翰有好几年在拉纳克的森林里肢解动物的尸体，不过约翰确实是个用刀的天才。威廉大为震动，又给了他另一个胳膊。这条手臂的血管中注射了有色的蜡。约翰的任务是把所有的皮肉去除，只留下蜡的结构。他又一次从容地完成了任务。这两人是完美的互补。哥哥以登台讲课为生，而约翰则用他的双手在尸体中翻找和探索；他指下有血肉。

当1750年孕妇的尸体送达时，约翰立即投入了解剖工作。和他一同工作的还有荷兰艺术家扬·范·莱姆斯戴克（Jan van Rymsdyk），威廉雇他画下约翰层层剥开时显露出来的东西。彼时对人类的怀孕所知太少，因此新见解能带来许多收获。

这幅对9个月大胎儿的著名绘画十分震撼。今天，超声扫描已经很普遍，我们相信自己对子宫内部的情况已经很熟悉了。但是超声提供的只是模糊的涂写——超声图像会让父母们心跳如鼓，但那只是因为它所代表的东西。范·莱姆斯戴克的绘画看起来好像摄影。初看之下它很美；婴儿看起来充满生命，只是出于羞涩而把头转向一边，它即将来到，即将进入这个世界。只是它没有。一旦发现了这个事实，整个景象的美就坍塌成了丑恶。

但是亨特兄弟并无厌恶。在1750年至1754年间，他们得到了5具孕妇和一具近期生育过的女性遗体。约翰解剖，范·莱姆斯戴克画画，威廉则策划了后来被誉为其杰作的作品。《人类妊娠子宫的解剖学图解》（*The Anatomy of the Human Gravid Uterus*）出版于1774年，这部精美宏大的插图集从一开始的足月婴儿，一路回顾到3个月大的胎儿。

除了让世人看到人类胎儿的生长过程，亨特兄弟对人类妊娠和胎盘提出了两个重要观点。首先，在约翰解剖最初的病例时，通过将彩色蜡注入子宫血管，威廉描述了增厚的子宫内膜，这部分曾是胎盘的母体部分，这一组织通常会在婴儿出生后脱落。他称之为"蜕膜"（decidua）。

1754年，同样对妊娠感兴趣的科林·麦肯齐（Colin Mackenzie）从考文特花园招来了约翰·亨特，很快他们有了第二个更为重大的发现。麦肯齐将黄色和红色的蜡注人胎盘和子宫之后，跑着去找约翰。约翰被迷住了。这次注射揭示出了他此前未能成功发现的东西。他们确认了，这两个循环系统完全独立；胎儿和母体的血液从未混合。

约翰·亨特后来写道，威廉一开始没能领会这一发现的重要性——他没意识到这颠覆了过去认为母体血液循环经过胎儿以维持其生存的旧观点，展现出胎儿根本上是独立的。

然而一旦威廉明白过来，他就四处演说这一发现，并将其纳入了《人类妊娠子宫的解剖学图解》一书，这本书仅仅感谢了约翰·亨特的协助，压根没提扬·范·莱姆斯戴克。这本书出版时，亨特兄弟都是皇家学会的成员。威廉是解剖学教授、女王的医生。约翰则是一位著名外科医生，他使用观察和基础解剖学来改善外科手术，将他初入行时古老而野蛮的外科手术转变为一门全新的学科。他的医学生涯始于威廉出钱送他去医学院学习。当威廉在伦敦社会地位一路上升，约翰仍然专注于自己的科学兴趣。他研究外科手术的技术，进行移植实验，并且一有机会就会研究奇特的动物学现象[60]。

---

60 例如，激发阿尔弗雷德·约斯特研究性别决定激素基础的弗里马丁雌雄同体解剖学，最初是约翰·亨特描述的。

约翰甚至开始相信在地球历史上曾发生过某种形式的进化。有一段时间，兄弟间关系变得紧张，而学生们可以在同一周既参加约翰关于演化推断的讲座，又听着威廉颂扬人体是上帝之全能的证明。

但没有人想到，在1780年1月27日皇家学会的一次例会中，约翰·亨特会走上讲台——表面上是陈述他的论文《论胎盘的结构》——利用这一场合称他的哥哥是个剽窃者。约翰声称，他对26年前关于胎盘血流的发现享有完全优先权，并谴责了他哥哥的不诚实。威廉写信去学会辩护，约翰亦针锋相对地回应。那天之后，他们形同陌路（尽管约翰在威廉临终之际照看了他）。家人造就了最为错综复杂的动因。[61]

---

61 这个故事有两个讽刺的脚注。首先，亨特兄弟不知道，一个名叫威廉·诺德韦克（Wilhelm Noortwyck）的荷兰人比亨特和麦肯齐早十年发现胎盘儿和母体血液系统是分开的，虽然亨特的证据可能更强一些。第二，如果说威廉拿走弟弟工作成果的方式令人讨厌，另一个家族成员在约翰死后剽窃其才华的事情就更可恶了。这个小偷是本书中一个熟悉的角色。1771年，约翰和诗人安妮·霍姆结婚，她的弟弟名叫埃维拉德。在鸭嘴兽、针鼹和袋鼠最初抵达欧洲时，用来研究它们的解剖技术都是约翰·亨特教授给埃维拉德的。霍姆固然才华横溢，但才华并不是他那些产量巨大和广博的见解的唯一来源。在他的舅兄死后，霍姆偷走了约翰·亨特未发表的手稿，将其内容作为自己的作品发表。而当质疑之声愈演愈烈时，他将原始手稿付之一炬以掩盖自己的罪行。

没人知道约翰·亨特有没有和伊拉斯谟斯·达尔文（Erasmus Darwin）讨论过他的演化观点。今天，这个达尔文因为那位著名的孙辈而为人所知，这对他不太公平，他自己也是一位天才的医师和科学家，并在1753年参加了考文特花园的课程，而且似乎和亨特关系很好。亨特无疑支持了这位前学生在1794年出版的《生物学》（*Zoonomia*）一书，在这本书里，达尔文论称生物是被演化过程所塑造的。不过，这一预见性的想法是伊拉斯谟斯·达尔文享誉的次要原因，因为在《生物学》一书中，他还提出了对胎盘的一个关键见解。

由于亨特确凿地证明母体和胎盘的血液系统是分开的，胎盘被认为是某种界面，是母婴间交换的中介器官。达尔文为氧气着迷，它于18世纪80年代被发现。人们飞速探索着这种与生命关系密切的气体，发现了血液暴露其中的时候，会从暗红色变成鲜红——血液经过肺或鳃时会发生这一变化。伊拉斯谟斯·达尔文报告说，血液经过胎盘时也会如此。他写道胎盘"是一个像鱼鳃一样的呼吸器官，胎儿血液通过它变得有氧"。

这一观察解开了一个长期的谜题：为什么胎儿不会在子宫里窒息。然而《生物学》也宣传了一个古老的错误。它声称胎儿是通过摄取羊水中的养分生长的。这种液体被想成像鸟蛋的蛋清一样——起初量很大，随着婴儿生长而逐渐减少。1794年的人们还对分子及其细胞间迁移毫无概念，这个错误情有可原。

伊拉斯谟斯的孙子倒是对胎盘很少关注。尽管查尔斯·达尔文兴趣广泛，并且他确信胚胎学可以揭示演化的基本线索，但他从未真正探讨过这个器官。然而，在《物种起源》出版后爆发的最尖锐争论之一就集中于胎盘。

理查德·欧文——演化理论和鸭嘴兽产卵的坚定反对者——相信哺乳动物的分类方式应该依据其大脑表面是否复杂。应用大脑解剖路径让欧文产生了第三个类群，和其他所有哺乳动物不连续：欧文说，只有人类才有禽距（hippocampus minor）结构。

自称达尔文"斗犬"的托马斯·赫胥黎说，过于重视大脑表面导致了对哺乳动物非常荒谬的分类——明显不相干的类群被分到了一起，而紧密相关的形态则被分开了。他随后成功地从猩猩大脑中通过解剖找到了禽距。

1864年，赫胥黎提出了基于演化原则的哺乳动物分类法，他说，胎盘是区分亲缘关系的最佳特征。在这一点上他沿袭了前人的判断，认为有没有胎盘是把单孔动物和有袋动物与另一类哺乳动物区别开的标准，而这最后一类动物则被认为都是胎盘动物（Placentalia）的成员。[62]

为了区分胎盘哺乳动物，赫胥黎参考了一篇 1828 年的论文，该论文描述了四种不同形式的胎盘，并特别注意到子宫组织对胎盘的贡献有多广。这类母体成分就是威廉·亨特说的蜕膜，这部分子宫会延展以与胎儿的部分互相影响。两种形状的胎盘看起来与明显的蜕膜有关，在分娩后脱落，另两种则没有那么多来自子宫的组成部分。赫胥黎发现基于这些形状的胎盘哺乳动物分组远比欧文的分类更令人满意。

不过这满意也没有持续多久。要推断物种的亲缘关系，正常数量的性状多样性是有用的。但是，后来发现胎盘结构的多样性惊人——它现在被视为哺乳动物最为多变的器官。

奇怪的是，在赫胥黎最初提出观点的几十年里，胎盘的多变虽已十分明确，但在后来的五六十年间，人们仍徒劳地利用胎盘推断哺乳动物的亲缘关系，其后又零散地持续了一个世纪。为什么这是缘木求鱼，以及为什么胎盘

---

62 整个事件很好地说明了 20 世纪 30 年代的观点，即最初根据生物体的系谱关系对其进行分类的尝试，如同达尔文那样，所产生的类群和此前没有演化论的时候的方法大同小异。虽然分出来的类群可能不同，就像欧文和赫胥黎那样，但是这两种方式都是基于性状之间的相似性，就和林奈的分类法一样。

类型如此难以预测？只有更好地理解胎盘功能才能回答这些问题。

演化理论的出现，无疑是 19 世纪生物学的一个里程碑事件，但同时也发生了第二个（同等重大的）革命：细胞理论诞生了，生物学家从此认识到所有生物体都由细胞组成。有鉴于此，人们越来越清楚地认识到，要弄清器官和生物体，就必须理解细胞的形式和功能。

越来越强大的显微镜（以及制备组织和染色的进步）驱动了细胞生物学的发展。随着解剖学家对这些设备可能性的探索，他们越来越清晰地看到了活体组织的精密结构。这对每个器官都很有帮助，而到了大脑或者胎盘这样的结构，粗略的形态学难以说明其机制，显微设备就发挥了革命性的作用。

在胎盘研究中，显微镜揭示出了血管网交织着模糊不清的多层其他组织及奇异空间。难点在于弄清这一团乱糟糟的东西里到底哪些属于胎儿，哪些属于母体。数十年来人们几乎都只能靠猜。

最重要的突破发生在 19 世纪末，荷兰生物学家安布罗斯·哈伯雷特（Ambrosius Hubrecht）受到赫胥黎的启发——后者说食虫动物最像原始哺乳动物——前去调查食虫动物的胎盘。哈伯雷特认为，它们也许能说明最早的哺乳动物胎盘是什么样的。他那篇影响深远的论文研究的是刺猬，是繁殖季从野外抓来的。

哈伯雷特的一大贡献是定义了滋养层（trophoblast）。"blast"描述了胚胎细胞，"tropho-"意为"滋养"。哈伯雷特看到，胎盘延展边缘的前端细胞并不仅仅是靠着子宫壁，而是侵入进去。他还看到，子宫蜕膜组织里包住母体血液的胎盘组织对其"极为有效地加以利用"。滋养层是胚胎养活自己的手段，它们从母体的血液中摄取营养，还有氧气。

今天我们已经知道，滋养层是胎盘的重要细胞类型。一旦早期胎盘植入子宫壁，滋养层就开始消耗母体组织，基本上可说是挖进了子宫。胚胎周围这些不断扩张的组织包膜朝着母体血管推进，而这些血管也被转化成汇集血液的区域，以供胚胎之用。

基本了解一些胎盘的作用后，我们就能回到哺乳动物胎盘的多样性话题。对不同物种胎盘的详细分析表明，胎盘不仅在大体结构上不同，（1）隔开母体和胚胎血液的母体组织可能是一层、二层或三层；而且（2）胚胎组织延伸入子宫有三种截然不同的形式。一个简单的想法是，随着胎盘逐渐朝着更高级的方向进化，分隔胎儿与母体血液的组织层数越来越少，并产生越来越精密的延伸物。人类胎盘的延伸物是最为复杂的，而且以极少组织隔开胎儿和母体血液，这一观点和维多利亚时代的进化观很合拍，即演化造就的动物不断上升，趋近于人类的完美性。但是吧，合拍的观念也可能是错的。

在最初关于滋养层的论文最后，哈伯雷特呼吁，放弃赫胥黎基于胎盘的分类方案。在比较了刺猬、鼹鼠和鼩鼱的胎盘后，他发现尽管这三种食虫动物明显有亲缘关系，它们的胎盘却天差地别。此外，它们的胎盘和人类一样有很强的侵入性，看起来并不像是胎盘的早期形式。

哈伯雷特认为，也许哺乳动物胎盘的新颖性，"哺乳动物身体组织中最年轻的器官"，意味着自然选择还没有时间实现其"无情地淘汰……某些胎盘的适应性，在长期来看，它们会被证明相对缺乏优势"。这里的问题是，哈伯雷特错误地假定，自然选择会对胎盘起到像在其他器官上一样的作用。

功能

伊恩·韦斯特（Ian West）教室的书桌构成方形的三个边，在开放的第四边中间，伊恩一边讲课，一边在投影仪上书写。在每一次课上，他会介绍一个主题，呈现一些必要的背景，然后在某个关键的节点停顿下来，朝我们飞掷问题。他总是要我们当中某人——他那群拿 A 的生物学学生——推动关键的概念性飞跃。

伊恩从未教过我们关于胎盘的部分。但每当我想到塑造其演化的力量，我就会想伊恩大概会很喜欢教这个。我想象他会先问："那么，鱼类产卵和哺乳动物繁殖之间最重要的差别是什么？"

人人都知道他不是要我们说那些明显的东西，比如鱼产的是卵而哺乳动物产下乱动的幼崽。我们安静地拼命思考想说出一些聪明的回答，直到伊恩打破沉默随便点了个名字。

"嗯……鱼类产下数以百万计的卵，而哺乳动物只生产几个后代？"

"是的……"他会以一种表明"这个答案深度不够"的语气说。然后再点一个名字。

"鱼类是体外受精的？"

又一个更强调些的"是的……"这个回答表示我们应该沿着这个回答隐含的某些东西继续下去。

他想要的——他引诱着我们渐渐探索的——是某个人终于回答说："是不是，鱼类的母亲会在卵受精之前投入她所有的资源，而哺乳动物则几乎所有投资都在受精之后？"

"是！"伊恩这时会喊出来。"现在你们像生物学家那样思考了！"

播撒鱼卵繁殖的雌鱼，制造卵的时候就把投资给下一代的资源内置其中了。在这些卵子中她打包了所有赌在基因传播上的能量，连同那些基因一起。一旦入了海，这些卵从母亲那里再也求不到什么生理资源了。并且，这一点很关键：进入卵子、共同引导胚胎发育的父亲的基因，也无从获取母亲的能量储备。[63]

这么想来，产卵的爬行动物和鸟类比哺乳动物更像鱼。以鸡为例，一、鸡蛋代表了最基本的羊膜卵；二、因为鸡蛋很常见；三、因为我想说"这是个鸡和蛋的问题"——字面意义，不是老生常谈的比喻意义。

虽然我总是觉得很奇怪，鸡在没有性行为的时候下的蛋也太多了，但其实这是标准的羊膜卵操作流程。所有雌性都会排出未受精的卵子——人类是每个月一次[64]。

---

63 我意识到我说的产卵的鱼类有点卡通化；某些鱼类确实会照料后代。比如有些会守卫产卵地，少数还会给后代提供食物。

64 月经（一部分子宫壁和未受精的卵子一起脱落）是一种相对不常见的现象，出现在人类、其他灵长动物、蝙蝠和象鼩中。它反映了这些物种的子宫内膜脱落的特性，这些内膜是为植入而准备的。其他哺乳动物则会重新吸收这些内膜。

只是鸡碰巧被选育成频繁排卵，而且和雄性分开养。[65] 此外，哺乳动物的卵子变得非常小，很难注意到。

和哺乳动物的卵子一样，鸡的卵也是在生殖道高处受精，然后一路滚下输卵管进入下一发育阶段。但是和哺乳动物不同（而和鱼类相近）的是，鸡的卵有很大的卵黄，几乎充满制造小鸡所需的一切资源。无论受精与否，这个蛋里还有蛋清（一些最终资源）被封装进壳里。所以，未来孵化所需的一切，也是在胚胎的父系基因被开启之前就有了。

相反，在植入子宫、劫夺母体投入的哺乳动物胎盘中，父系基因打从一开始就在起作用。因此，无论在交配后父亲自己做了什么，他的基因都可以（并确实）对其后代发育造成深远的影响。

1974 年，哈佛大学的罗伯特·特里弗斯（Robert Trivers）发表了一篇标题简洁的论文《亲代—子代冲突》（Parent-offspring Conflict），是对这个问题理解的开端。在这篇论文中，特里弗斯试图对亲代和它们后代之间关

---

65 这一策略极其成功，地球上有 200 亿只鸡有一半原因当归功于此。鸡远比任何其他羊膜动物数量多。

系的确切性质进行标准化。[66]

有孩子的人都知道，亲代的时间和精力就只有那么一点；早在特里弗斯的工作之前，父母怎样分配他或她的资源以最大化繁殖的成功，是一个演化上的难题。人们同意，自然选择会塑造亲代的资源配置，这也会影响他们的后代数量、子代个头多大，以及亲代需储备多少能量来维持自身存活，还有创造未来可能的更多后代。这种理论成功区分了两种策略：生产许多低成本、低存活率的后代（如鱼），以及生产少数投资巨大、更可能存活下去的后代（比如我们哺乳动物）。

但特里弗斯说，过去的研究都忽略了一个关键问题：以前的工作都错误地假定，后代是亲代投资的被动接受者。

"一旦你把后代设想成这种互动中的主动行为者，"特里弗斯写道，"那么就必须假定冲突存在于有性生殖自身的核心之中——一个从最开始就试图使自己繁殖成功最大化的后代，可能会想从亲代那里获取多过亲代选择给予的投资。"

想象一个母亲有三胞胎。设想她有刚好足够的资

---

66 起初这篇论文名为《母亲—后代冲突》（Mother-offspring Conflict），因为特里弗斯主要关注的是哺乳动物的母亲，但他后来将这些原理拓展得更广。

源——食物、乳汁、钱之类的——让三个孩子都长大到能照顾自己的阶段。她要实现繁殖成功最好就是把资源平等地分配给后代，他们也会均等地成熟，都会给她带来孙辈。旧的模型里假定子代被动接受，就会预测出这样的场景。

但是特里弗斯指出的现实是，三个孩子每个都想"坑蒙拐骗"搞到比平均分配更多的资源。事实上他们可能会试图攫取超出母亲乐于付出的资源，降低她再次生殖的概率。都怪有性生殖。

假如这三个孩子有不同的父亲。[67] 如果其中一个父亲传递的父系基因能让这个女儿更加奋力争取——比如更善于得到母亲的注意，或者吮吸更有力——她将会得到更大份额的母亲的资源，更有可能牺牲两个兄弟姐妹让自己更好地存活。于是这个女儿就与兄弟姐妹有了冲突——子代间的彼此竞争。

此外，如果这个善捕的女儿能成功从母亲那里攫取更多资源，多过母亲原本想给的，她也增加了其父亲的繁殖成功——以母亲的消耗为代价。女儿和母亲，通过

---

67 雌性短期内与多个雄性交配，有可能产生这种情况。同一论点也适用于连续几轮繁殖产下的三个后代。

父亲的基因产生冲突。就算只有一个后代，这一情形同样可能发生；后代基因组和母亲有所不同就总是会造成潜在的纷争。

特里弗斯的论文不是美满家庭生活的甜蜜童话。但他很有说服力——一个传递给婴儿"坑蒙拐骗"基因的父亲会得到更多更可能存活的后代，并给他带来更多孙辈。

特里弗斯观察到小猴子在母亲决定该断奶时会恳求更多乳汁，他从中获得了对这项工作的启发。不过，后来人们理解到，这类自然冲突的发生远早于这个时候，它在哺乳动物子宫中就有所表现。

以龟为例：这是爱荷华州立大学的弗雷德里克·扬森（Fredric Janzen）和丹尼尔·沃纳（Daniel Warner）2009年的一项研究。你能算出来，在投资既定的情况下，一个母亲的最佳繁殖策略涉及她可以产的卵的数量和大小。她可以生产很多小尺寸的蛋，或者中等大小、中等数量的蛋，或较少的大蛋。她生的蛋越大，幼龟越可能存活，但她能生的数量也就越少。扬森和沃纳的计算表明，在龟生出中等大小、中等数量的蛋时结果最优。研究者去调查雌龟究竟怎么做的时候，发现事实恰如他们所料。这是因为，和鸡一样，龟妈妈们完全能够控制自己装进每一个蛋里的资源——它们的后代是被动的，这里不存在冲突。

现在来看哺乳动物。在 20 世纪 80 年代后期的一系列论文中，另一位哈佛的生物学家戴维·黑格（David Haig）考察了哺乳动物妊娠中母亲—后代间可能的冲突竞技，列出了颇多的项目。[68] 自打一个哺乳动物的胚胎植入子宫壁，父系基因就得以令这个胚胎把自己的利益置于母亲之前。被动？可不是胎盘的风格。

黑格讨论了在妊娠一开始，滋养层释放出酶消化母体组织，母体组织则释放出化学物质来对抗这些酶。而且，胎盘会释放出成长因子加速自身发育，而母体蜕膜基质细胞则释放出蛋白质中和这些生长因子。打从一开始就存在胎盘的行动和母体的反抗。黑格将这种机制上的互相影响，视作近似于捕食者和猎物间军备竞赛过程的结果，或者类似于寄主和寄生虫：一方试图战胜另一方，而另一方演化着抵消这种威胁。

胎盘还会在母体血液中释放激素，操纵母体的生理状况。激素会让母亲的身体"知道"自己怀孕了，适应胚胎和随后胎儿住在体内的生理状况，但内分泌途径亦

---

68 若还有人认为胎盘是哺乳动物独有的部位，要知道黑格是从植物中等同胎盘的部分上获得了很多早期启发。

是幼体控制母亲的又一手段。比如说，胎盘会释放出一种激素导致母体胰岛素耐受，从而升高血糖。不过，按惯例，作为对这种激素劫持的反应，母体对抗性演化以抑制胎盘的影响；她们生产更多胰岛素，而母体的多种激素受体也有所调整。

基于这些原因，显然一些基因的功能是加速胎儿的生长，而另一些——某些在母体组织，某些在胎儿自身——则作用于减缓胎儿发育。从中产生了一个假设，认为后代基因的开或关，取决于它们是继承自父亲还是母亲。如果一个基因能加速胎儿生长，母亲就有可能关掉她传给后代的这个复制。如果这个基因抑制生长，无论是以何种方式，父亲就可以因关掉精子中的这个基因而受益。"历史很重要，"黑格写道，制造后代的DNA是父母的哪个性别准备的，决定了哪个基因在离开父母身体后开启或关闭。黑格说，结果是胎儿"一脚父亲的油门和一脚母亲的刹车"。

这一过程被称为基因印记。在有袋和胎盘哺乳动物中都可以看到这种现象，但后者当中更为普遍——在人类中有超过200个基因有印记——现在人们已经知道，不同亲代留下的印记基因，在小哺乳动物离开子宫以后仍会持续产生影响。

与雌龟对卵的控制力不同，哺乳动物的母亲几乎从怀孕那一刻开始，就卷入了与后代及其携带的父亲基因的动态关系。

黑格的理论认为，从父母双方继承来的基因把胎盘往不同方向拉扯，这有助于解释这一器官为何在哺乳动物中如此多样。父亲的基因把它拉向一边，母亲的又推向另一边，于是，纵观历史，胎盘的形态发生了频繁的改变。这些改变（通常剧烈且发生在亲缘关系很近的族群中）就是为什么胎盘无助于推断哺乳动物支系间关系的原因。

只有在用遗传学手段（见第九章）解决了哺乳动物系谱之后，研究者才能回溯，并将胎盘形态的数据放回系谱中观察这一器官如何演化，以及它在最初的正兽亚纲动物中可能是什么样。有两组研究者进行了尝试，他们同意，在分隔胎儿和母体血液的组织数量、其延伸物形状及其大体形状方面，胎盘多次发生了重大改变。但是，其中一个研究的结论是，最初正兽亚纲动物的胎盘是最具入侵性的类型，而另一项研究则推断其入侵性在中等水平。考虑到这个器官的动因及其内含的冲突，这问题可能基本上终究难以确定。

再往前寻找胎盘一开始如何产生，我们很自然又回到了单孔动物。发现鸭嘴兽和针鼹产卵一事本就极具启发，而单孔动物的卵与羊膜卵本质上有所不同。以哺乳动物的标准来说，鸭嘴兽排出的卵子有 4 毫米宽（0.16英寸），已算得上很大，而鸭嘴兽产下的卵（约 17 天后，以产卵者的时间间隔来说相当可观）更大：大约 16 毫米（0.63 英寸）长，宽约 14 毫米（0.55 英寸）。也就是说鸭嘴兽的卵在雌性生殖道里已经长得很大了。

在鸭嘴兽的卵中，卵黄周围的膜（和其他胚胎膜）会吸收母亲在子宫里分泌的物质。受精之后获取营养，此事意味深长。胎生和胎性营养通常由子宫内孵化的卵演化而来，幼体孵化后才能设法获取食物。而鸭嘴兽的情形说明，哺乳动物的祖先演化出胎性营养要早于胎生。[69]

单孔动物生殖还有一个值得注意的突出特征：新孵化的幼体无助且仰赖母亲照料。这可能就是古老状态下哺乳动物的样子。哺乳动物开始胎生可能发生在小型的像鼩一样的物种身上，它们体型太小，要通过微小的骨盆生产足够活下去的蛋变得不切实际。最初的体内孵化能生出幼崽，然后由母亲的乳汁维系生命，这个场景可能因先前演化出哺乳而得以实现。

---

69 与受精前能量供给减少相一致的是，许多鸟和爬行动物有 3 个制造卵黄的基因，但鸭嘴兽只剩下一个这种基因，不太可能是父系基因影响了鸭嘴兽的母体供给，而且它们身上没有发现基因印记。

再看有袋动物，虽然它们今天的生殖方式里，有许多特征在有袋动物支系中已经特化了，但它们仍可能在某种程度上类似胎盘哺乳动物生殖演化的某个中间阶段。受精之后，最初的微型有袋动物卵仍然被包裹在壳膜中，通过吸收子宫内分泌物生长。但它随后就在子宫内孵化，植入子宫壁，并且——无视其哺乳动物命名的暗示——短暂地形成胎盘。

大多数有袋类胚胎仅使用卵黄囊膜（yolk-sac membrane）形成胎盘。不过，有趣的是，并非所有有袋动物都只有卵黄囊胎盘。袋狸的胎盘是尿囊膜（allantois）形成的——羊膜动物演化出这种膜使其透过壳的表面呼吸（和排泄废物）。这也是正兽亚纲动物形成胎盘的同一种膜。

和正兽亚纲一样，有袋动物的胎盘也会影响母体生理，虽然某些有袋类的母亲几乎不知道自己怀孕——它们的生理几乎不会为胚胎的存在而改变。有关于有袋动物胎盘为何仅短暂存在，有一个假说认为，这些动物从未演化出一种机制保护胚胎免受母体免疫系统的影响。外来胚胎的定居，可能是正兽亚纲动物出现蜕膜基质细胞的转折点，虽然关于孕期免疫耐受还有许多不清楚的地方。因此，有袋动物产下极小的幼体并走上了那条重度哺乳的繁殖之道。

相反，正兽亚纲则实验了越来越长的妊娠。在某种程度上它们都已经停止制造壳膜，而胎盘变得越来越复杂，使漫长的妊娠期成为可能。尽管遗传冲突可能在本质上塑造了这种妊娠的性质，但母亲和胎儿最终还是有一个共同的目标，就是产下健康的新生儿，这一动态生殖策略，对胎盘哺乳动物来说无疑是个回报丰厚的系统。

根据特里弗斯和黑格的观点——亲子间关系基本上是由冲突塑造的过程——很多人可能要重新审视他们对亲子关系的日常想法了。但是黑格说人们很难接受这个观点。人们对青春期的需求冲突倒没什么问题——这在道德和社会领域一再上演——但冲突发生在胚胎植入子宫那一刻？这想法惊人且令人不安。主流叙事里父母总是把孩子的需求置于自己之前，而这种观点与之产生了矛盾。但是，我们不是一直都知道，家庭可能蕴含着多种微妙的紧张关系吗？亨特兄弟的诸多成功和最终的疏远，不都是诞生自手足支持与同胞竞争的混合体吗？

早些时候，黑格创造了一个经久不衰的比喻，把胎儿和母体基因组之间的冲突称为拔河比赛。健康的妊娠是绳子始终保持紧绷——任意一方都不会赢，每一方都抵消了另一方的出力。而且，当然了，通常可以做到。这种相互影响是被数百万年的适应和反适应所塑造的；如果母亲和后代任意一方占了压倒性优势，就会危害到整个物种。虽然硝烟四起，但人们确实要记住，生产健康后代这个根本的共同目标终究把母亲和后代团结在一起。

然而，黑格强调，产科医生需对这种演化视角及其影响有所了解。尽管自然选择总能产生精妙的适应过程，但人类的妊娠艰难而危险。人们经常将之归咎于我们不同寻常的直立体态。但黑格说，两个基因相异的生物体如此亲密地共存，模糊了通常在健康和病理生理学之间的医学概念。对胎儿来说是健康的，也许对母亲来说是病态的，反之亦然。比如先兆子痫（怀孕末期的一种常见且危险的母体血压升高）和孕期糖尿病，都可能源自母亲对胎儿在其体内释放需求的易感性。胎儿在母体血流中释放的信号会增加血压（以利于血流经过胎盘），分泌信号使母体血糖升高，使母体对胰岛素更不敏感。治疗这些疾病的新方法已经得到了遗传冲突观点的启发。

回头去看玛丽安娜的出生，我不得不反思自己对那个胎盘的看法。现在看来，赞美我的孩子能造出这种器官，是不是很可笑？也许吧。但我们确实会赞赏自己的躯体——庆祝免疫系统击退一次感染，或者骨骼成功地愈合……有一点是真的：身为父母，我们很快会知道孩子有自己的计划，而这可能和父母的道路产生摩擦。

至于伊莎贝拉的早产，克里斯蒂娜的产科医生说这不奇怪。"我们知道有些地方不对……"但是病理试验室没发现胎盘有什么问题。"为什么她会早产？"医生继续说，"我们不知道。"

出生

克里斯蒂娜为生伊莎贝拉入院没多久，一个医生带着注射器过来。里面是一种合成激素，模拟孕晚期让婴儿准备好出生的自然激素。医生拿药签擦了擦克里斯蒂娜的大腿，推入了药物。激素一开始的工作是让胎儿的肺部准备好，从在一个充满液体的子宫里静息不膨胀的状态，转为开始呼吸空气。

当哺乳动物通过产道的时候，几分钟里做了脊椎动物用了几百万年才做到的事情：它从水生生物转为陆生。不仅仅是肺的成熟；一整套为了陆地生活而演化的器官和生理系统都将苏醒。肺部开始泵入空气，循环系统产生了变化。肾脏和肝脏突然完全掌控盐平衡和解毒工作。消化道要喂饱宝宝。免疫功能澎湃而起。而且，现在，宝宝得自己维持体温了。没有胎盘的日子好难。

第七章

乳汁之道[70]

　　我应在本章如常开始前声明：以下内容与乳房无关。在近 5 500 种哺乳动物中，只有人类持续将其乳腺（无论是否发挥功能）藏在一个膨大的胸部里。科学家讨厌 n 是 1。当某个效用不明的性状为单个物种所独有（这种情形并不多见），就没有别处可以寻找与其他物种共有的生物学特征，来解释演化为何创造这种性状。[71] 如果母狮子和雌海象也有乳房，我们就能猜长着奇怪面部毛发的雄性演化出了对美型乳房的偏好，但它们没有。其他物

---

70 原文 milky way 双关"银河"和"乳汁之道"。——译注
71 尽管在更大类群中另一个性状也是一样独一无二；哺乳这件事本身也只有在哺乳动物中出现。

种都不像我们这样拥有（并痴迷于）乳房。

演化生物学家倒没有无视人类的乳房难题。只是这个问题很费劲。更大的乳房并不生产更多乳汁，乳房大小大多由脂肪和纤维组织数量决定，而非制造乳汁的乳腺大小决定，其大小和泌乳的能力没什么关系（虽然大乳房的乳汁容量稍大一丁点）。因此，乳房几乎肯定是某种信号装置，与本章的主题无关——我们要讨论的是一种营养丰富的白色液体，分泌自母亲的皮肤，用来喂养她的后代。

确实，目睹自己的伴侣成为母亲，就是目睹那神秘传奇的性信号之光，是工业革命级别的转变。如今我已两度见证克里斯蒂娜的乳房变身高效的乳汁工厂。我也同样两度经历了乳汁及泌乳成为重中之重，令人无暇他顾。

我的角色有限，只能为乳汁制造者提供原材料。这还挺适合，我在压力大的时候都会烹饪。我会尽量做些带高汤的东西，仿佛炖大骨头的味儿能让人获取力量。当克里斯蒂娜生完伊莎贝拉出院回家，一大锅什菜汤在家里等着她。

烹饪的时候，我常常沉思我们用来维持营养循环的古怪之处：克里斯蒂娜吃掉这些食物，我想，以某种方式对其进行处置——这显然需要消耗相当多的能量——然后排出一种富含营养的神奇溶液。有时候我会想，要是一对小鸟儿，妈妈和爸爸，他俩会一起把虫子丢进幼鸟张大的嘴里。我觉得自己挺没用的。

但事情就是这样。小女孩儿们需要乳汁。在她们最初的 6 个月里不吃任何其他东西。乳汁的普遍性，和我们人类特有的消耗其他哺乳动物物种乳汁的方式——在早餐麦片、咖啡、乳酪和甜点中——分散了我们的注意力，事实上，对任一种其他哺乳动物来说，乳汁都是一种特殊的物质，是一种仅演化出来用于推动生命最初阶段的溶液。

我想我一直在某种意义上意识到自己是哺乳动物，我知道自己属于一种动物，得名于（并与其他动物迥异）这种动物的雌性有乳腺。但是除了一篇名为《排乳反射》的本科论文，我对这个问题的理解此后并无多少进步。目睹了小婴儿仅以一种物质为食，我决定自学关于人类和我们的哺乳纲兄弟是如何变得依赖这种配置的。我的结论听起来很耳熟，但并非出于通常的理由：乳腺非常神奇。

乳汁怎么样？

人类独特的乳房解剖学只是哺乳动物的哺乳系统所经历的众多适应之一。哺乳动物虽然都会给新生儿喂奶，但方式千差万别。

考虑到对母乳喂养的长期依赖，有袋动物无疑是哺乳界的佼佼者。新生儿和他们选择的乳头之间的长期关系背后有独特的生理学支撑。胎盘哺乳动物吮吸会让大脑释放一种名叫催乳素的激素，所有哺乳动物乳腺都由这种激素刺激乳汁生产。但有袋动物催乳素持续存在于血液中，吮吸一个乳头会使那个乳头的乳腺单独开启催乳素受体的表达。因此只有被吮吸的乳腺才会对催乳素的循环作出响应，只有照管着幼崽的乳腺才生产乳汁。

当一只新生的赤大袋鼠完成最初两个月不间断的吮吸后，她仍然待在育儿袋中，断断续续地吸吮上四个月。接下来她不时出来熟悉外面的世界，或退回育儿袋再喝点奶，或有时把头缩在育儿袋里寻求安抚。当她吮吸的时候始终认准那一个乳头。那个乳头伴随她长大。

有袋动物哺乳期那么长，乳汁成分得逐渐发生变化。乳汁的成分不仅适合，并且在某种程度上引导了幼崽的发育。一只新生袋鼠跌跌撞撞进入母亲育儿袋时，有时会发现一个年长的兄弟姐妹已经在用某个乳头了，而有袋哺乳动物的乳腺每一个都是独立控制的，母亲可以给每个孩子提供适合它们年龄的乳汁。

科学家通过对袋鼠的交叉哺乳实验证明了不同阶段

乳汁的影响。小袋鼠换到曾哺育过较年长的袋鼠的乳头上，会发育得更快。

胎盘哺乳类的海豹演化出了令人称奇的哺乳阶段。首先，已知最短哺乳时间的纪录属于冠海豹。这种动物生活在冰岛、格陵兰和加拿大周围的北大西洋和北冰洋地区，它们在漂浮的海冰上繁殖。雌性仅仅哺喂婴儿4天。

听起来海豹妈妈不太上心，不过当你知道在4天里小海豹会从出生时的22公斤（近50磅）变大一倍，几乎每天增重7公斤（约15磅）时，或许能松口气。小海豹得到多少体重，母亲就失去多少，而且在整个哺乳期她都处于绝食状态。小海豹惊人的成长速度和适应寒冷的生活方式，很大程度上得靠长得圆滚滚的母亲，无怪它们拥有已知乳汁中最高的脂肪含量：大约60%。稠得像蛋黄酱。

人们认为，在浮冰上育幼的危机，塑造了冠海豹的快枪哺乳系统。和鲸鱼、海豚和海马不同，小海豹无法在水下吮吸乳汁，而它们必需的水上平台远不是什么安稳的儿童乐园。

与之相反，海狮——这是海豹科和海象科之外的一个单独分支——则在稳固的岸边陆地上交配并照料幼崽数月。不过和它们的冠海豹表亲一样，小海狮也会在一两天内被密集喂食富含脂肪的乳汁。它们的母亲在哺育季时不时前往海中觅食，补充体力。有些种类会一去数周，这就带来了一个问题。大多数哺乳动物在吮吸停止后，乳汁在乳腺管内积聚，就会传递一个信号，告诉哺乳腺是时候回到它的"处女"状态了。

对非澳海狮（Cape fur seals）的研究表明，其乳汁缺少一种常见的特定蛋白质。这类蛋白质（至少在培养皿里）能够诱导乳腺细胞死亡。这些海狮独特的生活方式似乎令它们丢弃了那种通常会从积聚的乳汁中放出的信号，此类信号在断奶时启动，让乳腺停工。[72]

除了海豹，母熊也会在越冬洞穴里哺育新生儿时，寸步不离长达两个月。在此期间她仅以幼崽排泄物维持生命。狮群中的母狮彼此都是近亲，会一视同仁地抚养大家的幼狮。野猪也会共同育幼。一群（这个集合名词真棒[73]）母猪还会同步孕期来实现这样的安排。

最后说说鲸鱼。鲸鱼和海豚没有嘴唇，因而发育出特定的肌肉推动乳腺，保证乳汁能挤进嗷嗷待哺的小嘴。蓝鲸的这一操作一如既往地规模拔群。它们的乳裂隐藏

---

72 至少是其中一个信号；啮齿动物研究表明或有其他信号。
73 原文为 sounder，字面意义为"发声物"，作量词时指（猪）群。——译注

在腹部浓厚鲸脂下，雌鲸的乳汁在脂肪含量和热量上几乎堪比海豹奶，而且一天生产220公斤（485磅）。在6个月的哺乳期中，幼鲸得到的能量足以满足400个成年人类同期所需。

看了那么多哺乳动物的典型哺育行为，也许有人会觉得我们能够明确描述什么是人类的"自然"哺乳行为。西澳大利亚大学的霍利·麦克莱伦（Holly McClellan）和同事试着在一项研究中这么做，比较了"两种自然选择演化出的哺乳动物，……两种被驯化、基于特定性状被选育（母牛和母猪）的哺乳动物，以及一种难以分类的哺乳动物（女性人类）"。

但是，他们的结论是不行。在不同人类社会当中，从女性哺育的频率、婴儿摄入的量，到哺乳期的长度都过于分散。就算只看传统的人类社会——没有受到发达国家普遍的文化影响——研究者也发现了没边没际的多样性。西南非洲的科伊科伊（Khoikhoi）牧人只会哺乳几个月，而澳大利亚原住民婴儿有时到6岁还在吃奶。看起来，文化无法排除。

哺乳的起源

尽管乳汁成分的多样性和哺乳时长各不相同，现存不同哺乳动物的乳腺本身却非常相似。即使没有乳头的单孔动物，基本设计也是一样的，这种同质性表明，复杂泌乳系统的出现，早在我们所知的哺乳动物出现之前。与此相一致的是，制造单孔类、有袋类和真兽亚纲乳汁的基因表明，这种基本食物的主要成分在这三个支系分开之前已经就位了。

但是这也意味着，生物学家没有过渡形态可供研究——没有哪种动物拥有某种半成品组织能分泌明显的"亚乳汁"。就像其他柔软的哺乳动物性状一样，乳腺也没有留下化石印记，或者保存完好的乳汁，北极永久冻土里头也没有冰着一盒侏罗纪去脂乳。所以我们又要回到比较发育生物学和遗传学，推断哺乳类祖先过去曾面对过什么样的难题。

最早关于乳腺潜在历史的讨论由查尔斯·达尔文发表于 1872 年。不过，并不是达尔文自己把这个主题引入了演化相关的讨论。他关于哺乳的思考，仅仅出现在《物种起源》第六版，经过了长期审慎的斟酌，旨在回应对其理论最广泛、最具破坏性的攻击。

批评来自 1871 年圣乔治·杰克逊·米瓦特（St George Jackson Mivart）的著作《物种遗传学》（*The Genesis of Species*），这是一位热忱的天主教徒，他的博士头衔是主教授予的。米瓦特并不是一个真正的圣徒——他全名就叫这个，来自那位著名的屠龙者[74]——他对这个问题的考量也并非出于宗教。米瓦特是位博学多才的生物学家，专长是灵长动物骨骼，他相信演化，但是认为人类心智是个例外，并非由演化所塑造。他难以接受的观点在于变化的机制。[75]

米瓦特主要的反对意见出现在题为"'自然选择'在解释有用结构的初始阶段上的不完备性"的章节中。乳腺在米瓦特的"有用结构"清单上名列前茅。他无法想象从没有乳腺到一个乳汁丰沛的管道系统之间那一系列中间阶段。他的其他例证包括翅膀和眼睛。他特别强调，在最早期的阶段，演化出这些东西几乎不可能有什么用处；10%的翅膀怎么能飞呢？就泌乳的情况，他写道："某个动物的幼体，从母亲偶尔增大的皮肤腺体中，

---

74 圣乔治（Sanctus Georgius）：基督教圣人，经常以屠龙英雄形象出现在西方文学艺术作品中。——译注

75 米瓦特和达尔文起初十分敬重彼此，并就演化理论互相通信，但在1873年决裂，其时米瓦特攻击了达尔文的儿子乔治（George）写的一篇文章。更为戏剧性的是，在写了一系列越来越具争议性的天主教会文章后，米瓦特最终被逐出了教会。他的书也被列入了《禁书目录》，1900年死后还被拒绝葬入圣地。不过他的朋友于其身后争取到了推翻这一决定，他们争辩说，最终杀死他的糖尿病多年来削弱了他的心智。

偶尔吸吮到一滴没什么营养的液体,它却能因而获救,这有说服力吗?"

达尔文非常重视米瓦特的观点。1872 年版的《物种起源》逐条讨论了他提出的问题。就多个性状的逐步演化,达尔文给出了他认为有说服力的设想。在哺乳系统问题上,达尔文写道,"这种和乳腺同源的皮腺将得到改进,或者变得更加有用",所以特定腺体"会比其他的变得更加发达;于是它们变成乳房,而最先没有乳头,就如我们在(鸭嘴兽)中所见一样"。这差不多形容了接下去 150 年里关于哺乳腺如何演化的研究。

但达尔文关于乳腺为何演化的推断就没有那么长命了。当时,大多数博物学家相信胎盘哺乳动物是从有袋动物演化而来的,而达尔文想知道乳头是否起源于育儿袋内。他把这个场景比作海马给育儿袋中成长的幼体哺育的系统。他认为,起初有一种无差别的皮肤腺体释放出某种幼体可以舔舐的液体,而有这种"在一定程度或形式上是营养最丰富的"分泌物的哺乳动物,会比其亲属更繁荣,它们有"更多营养良好的后代"。

今天我们把有袋动物和真兽亚纲视为表亲,而非走向哺乳动物完美性的先后阶段。而有袋动物的袋子被认为是和胎盘哺乳动物分化之后才发生的,说明泌乳演化自无袋的祖先。但是更有问题的是达尔文关于原始乳汁营养价值的讨论。达尔文以为，乳汁的远祖形式是一种滋养幼体的分泌液，因而他提出，相比如今的乳汁，其前体是种草草渗出、不那么有营养的版本。不过现在，大多数哺乳专家认为原乳或原-原乳具有完全不同的非营养功能。

讽刺的是，如果这是对的，乳汁的演化其实满足了达尔文用于驳斥米瓦特的另一个论点。达尔文知道，演化出像眼睛、翅膀或泌乳系统这么复杂的机制是个艰巨的任务，他在别处提出，也许这些复杂性状的早期形态与今日的功能并不相同。

达尔文以藤壶为例说明这个观点。[76] 他对比了两个物种：一种通过整个身体表面进行气体交换，有一对皮褶来护住它的卵；另一种则不会抓着卵（因为有壳保护），其呼吸是通过一种精细得类似肺的结构。达尔文说"没

---

76 达尔文所著的《蔓足类亚纲（藤壶）》来自长达八年苦修的第一手解剖研究。在这本书第三卷出版前的一封信里他写道："从没有人像我这么讨厌藤壶。"在今天，选择这个主题似乎有些奇怪，但维多利亚时代的英国对海洋生物明显很狂热，而达尔文殚精竭虑的第四卷则奠定了他作为一个博物学家的声誉。而且虽然他那么讨厌自己的工作，这些工作还是直接地教会了他关于多样性——其伟大理论的基石。在另一封信中他写道："我震撼于……每一个物种在某些细小程度上的每一部分的多样性，每当对许多个体的同一器官进行严格比较，我总会发现一些轻微的变化。"

有人会怀疑"类肺结构和保卵系带之间的相似性，并认为这种肺是从保卵结构演化而来。就是说，藤壶相当于肺的东西并非始于渐进式的、逐步连续改进该物种呼吸能力的生长物。相反，它是某种起初演化用于固定卵的部件，后来这个结构的表面区域延展并变得精细化（而保卵的角色没有了），起到了呼吸装置的作用。

随着演化生物学家尝试解释乳汁的来历，后来就没有什么主流的乳汁起源观点认为它一开始是为了提供营养；如果乳汁分泌和藤壶呼吸一样，那么应该寻找的是相当于藤壶保护卵的皮褶那样的东西。

这个比喻没有听起来那么离谱。自从证明单孔动物既泌乳又产卵——这意味着哺乳的演化早于胎生——以及有迹象表明最初的哺乳动物可能没有育儿袋，关于最初哺乳系统原型的理论就集中于腹部分泌液如何能让哺乳动物祖先的卵更健康。事实上，如果威廉·金·格雷戈里（William King Gregory）1910年的推断如今还有市场的话，保护卵的比喻没准还挺精确。格雷戈里认为，稠厚的腹部分泌液能将卵粘在母亲的"底盘"上。

该观点继承了恩斯特·布雷斯洛（Ernst Bresslau）的工作，布雷斯洛早些时候提出假设说，泌乳系统是在血管密集的孵卵斑（一块腹部区域，通过高度密集的血管网来保温）之后出现的，它演化出来使卵保持温暖，一开始释放出某种物质，其后进一步演化以帮助哺乳动物卵维持更高的温度。问题在于，需要非常多的加热液体流过才能加热卵，而不是相反，令其因蒸腾作用而冷却。不过布雷斯洛和格雷戈里的理论提醒我们，亲代对卵加以某种形式的照料，其演化应在泌乳之前。

20 世纪 60 到 70 年代出现了更进一步的理论。首先是 20 世纪生物学巨擘 J. B. S. 霍尔丹（J.B.S.Haldane），他认为生活在炎热干燥环境中的哺乳动物用水冷却它们的卵。霍尔丹受到印度鸟类会让羽毛滴水提供给幼鸟的启发，认为哺乳动物先祖也用水沐浴冷却它们的卵，孵化后的幼崽随后吮吸母亲毛发上的这些水，然后是汗液，再然后这些汗液演化成了一种富含营养的液体。

接下去是查尔斯·朗（Charles Long）和詹姆斯·霍普森（James Hopson）。朗提出，正在孵的卵或能吸收分泌液中的水分甚至营养物质——想想单孔动物的卵就可以收集子宫内分泌的营养——霍普森讨论了温血有可能令小型卵和刚孵化的虚弱幼仔很快脱水，意味着它们需要额外的水分来源。

这些观点中的各要素至今仍然存在，但今天的舞台本质上是两种理论的天下。它们都涉及哺乳动物先祖卵的健康问题，在某种意义上倒也不算南辕北辙。其一于20世纪80年代由康涅狄格圣三一学院的丹尼尔·布莱克本（Daniel Blackburn）和马萨诸塞州史密斯学院的维尔吉尼亚·海森（Virginia Hayssen）提出，自从人们深入理解了乳汁的分子成分，这种理论得到了很好的发展。它认为，乳汁始于一种抗菌溶液。

第二个假说来自奥拉夫·奥夫特达尔（Olav Oftedal），只要你寻找乳腺相关的生物机制，就绕不过这位科学家。奥夫特达尔综合了哺乳动物和前哺乳动物生物学的许多方面，延续霍普森的思路，认为乳汁的原型一开始是为了避免卵变得过于干燥。

我说这两种理论至少部分互补，是因为在我看来只要跨出一小步就能想象：存在一种用来给卵保湿的液体，同时也能干掉伤害卵的害虫。

奥拉夫·奥夫特达尔出生于挪威，但在美国生活了四十多年。他的研究——如今在美国华盛顿特区的史密森尼学会（Smithsonian Institution）完成——不懈追求对乳腺生物机制的理解。他描绘了大量物种的哺乳习惯，并且以亲身经历报告说，海豹奶尝起来有"鱼腥味儿"。为了解释乳腺的历史，奥夫特达尔将两条线索精心编织在一起：首先是对乳腺解剖学的详尽描述，其后扩展到我们的先祖开始做哺乳这类事的时候所面临的挑战。

我们会从解剖学的部分开始，小心：阅读以下内容时不应联想到它们和你倒进咖啡里的物质之间的关系，因为乳腺必定得和一些不那么美味的腺体做比较。

腺体是一种分泌东西的生物结构。你体内就有，比如肾上腺，体表或皮肤也有。哺乳动物身体到处都是腺体。人类有超过40种不同腺体类型。比如说，在你的嘴巴、鼻子和耳朵里，你正在制造唾液、鼻涕和耳蜡。温暖时你会出汗。多种腺体组合帮你保持眼睛湿润。头发根部的腺体滋养头发并使之不透水。而当你性唤起的时候……呃不，那你就不会正在读这本书了。

在皮腺中，乳腺在发挥功能时是最大最复杂的。根据不同物种，有1至30多个导管从乳头开口处延伸进乳房组织。这些导管称为输乳管（galactophores），它们在乳房中分岔，最终抵达被称为乳泡（alveoli）的小空囊中。实际制造乳汁的细胞排在乳泡上，通过不同方式将乳汁各成分分泌至周围空腔中。当婴儿吮吸乳头时，母亲大脑释放催产素，数层围绕乳泡的平滑肌收缩，于是从乳头挤出乳汁。这就是我在大学里写过的排乳反应。我现在仍然记得当时如何震撼于这整个系统的优美。

从演化视角来看，问题是哪个腺体在先，还有它们如何彼此关联：哪个从哪个衍生而来。人们不认为乳腺是个可能产生其他腺体的原始腺体；所以，问题就是，是哪种相对简单的腺体转变成了乳腺？

想知道这些结构各自从哪里来，核心仍在于其发育。覆盖身体的那一层一开始是相同的细胞（外胚层），然后来自外层底下细胞的局部信号会指示外胚层里的小片细胞改变身份。不仅腺体是这么形成的，全身都是如此——牙齿和头发也是从外胚层产生的。

最初一片细胞形成以后，它们开始承担某种腺体的身份，以特征性的方式变形扭曲。接下来，在邻近的细胞释放的、不断变化的信息刺激下，组成细胞会承担新的身份，每个都变得越来越特化、越来越像最终成体的样子。

就乳腺的情况来说，其构建过程始于胚胎，沿着"乳线"进行。这是两条镜像的皮肤增厚，从每个腋窝经过人类乳头所在位置，然后向下到腹部。无论一个哺乳动物有多少个乳头，也无论是人类这样长在胸部或者像奶牛那样长在腹部，它们都是沿着这两条线的；小鼠有三对乳头长在胸部，两对在腹部。[77]

---

77 少数人类拥有超过两个乳头，他们多出来的乳头也通常沿着乳线出现。我见过的唯一例外是负鼠，它们有 13 个乳头，其中 12 个排成一圈，一个在中间。

乳腺发育有三个阶段。首先，在胚胎中，细胞沿乳线突出皮肤，然后推进周围组织，钻进去并将其分支穿过底下的脂肪层。然后它们就停滞了。只有在雌性体内，它们才会进一步发育，随后在青春期激素刺激下引发第二阶段的扩张。第三也是最后一阶段仅发生于雌性怀孕时：在更多激增激素的影响下，乳腺会实现其完整功能。

乳腺和其他腺体的比较，主要集中在其发育的最早期阶段。自从达尔文开始，人们一直相信乳腺本质上是增大的汗腺，但人们反复地争论它究竟起源自哪种汗腺：是灵长类以外的哺乳动物中罕见的、渗出水汗的小汗腺（eccrine gland，一名局浆分泌腺），还是产出沿毛发流出、更富含蛋白质的汗液的大汗腺（apocrine gland，一名顶浆分泌腺）？大汗腺在人类身上比较罕见——最多见于腋下。[78]

奥夫特达尔说，乳腺无疑来自大汗腺。

大汗腺是一个三重结构的一部分，它和一根毛发（汗液沿着它排出）、一个分泌皮脂（哺乳动物的油性润滑

---

[78] 在大多数哺乳动物当中这都是量最大的汗腺，有些有蹄类哺乳动物种没有小汗腺。除了胳膊底下，我们的肛门、外生殖器、眼皮、鼻孔和耳道里部分区域也有大汗腺，而且其实乳头周围也有。细菌分解腋下大汗腺分泌的蛋白质，这是体臭的来源。

剂和阻水剂）的皮脂腺（sebaceous gland）一起构成复合体。100多年前，恩斯特·布雷斯洛——提出哺乳系统给卵保温那位——研究有袋动物乳腺的早期发育时，发现胚胎的乳腺也是三重结构之一：它与一个毛囊和一个皮脂腺相联。在袋鼠和负鼠中，毛发在早期发育后会脱落，乳头变得光秃秃，而考拉的毛会留得久一些，所以当乳头刚探出皮肤的时候，会有毛发从中穿过。

成年鸭嘴兽和针鼹的乳汁从毛茸茸的泌乳区域渗出，乳腺管和毛囊之间的关系很牢靠：毛发构成了乳汁溢出的通道。加上对有袋动物的观察，这可以被视为先祖的形态。

有趣的是，大汗腺就和乳泡一样是包裹在平滑肌细胞中的，所以在乳腺演化中把乳汁推出来的机制或许只需稍做调整，无须从头造起。

发育生物学家如今正试着确定指导乳腺发育的信号通路；部分是纯粹的研究，部分涉及是什么跑偏了导致乳腺癌。许多信号通路参与进来，某条会说"这里要长乳头"并引导最初的皮肤增厚，还有一条会下令"现在，细胞们，你们要造出分叉导管系统"来促成内部包裹。能一睹自然如何建造其自身，可真是神奇。

作为一个前神经科学家，读到一个调节大脑突触形成的分子竟对乳腺形成也至关重要，这太好玩了。咱们的身体可真能省。乳腺的进化就写在这些通路的演化重排中。演化理论现在主要拖后腿的就是缺少对大汗腺发育的对等知识……也许能从除臭剂制造商那儿要点资金。

细菌与蒸发

流汗用的甲转变成制造乳汁的乙既然可行，我们得回到这种升级为什么会发生的问题上。现在先跟随奥夫特达尔的观点，他认为泌乳系统的先驱形式，是腹部增加汗液给卵保湿。奥夫特达尔认为这发生在真正哺乳动物出现的很久之前，而我们产卵的祖先变得越来越温血，推动了事情进展。奥夫特达尔相信，这些动物的卵非常透气，更高的代谢率和体温会导致这些卵容易严重失水。

鸟类用钙化的坚硬蛋壳应付这个问题，蛋壳屏障能防止水分流失。但是出于某些原因，哺乳动物支系看来从未演化出这样的壳。人们找到了大量远古恐龙和鸟类的蛋，但从未找到过哺乳动物或哺乳动物先祖化石化的卵。先祖羊膜动物的卵可能就是透水的，对冷血动物来说这也不算什么问题——今天的蛇、蜥蜴和龟面临同样的挑战，它们可以把蛋埋在土壤或沙子里保湿。但对于越来越适应高体温活动的哺乳动物先祖来说，卵处在土壤温度没有好处。另一些现代蛇和蜥蜴把卵藏在体内直至孵化。这看起来也很合理，如前所述，这类情形演化出过很多次。但是哺乳动物先祖没有走上这条道路。也许某些先祖有过，但它们的命运是灭绝。

奥夫特达尔论证说，这些朝着哺乳动物方向演化的动物，会在孵蛋的时候为其补充水分。某些现生蛙类和蝾螈虽然不是温血，也会通过皮肤黏液腺这么做。关键或在于哺乳动物从其先祖羊膜动物那里保存下来的带腺体皮肤。通过最初类似大汗腺的腺体，这些动物排放一种液体到自己的卵上，从而防止其干燥。从这里开始，越来越多特化的分泌装置演化出来，随着幼体孵化后以分泌物为食，它逐渐演化成了某种食物来源。

现在来看抗菌阵营。在 1985 年的两篇论文中，布莱克本和海森研究了乳汁的成分，表明其中有许多类似（或者根本就是）其他皮肤腺体释放的、明确是抗菌目的的化合物。他们提出，演化出乳汁的必要步骤，是一种"通过孵卵斑（incubation patch）分泌物的抗菌特性增强了卵的存活率"带来的选择优势。

我们身体有两种对抗微生物的免疫系统。一种为"获得性免疫"（adaptive immunity），它很聪明，能够学会识别和记忆特定微生物，从而对感染的反应会随着感染而变得越来越复杂，所以你从不会两次患上同一种感冒。另一种是"先天性免疫"（innate immunity），这是一种比较古老的防御系统，由多种机制组成，动植物利用这些机制攻击或防御外来的细胞。

有些先天性的微生物杀手依赖于——此处应有鼓声——腺体分泌物中的化合物。海森和布莱克本起初聚焦于一点：α-乳清蛋白（今天它是合成乳汁中乳糖的关键角色）与溶菌酶（先天免疫分泌物的关键成分）有很密切的关系。作者们认为，α-乳清蛋白的分子先祖起初在乳汁中帮助卵抵御感染，然后获得了制糖的特性。他们还注意到其他乳汁成分也有抗菌特性。这一理论在 21 世纪第一个十年的中期得到极大发展，进一步的遗传研究发现，乳腺和介导炎症反应的腺体共享许多信号通路。一种名为 XOR 的酶引发了格外的关注，作为免疫分泌物的一部分，它会杀死细菌，但当它在乳汁中表达的时候会催化"乳脂肪球"（milk fat globules）的形成——这是幼体获取脂类的方式。

总之，随着哺乳动物先祖变得越来越温血，它们的卵不能再放着不管。腹部的一块区域开始变得高度血管化以孵化卵，有些腺体开始分泌少量液体涂在卵上。这些液体可能有抗菌的好作用，而越来越温热（而且小）的卵则受益于越来越多的分泌物使其免于干涸。然后，孵化出的幼体开始吸取这种分泌物，于是它既当保湿剂又当后孵化时期的饮食。随着时间推移，这种分泌物变得越来越有营养，曾经仅起到杀灭微生物作用的成分也朝着这个目标变异了。随着这一支系逐渐朝着真正的哺乳动物发展，动物体型变得越来越小，后代也越来越弱，哺乳变得至关重要。最后，胎生演化出来，不用再担心卵的问题，乳汁就作为一种食物被保留下来——再然后，乳头演化了出来。

在 1989 年，海森和布莱克本写道，"泌乳和乳汁起源的事实不足，使得任何演化上的解释都只是推论"，以及"也包括这个解释"。分子遗传学和发育生物学的发展能帮助澄清一些事，但泌乳的起源将埋藏在古老的历史中，它是母体供养一次性的实验。

爱的食物（与其他）

在这里设定界限对乳汁不公平。简单介绍为什么演化出乳汁有用，解释不了它为什么演化得如此有用。

在哺乳动物生物机理中，哺乳最广为引用的"副作用"可能是对牙齿的影响。大多数脊椎动物会在一生中长出新牙,替换掉磨损的旧牙齿。鲨鱼一生中会换数千次。但是哺乳动物只有两套牙齿:乳牙和恒齿。哺乳动物牙齿的关键特征(第九章会说到)是,成体的上下牙能完美咬合。这正是因为它们生长的上下颌是已经成熟的尺寸。当幼体还在吮吸的时候,咬合不佳的乳齿就够了,而一旦下巴完全长大,它就能开始生长哺乳动物特有的牙齿了。

事情并未到此为止。在1977年发表的《哺乳动物演化中哺乳的重要性》一文中,当时在牛津大学的卡罗琳·庞德(Caroline Pond)大幅探讨了这种独特的哺育模式如何塑造了哺乳动物的生理机制。她的结论是,哺乳奠定了哺乳动物许多最为深刻的适应。

庞德说,哺乳动物幼体得到了"营养丰富的食物来源,但不需要它自己觅食、咀嚼、消化或解毒",它们要做的一切只有"呼吸和排泄"。因此虽然和母亲在身体上分开了,小哺乳动物仍然可以保持一种胎儿般的营养和成长状态。这个安排看起来对双方都有利。母亲虽然还在继续养育它的后代,但身上不用揣着后代的重量,觅食和追踪猎物会更轻松。而对幼体来说,这意味着它们出生后早期的成长不依赖于自己有限的捕猎或觅食能力,而是依靠母亲的能力。这种情况和——比方说——爬行动物从卵里出来时需要面临的冰冷现实完全不同，后者必须自力更生。

不过，就能量消耗来说，这段时间哺乳动物母亲需要付出更多。在怀孕期间，哺乳动物相比平时的能量消耗只有少量增加——在人类当中是10%——而在哺乳期，能量流出会增加50%（人类）至150%（大鼠）。事实上，很多哺乳动物怀孕期间的额外能量消耗被用来制造脂肪储备，然后转化为乳汁。小哺乳动物在吃奶时比子宫内生长得更快。而许多哺乳动物需要一直吃奶，一直成长到相当于成体的一定比例时才停止。

这样的安排意味着哺乳动物会比同等体型的爬行动物更快长到性成熟。在晚些的文章里，庞德说，哺乳动物是快速繁殖、善于占据领地的物种，就像动物界的野草。这和我想象的哺乳动物形象不一样，但她说的有道理。

哺乳在这一快速的婴儿成长模式演化中的中心地位，事实上在化石记录中有体现。摩尔根兽（Morganucodon）——一种非常早期的哺乳动物，外形像小型鼩——在2.05亿至2亿年前留下了极多化石，人们得以据此分析其成长。想象一下，如果你测量了伦敦每个人的身高。大多数的数据会集中在成年人平均身高附近，但 18 岁以下人口数据会有一段延伸，表明年轻人还在成长。观察所有的数据，你可以推断人类在生长，并到达固定的成人体型——如果他们继续不停地长，你看到的数据形状会完全不同。你也可以从中估算伦敦人长得有多快。如果人类在 10 岁时到达了成人体型，那么亚成年体型的数据就会少很多。因为摩尔根兽非常常见，人们复原了足够多的化石碎片来做这样的分析，结果表明，这种早期哺乳动物生长快速，且很快就长到了固定的成年体型。

化石所言不止于此。比较相邻牙齿上的磨损（牙齿化石也可以）能看出这些牙齿磨损程度是否相同，从而得知它们是否同一时期——或磨损程度不同，说明这些牙齿有新有旧。摩尔根兽化石表明，这些动物的牙齿只换过一次，说明它们幼年的快速成长是乳汁推动的。而另一种稍微古老些的祖先则相反，其体型分布说明它成长更慢，并且一直到成年期仍然在成长。至于牙齿？它们是单个、持续地更换的。

因此，快速的、以乳汁驱动的早期成长推动着哺乳动物度过生命早期的危险阶段，更快将它们推向性成熟——投资在哺乳上的双重好处。

庞德还指出了另一个母体供给婴儿食物的优势：母

亲可以控制何时摄入必要的热量，以及何时释放热量。相比起幼体自己（比如爬行动物）或双亲（比如鸟类）持续寻找新鲜食物来满足成长中幼体的饮食需求，雌性哺乳动物可以把能量以脂肪形式先存着，等她家宝宝需要的时候再分配。

这样安排有两个作用。首先，它保护哺乳动物婴儿不受到每天食物供应随机波动的影响，就不那么容易饿死。最近的计算机模拟表明，在只能断断续续地获得食物并且很不确定的时候，这样的缓冲极为宝贵。其次，允许"现在先吃，晚点再生"的策略对长期繁殖来说是有益的。想想那只哺乳4天掉了30公斤的冠海豹：她倾泻而出的资源，来自长期的积累。或者想想母熊，由于拥有过去一年的脂肪储备，她能在洞穴里照料新生儿过冬，而幼熊可以在丰饶的春天里学习觅食。

在庞德的论文中，她对比哺乳动物式生活和没有乳腺的物种，通过尼罗鳄说明了哺乳演化的最后一个好处。一条新生尼罗鳄长仅25厘米（10英寸），但它必须立即给自己找吃的。[79] 据圣地亚哥动物园说，成年尼罗鳄"几

---

79 鳄鱼父母会守护自己的巢——身为尼罗鳄对此一定很有帮助——但它们不喂幼崽。父母供养幼崽在爬行动物当中极为罕见。

乎吃任何会动的东西"。在野外，它们通常吃羚羊、角马甚至小河马，25厘米长的任何东西都完全没可能吃这类食物。刚孵化的鳄鱼一开始只能吃昆虫，偶尔吃蛙或者蛇。然后到青年阶段它开始吃啮齿动物、鸟和蟹。结果，鳄鱼 [和其他的爬行动物——蜥蜴和鬣蜥 (iguanas) 幼体和成体的食谱也截然不同] 就必须生活在能够提供多种食物类型的栖息地，才能维持每一个生命阶段，这总会限制它们的生活区域。

相比之下，通过哺乳，哺乳动物就可以只有成体食物和乳汁两种食谱，这会产生深远的影响。这意味着它们食性可以很专一。适应了专注于一种食物来源，让它们有更强的能力去获取这种食物，并且使得新的栖息地向它们开放。它们可以自由探索各种缺乏食物的穷乡僻壤，而爬行动物那帮家伙[80]在这些地方无法立足。

庞德甚至论证说，哺乳以及它所保障的生活方式，也许对陨石消灭恐龙后地球上的哺乳动物爆发性崛起起到了关键作用。那颗小行星导致了各种气候大混乱。由于食物供应在这种环境下变得极端断续且不确定，某些

---

80 鸟类也倾向于专门化喂食，但某些吃种子的成体给幼鸟喂昆虫，这部分解释了为什么许多鸟类迁徙到昆虫丰富的地方去繁殖。

哺乳动物支系的乳汁可能成了存活的关键。

下一章我们会回到这一事实，即哺乳意味着哺乳动物的母婴间一定形成了无胎盘的纽带，并探索哺乳动物世代之间发生的额外交流。

乳腺和男人

我从未忘记那时的感觉：第一次看见伴侣克里斯蒂娜哺育我们的女儿伊莎贝拉，那一刻我尖锐地意识到了自己的生理局限。

除了一些明显是医疗状况的人类案例，关于雄性哺乳的严肃报告只有两例，发生在 20 世纪 90 年代。其中一个备受瞩目的报告是马来西亚棕榈果蝠（Malaysian Dayak fruit bats），另一个是巴布亚新几内亚的面具狐蝠（masked flying foxes，也是一种蝙蝠）。对雄性棕榈果蝠的显微镜分析发现，它们有高度发育的乳腺组织和乳管，里面含有少量但明确的乳汁。

20 年来，这些报道始终存在争议。人们担心称之为哺乳的证据是否合适——这个术语指的是主动向幼体提供食物。雄性乳房中含有的乳汁量仅为雌性的 1.5%，而且雄性乳头未像哺乳过那样"角质化"。关键雄性也从未被观察到过在哺乳。也许是这些果蝠吃的水果中含有大量类似雌性激素的化合物。尘埃尚未落定。这就是演化生物学，就算有人认为这些现象是雄性哺乳的开端，在接下来数百万年里都不能盖棺定论。

雄性哺乳动物是否已有足够时间演化出哺乳，这是安大略麦克马斯特大学的马丁·戴利（Martin Daly）提出的问题之一，他在 1979 年彻底讨论了这一主题。在《雄性哺乳动物为什么不哺乳》一文中，戴利首先评估了雄性泌乳在身体上的障碍是否特别难以克服，得出的结论是，完成这一跨越所需表面上的生理和激素调整似乎不那么难。说到底，雄性也有乳头——除非是大鼠、小鼠或马的雄性——而且在胚胎发育过程中他们也形成了基本的乳腺形式。没有什么你觉得会是演化搞不定的。[81]

此后有人认为，必需的激素改造也许会让雄性偏离目标变得雌性化，难以履行其雄性角色——比起洗手做羹汤的我，这对一只需要捍卫领地的长臂猿来说可是大事。

那么是什么阻止了雄性泌乳的演化？首先需要知道

---

81 20 世纪 90 年代果蝠报告时间比戴利的研究晚，但他坚信不存在可靠的雄性泌乳报告，这有点奇怪。一些第二次世界大战囚犯在康复过程中出现自发泌乳，因为他们制造和分解激素的结构以不同速度恢复导致了激素失衡。此外，一些精神药物和脑肿瘤也会诱发泌乳。这些报告和另一些传闻加强了戴利的论点，即雄性要哺乳也没那么困难。

一点：在90%的哺乳动物中，爸爸们不管后代。然后是父缘不确定性：体内妊娠时间长和频繁的多配偶，对于雄性哺乳动物来说，投资时间和精力在哺乳上，会冒着很大风险照料别人的后代。

话又说回来，也有许多爸爸的确抚养后代。哺乳动物父亲投入养育至少在9个不同目中独立演化出来。通常都是表现一夫一妻制的物种——雄性对自己的父缘比较确定——而且后代数量较少，可能一次只生一个。但也许男性哺乳的主要绊脚石就是从这里来的。在这种情况下父亲确实伸出了援手——使得父亲哺乳的可能性存在——乳汁供给就不再成其为婴儿成长的限定因素，因此后代或许不会从第二套哺乳系统中获益。[82]

最后，戴利谈到了鸽子。我过去曾对鸟类的平等养育抱有钦羡之情——想象它们你一条我一条地喂虫子——那时我没有意识到，鸽子无论父母都会制造一种粗糙的乳汁。火烈鸟也是，还有帝企鹅。这种被称为嗉囊乳（crop milk，又名鸽乳）的东西是鸽子嗉囊里的细胞堆积而成，

---

82 这一策略和基于产生更多后代（在哺乳动物中一窝10～20只）的繁殖策略形成鲜明对比，后者只能得到来自母亲的保护和照管，而雄性则在大度的雌性之间奔波。讽刺的是，在这样的物种里，产乳所需的热量十分珍贵，但爸爸却不见踪影。

如果用质地来定义的话，它应该被称为"鸽酪"。鸟类世界里这个现象不是很普遍，但在这几个物种中很稳定，差不多就是非哺乳动物的哺乳。

戴利认为，在鸟类中，关键的共同养育早于乳汁供应的演化，因此鸽乳演化出来以后，它适于父亲参与哺育的系统。相反，哺乳动物的哺乳者起源几乎肯定是单身妈妈。来自父亲的投资出现得较晚，而且在少数物种之中才有，并且它出现在已经特化为雄性的躯体中。因此，父亲的贡献以另一种形式出现：比如说守卫领地，或者觅食，以及引开捕食者。另一方面，钙化的蛋壳此前就已存在，也许这意味着鸟类虽然变得温血，却无须保护它们的蛋免受脱水之厄。什么能演化和什么最终演化出来是基于历史的偶合。

对于鸟儿呕出鸽乳，本能的反应是"呃！"。它很容易被当作一些与众不同的羽毛动物怪癖。不过，想想看，哺乳动物的乳汁是演化自某些动物往卵上排出抗菌汗液。我忍不住脑补要是一只梁龙（*Diplodocus*）看到我们的小个子英雄远祖蹲下身子，让小婴儿舔舐腹部分泌的黏液。它当然会想（如果它可以的话）："呃，真怪。"

说到性别差异：有件奇怪的事，尽管西方社会好多世纪以来一直是直截了当的父权制，但我们却被命名为"哺乳动物"。这支动物界中流砥柱，人类最亲密的表亲们，为何以雌性特征命名？而且说到这个，这个命名怎么来自只有一半哺乳动物才有的结构，而且其发挥功能的时候（如果有）也只占其拥有者生命的一小部分时间？[83]

卡尔·林奈从未解释过自己的选择，这留下了许多猜测的空间，特别是考虑到他并不总是在崇高的科学原则指导下进行命名。林奈以许多老师和导师命名了一些美好的植物来纪念他们，并把他最难缠的对手的名字给了一种野草。斯坦福大学的科学历史学家龙达·席宾格（Londa Schiebinger）仔细研究了林奈工作的历史环境，发现他曾卷入一场关于乳母的尖锐社会政治斗争。在 18 世纪中晚期的欧洲，富裕的欧洲人大多选择把孩子交给母亲之外的帮手，而林奈——作为执业医师和 7 个孩子的父亲——参与了阻止此事的运动。1752 年（在他提出 "Mammalia" 即哺乳纲这一术语之前 6 年），他发表了一篇论文，从多个方面抨击乳母风俗，认为这么做导致了可怕的婴儿高死亡率。在这一点上，林奈呼吁自然地

---

83 一贯明智的德国人将"哺乳动物"译为 Säugetiere，意为"吮吸的动物"，这是所有哺乳动物都会经历的阶段。

母乳喂养，强调即使是雄伟的兽类如狮虎和鲸，也会为幼崽提供温柔的母性关怀，并指出大自然自身就是"一位温柔而慷慨的母亲"。席宾格认为，林奈选择这一命名直接源于这些政治信念。

以科学家的立场，当看到哺乳以各种形式开辟的生态位、为哺乳动物生理机制开拓的道路，以及简单来说，推动新一代走向成熟的方式，我认为"哺乳动物"是个好名字。而作为一个父亲，我看到两个女儿，并回忆起她们在生命前六个月里所做的一切——每一声咿唔，每一抹摄人心魄的微笑——都是乳汁赋予的力量。我记住她们在母亲胸前的样子。我思考哺乳是如何催生了那么多海一样深的父母心。我还想，卡尔·林奈啊，以我谦卑的眼光，无论你出于什么动机，如果你当初选择的是管我们叫毛发动物、四心室动物或者空腔耳动物，那你可就错了。

第八章

孩子，注意行为！

　　大鼠很会推杆子，尤其是在它们得到训练，知道推杆子能赚到奖赏以后。行为神经科学家能根据推杆子的频率推断这种动物看重什么：推得越多，它们就越想要杆子带来的奖赏。大鼠可能会疯狂推杆子来获得成瘾药物或者含糖食物，但如果奖赏是大鼠的幼崽，不同大鼠的反应两极分化。雄性和未生育雌性大鼠对推杆子换幼崽完全不屑一顾，但新妈妈大鼠会疯狂推杆子达到每小时 100 次，直到巢里塞满了 20 个新生儿。

技术上来说，未生育雌性大鼠嫌恶幼崽——通常离得远远的，有时会踩上去或者攻击它们。当一只大鼠当上了母亲，她大脑里发生了某种重大变化，使她开始欢迎幼崽的到来。

你可能会想，"有意思。我能看出人类的情形与之有所关联。"不过，当把啮齿动物的情形外推至人类时需十分谨慎——人并不是等比例放大的大鼠。神经生物学家知道啮齿动物和人类母亲对下一代的反应方式有巨大差异（并且，事实上，许多未生育的人类非常喜欢婴儿）。但当我看到这个研究的时候，我感到我的人生从未如此与大鼠相似。

我有个朋友，十年过去了，当她想起我是怎么试着抱她儿子（并假装我喜欢抱）的时候仍然会爆笑。我努力了，我真的很努力，但就是没感觉。我试着模仿其他人——那些人唔唔说着"噢哦哦哦，他太可爱了，我简直想咬一口！"我整个糊涂了。你啥？你想吃小孩?

然后，当然了，我有了自己的女儿。我说过，为人父母是一种转变，但不可思议的是这种转变竟那么突然。伊莎贝拉出生的那天晚上，我走进 NICU 去见见我一小时大的女儿。当我把消过毒的手指放在她的小手掌上，她用手指包住它，就是这时——从我的角度来看，我的重心变了。我再也不从单一视角看待世界。我自己再也不是最重要的人了。"我们今天过得真够瞧的,"我对她说,"你过了多好的一天啊。"

现在,伊莎贝拉和她父母互动的方式变了。从纯能量的形式来看乳腺是中心,但伴随出生而来的,众多代际交换的新途径已经向她开放。

亲代投入与罕见的哺乳动物父亲

自 20 世纪 60 年代以来,动物是否关怀其后代(如果有的话,又有多少)都是用冰冷生硬的数学语言表达的。自然选择不在乎母亲或父亲的奉献如何牵动心弦,生物学家也不该这么做。父母照料明显有利于产生更强壮、更具适应性的后代——这提高了这些父母拥有孙辈的机会。但是,试图用数学方法去表达自然中看似无限多样的亲代抚育行为,研究者们面临的关键问题在于,这种照料会让父母付出代价。

他们的等式阐述了动物承担父母之职的程度,如何权衡成本与收益。收益体现在后代提高存活率与其后繁殖成功,最终提高父母的整体繁殖成功率。成本则来自照料子女花费的时间和精力,限制了父母掉头而去,进行更多繁殖的机会。从这些力量的相互作用之中,自然选择在照料后代和生更多之间求得了妥协。[84]

　　罗伯特·特里弗斯关于亲子冲突的观点正是从这类工作中产生的，他对猴子断奶的观察很好地说明了成本与收益如何影响母亲。当母亲哺乳时，她从帮助后代发育中获益，但这对她也是成本，因为在哺乳，她就没有去再生养其他后代。

　　一个关键点是，这里的成本和收益不恒定，它们随时间改变。给新生小猴（或其他任何哺乳动物）提供乳汁是必要的——收益是绝对的。但是随着幼体的发育，它们越来越能够照料自己，哺乳对母亲来说好处就越来越少，直到她在生产乳汁上的投入超过了她能从中得到的回报。

　　这并不仅仅适用于猴子。在所有哺乳动物中，理论上一个物种如何哺乳——上一章遇到过的所有情形——都由其成本和收益所塑造，这些成本和收益因该物种的特定生物机制而变化。举例来说，在繁殖季节食物充沛的哺乳动物，每天能提供更多乳汁，但资源较少的那些物

---

84 这一论点适用于亲代投资的每一个阶段，从卵黄的资源分配、筑巢、照料卵、把胚胎留在子宫里，到哺乳、协助能自行觅食的幼崽。不过，在这里我们仅关注出生后（或孵化后）的照料，认为哺乳动物的自然选择已经作用于这种繁殖策略，其基础是对有限数量的后代进行重度的出生前投资。

种哺育的时间更长。冠海豹每天泵出 7 公斤（15 磅）乳汁，仅哺育 4 天，以应对它们所面临的特殊现实：生活在极地低温下的浮冰之上。而生活在灵长动物的丰富社会团体中，猩猩会把女儿拉扯到 6 至 8 岁，在这样的环境里母女关系的价值已远远超出了纯粹的营养关系。

父母投资的任何方面都是如此：要不要照料后代、照料到什么程度，都取决于物种所处的具体环境。举例来说，大范围来看，鱼类、两栖动物和爬行动物零星演化出照料后代的情形，多出现在生活环境危险或不可预测的物种中，常常周围遍布捕食者。在这种情况下，父母守卫卵或幼体的收益足以抵消它们付出的成本。

对哺乳动物和鸟类，亲代抚育新生儿和幼鸟是毋庸置疑的。维持温血生理机制，意味着父母需要提供营养，以及通常还要帮助维持体温，否则这些幼体就会死亡。每一个哺乳动物物种（和绝大多数鸟类）的母亲都会照顾幼体。值得注意的是，以纯粹能量形式而言，幼年的哺乳动物是能量预算不足的——它们获取的能量少于消耗——而母亲则尽力获取比单独维持自身所需更多的能量。

但接下来，我们就会发现鸟类和哺乳动物之间的巨大差异：在 90% 的鸟类物种当中，雄性伴侣都会帮助当妈的雌性，而正如此前提到的，在 95% 的哺乳动物中，父亲是无所作为的。鸟类父亲普遍提供照料的情形，通常被归因于需要两个成年个体才能满足幼鸟的能量需求。鸟类常常要飞行很远寻找各种食物，母鸟也不能像哺乳动物母亲那样，能预先收集能量并储存起来，以后向幼体提供食物。加之捕食者很容易找到幼鸟，所以父母之中一个守卫、一个觅食，有明显的益处。

我们当爹的人类大多喜欢认为自己很有用，这么看哺乳动物的情形挺令人汗颜的。但话说回来自然选择不在乎我们怎么想。哺乳动物的父爱匮乏提出了两个问题：首先，为什么父亲通常不参与？其次，那例外的 5% 又是怎么回事？

首先，体内受精一般来说与父亲投资相悖。当一条雄性棘鱼看着自己的精子撒在一些卵子上的时候，他知道他即将守护的幼体是他自己的。一个雄性哺乳动物看到一个雌性完事后走了，他没法知道她接下来会干什么，他不太能确定她以后生产的后代是他的。而当雄性不太确定其父系亲缘时，他也不会投入关心。

除此之外，哺乳动物的生殖演化方式也让雄性沦为配角。雌性怀胎或哺育幼体乳汁的时候，雄性能提供的帮助有限。于是，父亲投入所带来的收益也就比较小。两个伴侣保护幼体会比一个更好吗？一个父亲能教幼崽的技能，有什么是母亲教不了的呢？

而在哺乳动物中，父亲照顾的收益得很大，因为对雄性来说，成本也很大。粗俗地讲，假定某个女人一个月睡了 10 个不同的男人，而某个男人在同等时间里睡了 10 个不同的女人。前一种情况并不会增加这个女人可能拥有的后代数量，而后一个男人则可能成为 10 个婴儿的父亲——雄性的生育潜力会随着床头计数的刻痕增加，但雌性不会。

制造大型卵子和廉价快速的精子，这两种投资本质是不一样的；两性繁殖率的这种差异，几乎在所有动物身上都存在，但在哺乳动物中尤为明显。这种不匹配深刻地影响了两性各自的生殖行为，而对雄性哺乳动物来说，掉头而去寻找新的性接触既然能有相当大的潜在回报，那就意味着留在原地的代价高昂。

我们智人很难反思行为的演化，因为我们倾向于认为行为由意志主导。我们认为大脑这个器官使动物能决定如何行动。但是，雄性鸭嘴兽并不是因为在外面有更多尾巴可以咬，才主动选择在交配后抛弃雌性；狒狒并不会深思如何繁殖和哺育，大鼠也不会合理化自己的繁殖策略。人类之外的物种在行为上有差异，但其核心功能是固定的。在 95% 的哺乳动物中，自然选择只是增殖了那些寻找更多繁殖机遇的雄性，而牺牲了那些留下来帮助带孩子的雄性。

那么，为什么人类雄性和其他5%的哺乳动物父亲又留下来了呢？父爱关怀的第一个前提，似乎是这个雄性与母亲处在一夫一妻制的关系中。已知存在父爱关怀但父母关系不稳定的物种只有3个：一种獠、一种狨和一种狐猴。

哺乳动物生活在许多社会制度中，其中存在着各种各样的交配模式。群体中的性别比例通常不同：雄性可能与多个雌性交配；雌性可以与一个或多个雄性交配。有时社会等级可能很重要，雄性为了获得接近雌性的机会，可能会干出各种事：交击角、撞头、龇牙、暴露阴囊、甩臭烘烘的分泌液、撞脖子、号叫，或者拳击。性接触可能会发生在相应季节中极为特定的时间——比如说，雌性豪猪一年中只有12个小时——也可能全年无休。在所有这些制度中，理论假定，雌雄两性的成本收益模式会决定采取哪种方案。而在这么多喧闹的性策略中，有那么一小部分一夫一妻制的哺乳动物。

有两种主流观点解释了哺乳动物中一夫一妻制的演化。一种主要是地理上的，另一种则涉及哺乳动物最丑恶的行为。

许多哺乳动物物种的雄性会杀死其他雄性的后代，那样它们就能和母亲繁殖。杀害幼体的行为的常见程度十分骇人。这是一些物种幼体的首要死因。这种情形主要发生在后代死亡会使雌性再度发情的物种中，使凶手能与之交配。因此，关于一夫一妻制的理论之一就假定这是一种雄性策略，其演化是为了防范杀害幼体。

也可能，除了防范物种内杀害幼体之外，父爱关怀对后代存活和发育有积极影响，这让父亲参与照料幼儿的一夫一妻制，好处大过了父亲失去的交配机会。

另一种观点认为，当雌性在地理上特别分散或"不容忍"其他可育雌性时，一夫一妻制就会演化为一种雄性守卫伴侣的策略。在这种情况下，雄性确保没有其他雄性能和他的伴侣繁殖后代。

为了辨别这些理论，剑桥大学的迪特尔·卢卡斯（Dieter Lukas）和蒂姆·克拉顿－布罗克（Tim Clutton-Brock）调查了多达2 545种非人类哺乳动物，并在哺乳动物家族树上描绘了它们的交配行为和父爱关怀水平。这项2013年的调查里，卢卡斯和克拉顿－布罗克推断出了229个物种演化出一夫一妻制的条件，占总数的9%。

首先，在229个一夫一妻制的物种中，94个的雄性完全不管小孩。举例来说，犬羚（dik-diks，南非一种小型羚羊）雄性完全忠贞，但丝毫不会保护、喂养或教导自己的幼崽。[85] 重要的是，一夫一妻制的物种整体数量多于一夫一妻制当中雄性具有父爱关怀的物种，这一事实表明父爱关怀的演化晚于一夫一妻制。另一种可能性是，父爱关怀先演化出来——在一夫一妻制的关系之外——然后导致父母间形成排他的关系，在这种情况下，你预期会找到表现出父爱关怀但不是一夫一妻制的物种。

他们的数据表明，是伴侣关系先形成，继之以雄性对后代的关怀，这让卢卡斯和克拉顿-布罗克开始寻找有利于一夫一妻制演化的因素。他们发现，在雌性分布得既广又距离遥远、在很大范围内过着独居生活的物种中，成对绑定的关系发展出来。当雌性这样分布时，雄性似乎难以保护多个伴侣，于是他们最佳繁殖策略就是找单个雌性结成一对。正如一位评论者所说："雌性哺乳动物定下规矩，雄性把自己匹配上她们的分布图。"

只有一个物种（一种狐猴）的一夫一妻制看起来是演化自社会生活。人类是否代表了第二个例子，这问题

---

85 这种羚羊的名字（dik-dik，谐音 dick "混蛋"）其实是它们的叫声，而不是对雄性甩手不管的评价。

仍无定论。

父爱关怀在哺乳动物中的模式表明，它在灵长目和食肉目当中最为普遍，也散见于其他目。狼和非洲猎狗（African hunting dog）通常是勤奋的父亲，他们会带咀嚼过的肉给孩子吃。小伶猴（dusky titi monkeys）一开始由父亲保护和照料，只有在梳洗和吃奶的时候才去母亲那里。卢卡斯和克拉顿-布罗克还发现，父亲在某种程度帮上忙的一夫一妻制伴侣，每年产仔数量要多于父亲甩手不管后代的一夫一妻制伴侣或独居的雌性。

联结

回到当上父母是怎么改变了哺乳动物这个问题，我们需要回到大鼠的新妈妈和她们所经历的转变。

和所有哺乳动物的怀孕一样，大鼠的怀孕也是生理适应的奇迹。整个过程的核心是性激素网络。主要有性类固醇（sex steroid）、孕酮（progesterone）和雌激素（oestrogen），还有两种从大脑基部释放的肽：催乳素（prolactin，正如其名，在乳汁制造中发挥关键作用）和催产素。

激素的首要来源是胎盘，这意味着胎儿的基因又参与了博弈，使系统向着有利后代的方向发展。不过我们将在一个安全的假定下继续——即母亲和幼儿有一个共同的目标：生下健康的后代。这些血液中的信号首先控制子宫环境，调节母体能量储备和消耗，并使乳腺准备开始行动。然后等时机成熟，它们会共同协作把婴儿推出去。但生殖激素并非就此退场：出生之后，它们还将源源不断地调节乳汁分泌、母体代谢和母亲的大脑。

实际上，在整个怀孕期间，激素作用于神经回路，母亲行为会与育儿需求同步。比如说，在许多物种中，母亲会为即将到来的新生儿筑巢。随着孕期结束，激素令大脑准备好成为完全的母亲，使大脑响应引导分娩和生育的激素海啸。

催产素这种激素得名于希腊文的"突然分娩"。催产素激增会刺激生产——人们很久以前就知道它对子宫平滑肌的作用。但在1979年，北卡罗来纳大学的科特·佩德森（Cort Pedersen）和阿瑟·普兰奇（Arthur Prange）把催产素注入未生育大鼠的大脑。结果呢？许多大鼠开始出现母性行为。如果部分模仿自然怀孕，让催产素跟在雌激素后面，这样的行为改变的出现频率会更高。

现在我们知道，催产素和雌激素，再加上一些特定的生物信号，它们共同作用在称为下丘脑的脑区。在那儿，它们提高了大脑"奖赏回路"的信号，这些信号改变了幼崽在母亲身上引发的反应。

奖赏回路是大脑中基本的部分，其功能是赋予外界对象或动物以价值，或正或负。正是这些回路使动物逃避或欢迎它们遇到的东西。有些厌恶出自本能：比如，小鼠本能地警惕狐狸的尿。但是事物被附加的价值也是可以改变的。在一个母亲的大脑中，生殖激素既能降低"处女"大鼠对幼崽的厌恶，与此同时还能激活大脑回路使幼崽变得迷人可爱。因此，催产素激增的结果是，一个母亲立即与它的新生幼崽建立了联结。

就一种分子来说，催产素知名度特别高。广为人知的简化想法认为催产素会融化恶意、升温动物的情感，这种激素被称为"爱之分子""拥抱激素""依偎化合物"。一项热门研究报告说，在玩游戏的人鼻子上喷一波催产素会让他们更信任他人。但是，正如所有试图将复杂行为归结到某一分子丰富度上的尝试一样，事情并不那么简单直接。催产素现在更多被视作一种化合物，其释放说明某个具有重大潜在意义的社会事件正在发生，它能帮助大脑更充分地响应随之而来的景象、声音和气味。

催产素深远地影响母体大脑的奖赏回路，但它与来自幼崽的信号协同发挥作用。举个例子，催产素调节了两个脑区的活动，这两个脑区涉及了母体学习对幼崽气味的识别。啮齿动物的嗅觉在社会生活中非常重要，气味信息会影响奖赏回路。此外，2015 年的一项研究表明，催产素作用于听觉中心，使大鼠母亲对其新生儿的超声叫声更敏感。

那么，我第一次握到女儿的手时，在我身上发生的改变，与大鼠妈妈发生的改变之间的相似性，可以用这些激素来解释吗？唉，可能不行。首先，在见到伊莎贝拉之前，我并没有被孕期激素过山车所支配。其次，当谈到引导父母行为时，各种哺乳动物的不同情形颇有意思。

雄性大鼠的父爱行为研究不了，它们不参与后代的养育。不过，有些研究者对父爱关怀和啮齿动物实验效用感兴趣，他们着眼于长爪沙鼠（Mongolian gerbil）、黑线毛足鼠（Djungarian hamsters）和加州白足鼠（Californian mice）的父爱关怀。对这些动物（以及较少数灵长目父亲）的研究发现，雄性激素水平也会随着父亲身份转变而发生变化：催乳素增加很常见，有趣的是，睾酮还会下降。但是在不同物种中，雄性的激素变化远不如在雌性身上那么一致，而且和行为改变之间也没有很有力的关联。考虑到也许扮演父亲角色（和当妈不一样）在哺乳动物中并非常事，它在不同支系之中的独立出现背后也许是不同的机制。而且雄性激素变化对一个父亲的生理和行为改变，或许比在雌性身上更为微妙，后者身上的改变针对的是它们所提供的特定照料。当然，父亲的贡献多种多样：从伶猴的近身照管，到雄狼带回食物，还有长臂猿父亲保卫家庭领地这种不那么直接的奉献方法。

对人类男性的研究已经发现，当上爸爸的时候，我们身上也会出现睾酮水平骤降的现象。在那些每天照料孩子超过 3 小时的爸爸身上水平最低，这说明人类雄性的生物机制真的是为父爱关怀所设计的。这又把我们带回了大鼠和人的差异。在大鼠身上进行的神经内分泌学研究，意在弄清其母婴联结的基础，这么详细的探索仅在少数其他哺乳动物身上进行过，包括灵长动物和绵羊（咦）。结果发现母婴联结保留了下来，并且十分基本；但其机制发生迁移，以适应这里提到的各种动物。

在大脑较小的哺乳动物身上（这最有可能反映原始哺乳动物的情形）有产后照料的情形，这在某种程度上可以被视为怀孕的延续。新生儿出生时既不能看又不能听，也没法向目标移动，母亲在巢中生下它们，这里可以创造一个温暖湿润的微环境。随后她的主要任务就是提供奶水和热量，以及把爬出去的幼体给弄回温暖的家。

母亲并不区分各个幼崽，她的照管也通常只持续到断奶为止。以后会提到其中存在一些有意义的行为互动，但这是后来才出现的。

相比之下，小角马出生后3分钟内就能自己站起来，5分钟后就跟着大部队奔跑了；周围徘徊的狮子和猎豹，注定它们没有余裕慢悠悠地发育。小角马的生存离不开母亲的荫蔽：大多数脱离母亲的小马只能微弱地叫着游荡，脆弱不堪，最终葬身猫科捕食者腹中。角马和其他有蹄类必须立即形成母婴联结。大多数较大的哺乳动物的新生儿（人类是个显眼的例外）的生命早期，并不能舒舒服服躺在窝里。

虽然不像角马那么让人印象深刻，但新生小羊羔也可以立即自己维持体温并走来走去。因此人们对绵羊如何形成母婴联结很感兴趣。巴里·克弗恩（Barry Keverne）和基思·肯德里克（Keith Kendrick）的研究表明，妊娠时的生殖激素仍是母性行为的核心。未生育的绵羊在雌激素和孕酮刺激下，在注射催产素之后也会变得母性十足。嗅觉也是母羊和羊羔建立联结的方式。不过关键在于，只要一两个小时，母羊和羊羔的联结就会变得相当有选择性，她会对其他羊羔表现出敌意。绵羊和角马妈妈都不会抚育别家的崽。要识别一个个体而非仅仅幼崽，意味着有蹄类的社会性气味处理更为复杂，也要求更多的智力。

回顾关于灵长目和人类的文献，克弗恩发现了与啮齿动物的更多差异。人类也会觉得婴儿好闻，但这一感觉系统所起的作用已经减弱，视觉识别变得更为重要。更重要的是，灵长动物的母性行为不再是孕期激素的奴隶——例如，照顾行为常常发生在从未怀孕过的雌性身上。克弗恩描述道，"演化过程离开了以激素为中心的行为决定因素，朝着激活情感、奖赏满足的方向进展"，并谈到了从性激素之中"解放"。大脑的奖赏回路仍然是关键，但在灵长动物身上，它们更多与大脑皮层相关，而灵长动物的皮层变大了，人类的则是巨大。这种生殖激素作用的减弱也许是一种适应——它至少部分适应了灵长动物在孕期后很长一段时间要提供母爱关怀的情形，可能长达数月甚至数年。

如果人类母亲已经从自己的生殖激素中最大程度解放出来，更多使用大脑的计算能力与情感控制回路协同工作，这似乎给人类雄性留下了更大的空间。或许——暴躁激素睾酮的急剧下降亦有帮助——我们男人能通过类似方式发展出情感依恋，这种依恋如今仍日日令我情难自已。这似乎也在某种程度上解释了我的女儿们和她们祖父母之间的情感联结，以及我们雇用的两个保姆对她们的深切关照。我还想到了我的朋友也是，他们收养了两个女婴。在自然选择借由成本收益来筛选的过程中，在各种哺乳动物身上，母爱始终如此突出且稳定。但在此之外，我们所面对的仍是一种既能产生杀害幼体行为，也能让我朋友的女儿们茁壮成长的过程。

早期学习

照顾孩子不是单向道。出生改变了母亲，而新生哺乳动物同时也具备本能行为，能在它和照料者之间产生联结。通常婴儿都能迅速区分母亲和其他成年个体，它们会试图与母亲保持亲近。大多数幼崽在被独自丢下的时候都会反抗，如果这种状况持续，它们会表现出绝望。从大鼠到海豚，母亲和婴儿都会寻求保持彼此的身体接触。

乳汁也许是出生后母亲照料的基石——有些物种，比如树鼩，母亲除了喂养幼崽之外几乎不会与之接触——但正如卡罗琳·庞德所强调的，哺乳结合了两只动物，其间得以出现学习。对许多哺乳动物物种的研究表明，母亲的照料对于健康的心理发展至关重要。

哺乳动物（在十二章将会讨论）有很大的脑，有能力学会大量东西，因此，哺乳动物的行为就不局限于僵化的本能。所有动物都具有本能行为。这是对特定刺激的固定反射——就像乳腺在被吮吸时排出乳汁一样一成不变。其适应价值显而易见，重要的是这类事不需要学习。例如，在实验室养大的小鼠不能挖洞，当它们成年后暴露在自然环境中时，它们能挖出自己物种的典型洞穴或隧道。但更发达的神经系统能使动物学会，并拓展它们的行为，远超出僵化不变的本能。

学习的方法很多，一种是试一试看会发生什么。这种试错式学习对 20 世纪中叶行为心理学发展大有帮助。通常，一根杆子能激活实验动物的奖赏回路，研究专注于这一观点，动物通过观察自己行为会产生积极还是消极后果来学习：能带来奖赏的行动得到保留，造成不想要结果的行为就被放弃。

试错式学习真实且重要，但它也孤独且耗时，需要这个动物从头开始学习万事万物，而且会有危险。一只幼小的吼猴也许会学到要避开蟒蛇，但这时它已经被蟒蛇缠绕得紧紧的了，这知识对它未来的生活没什么用处。

识别捕食者的技能最好是向周围的长辈学习。例如，小猴子和袋鼠会观察成年个体对特定入侵者的警惕反应。这样的社会学习，使行为在动物之间、不同代际之间传递。

这样的传递，我们这个物种无出其右，从文化多样性，到伊拉谟斯·达尔文对其子孙的影响，再到我女儿重复我不小心说出口的脏话……它定义了我们这个物种，但它在哺乳动物中随处可见。例如，大鼠幼崽会从母亲那里学到食物偏好。虽然这种动物什么都吃——这也是它们能在人类垃圾堆里茁壮成长的部分原因——但它们其实在尝试新口味方面十分保守。幼鼠首先通过乳汁中的味道了解母亲爱吃什么，培养出口味偏好。长大一点以后幼崽跟着母亲去觅食，母亲会用化学信号标记出适口的食物。这样一来，幼鼠最终会遵循其家族的饮食方式。

在以色列，接受饮食指导甚至使大鼠侵入了新的生态位。松树林的地面通常十分贫瘠——唯一有营养的东西就是松子。但松子总是埋在松果深处。松鼠知道如何弄出松子；而大鼠通常不会。但是，由于以色列松鼠的稀少，老鼠得以在松树林中栖身。它们在那儿剥掉了松果上的鳞片，扒出松子，大快朵颐。

特拉维夫大学的奥夫·扎哈（Opher Zohar）和约瑟夫·特克尔（Joseph Terkel）表明，不生活在这些树林里的大鼠很少能学会剥松果所需的复杂程序，把它们和熟练的松果工养在一起也无济于事。但是，如果一只幼崽被能剥松果的森林大鼠养大，它很快就能熟练地弄到松子。这个独特的森林大鼠群落，也许是某个偶然接触到剥松果技术的大鼠建立的，通过行为代际传递维持了下来。

直觉上，你可能会想象幼鼠模仿它妈妈——我们人类总把模仿视为文化传承的核心。但是模仿其实是个认知需求很高的过程。要模仿一个动作，得获取某人做某事的视觉表征，在心理上将这些信息转化为一组肌肉指令，将其重现出来。严格意义上的模仿有多普遍、哪些动物能够做到，这些问题尚无定论。不过社会学习并不一定要涉及模仿。相反，一只动物可以通过观察他者，学到外部世界中有哪些特征值得关注，以及如何有利地操纵环境。例如，大多数不住在森林的大鼠对松果不屑一顾，或者就是乱咬一气。而幼崽首先知道了松果是食物来源，然后被引导到松果正确的一端，开始尝试剥开它。到了这一步，它们才开始通过试错式的学习来获得奖赏。其他哺乳动物也会类似地在社会群体中传播学习到的行为：黑猩猩会教幼崽用树枝"钓"白蚁，日本猕猴（Japanese macaque monkey）则会在吃白薯之前先在海里洗一下。20世纪80年代，人们看到座头鲸（humpback whale）互相之间传授一种围捕小鱼的新技巧。

哺乳动物社交的复杂度，其他脊椎动物大多难以望其项背——社会性是许多物种的决定性的特征。但是卢卡斯和克拉顿－布罗克在 2013 年的哺乳动物繁殖系统分析表明，最初的哺乳动物可能是独来独往的生物。大多数物种至今仍是，所以不能说群居就是哺乳动物的生活方式。

社会生活演化出了无数次（在哺乳纲众多目中都有发现），大多数时候形成于有亲缘关系的雌性之间，而雄性则分散开去寻找新的交配机会。社会性在体型较大（因而大脑也较大）的物种中最为常见。在鲸目（cetacean）、食肉目和灵长目中最多，不过这个规则不绝对。事实上最接近昆虫那种程度的社会性——就像超级有机体那样组织起来的群落——是啮齿动物。达马拉鼹鼠（Damara mole-rats）和裸鼹鼠（naked mole-rat）生活在地下网络中，不繁殖的族群成员侍奉女王。裸鼹鼠女王生产的幼崽数量居哺乳动物之冠，通常一胎 11 只，有时能多达 28 只。

试图理解社会群体何时以及如何演化，这项工作仍主要以成本收益的数学考虑书写。为了解释那些明显为集体利益牺牲自己福利的动物，从中产生了无数争论。一般来说，收益有这几方面：提高对捕食者的警惕、更好地获取食物或者防御、对物理因素的缓冲、增加繁殖效率，以及实际上还有促进社会学习。一只孤单的狮子对付不了一头水牛，但狮群可以。群居的被捕食者能将时间分配在搜寻捕食者和觅食之间，也可以更好地防御。例如，麝牛（musk oxen）会围成一圈，成年雄性在外围，幼年个体包围在内。小型哺乳动物常常挤在一起御寒。群居带来的成本则包括：疾病或寄生虫更易蔓延；物种内部对资源的竞争加剧，社会群体有时会为食物产生激烈的冲突。此外，地位低的成员可能失去交配机会。

灵长动物有最复杂的社会功能机制和最长久的母爱关怀。通常，在女儿建立群体内社会等级的过程中，母亲扮演着关键角色，而社会等级对获取交配机会非常重要。在雌性绿长尾猴（vervet monkeys）中，母亲留在群体内时，女儿能拥有更多后代。

一夫一妻制也是一种社会联结（你在动物学文献里不会看到爱情和浪漫）。就一夫一妻制哺乳动物的神经生物学联结研究来看，雌性和雄性之间的依恋，似乎是在母亲与后代的联结基础上运行的。

玩耍

要不是我参与了一场游戏，和大汗淋漓的人们一块儿试图不用手就把球弄进网子，就不会有这本书。伊莎贝拉现在会踢一小会儿足球来让我高兴，但她更喜欢手工。玛丽安娜喜欢给玩具娃娃当妈妈。她们也都会跳舞、扮医生，一起经营一家棒极了的小餐馆；除非她俩都在忙着吓唬对方。人类会玩耍。但玩游戏不是我们的专利——也许我们还和猫猫狗狗玩——所有哺乳动物都会玩。狗、袋鼠、熊和大鼠都会打闹。叉角羚和其他有蹄类动物会打斗。果蝠们追来追去，扭打在一起。海豹在浅波中漂荡。幼年山羊和石山羊在掉下去会粉身碎骨的山崖岩石上闹成一团。在水中，河马会翻筋斗。日本猕猴一块儿丢石头。成年野牛跑到结冰的湖面上滑行，发出快活的吼声。

就最大尺度上看，玩得最多的哺乳动物脑子也最大，比如灵长目、象目、鲸目、有蹄目和食肉目，尽管许多啮齿动物也玩得不可开交。但在物种水平上，玩耍和大脑尺寸之间的关联不复存在。正相反，在啮齿动物和灵长动物身上，物种的幼年持续时长更能预测其玩耍的复杂性。

有段时间人们认为玩耍行为只出现在哺乳动物和某些鸟类中。但这可能是出于某种过度谨慎，不愿意对动物行为拟人化。自从 1981 年罗伯特·费根（Robert Fagen）写作的《动物玩耍行为》（*Animal Play Behaviour*）一书将人类之外的玩耍行为重新建立在科学基础上，人们就能在各处观察到这种行为。龟、鳄、章鱼和黄蜂都会玩。所以这又是一个在哺乳动物中高度发达但并非独有的特征。

　　一个难题是如何精确定义玩耍。它似乎属于那种滑头的现象，让人想起大法官斯图尔特（Stewart）识别色情内容的方法：看到了自然知道就是[86]。但严肃学术研究不能这么做。田纳西大学的戈登·布格哈特（Gordon Burghardt）设计了一个五点量表来识别玩耍：

　　1.玩耍是完全无作用的——它并不实现任何明确目的。

　　2.它是自发自愿且有回报的。玩耍的研究者比其他学术群体都更纠结于"好玩"是什么意思。

　　3.它与"严肃行为"有明显不同。

　　4.它是重复性的，但并非以病态方式。

　　5.压力会抑制玩耍。

　　我们也已经了解，游戏有三种形式：独自运动行为、对象玩耍和社会玩耍。但研究者是否应该单独解释每一种形式的玩耍，还是能将所有玩耍（从涂鸦到打闹）统一为共同目标下的单一过程？

　　1872年，赫伯特·斯潘塞（Herbert Spencer）提出，

---

86 1964年这位美国联邦大法官描述他检验某个材料是否属于色情内容的标准，写道，"……我不应尝试定义这类材料符合（硬核色情的）简略描述，或许永远不能成功做到。但我看到的时候自然知道……"——译注

温血动物玩耍是为了消耗多余热量。1898年，卡尔·格鲁斯（Karl Groos）认为动物玩耍是在排练和磨炼技艺，以应对成年后的严肃任务。玩耍最鲜明的特征之一，是它通常限于动物生活中特定的未成熟阶段。研究者们还在争论着玩耍为何存在，而这两个主题仍余音袅袅，虽然倒未必彼此相斥。日常玩耍也许有利于更大的能量储备，而且这些行为本身或许最终能造就更成功的成年个体。

要证明爱玩的孩子更能在成年时成功（也就是说玩耍明确有利于生存）很困难。尽管在地松鼠、熊和马的野生种群中，现在有一些支持性的相关数据。在实验室里研究玩耍就更难了。研究人员可以把大鼠幼崽单独放着不让它们和其他伙伴玩耍，但这会有大量混杂因素；而给实验对象的玩伴服药使其无法玩耍，能澄清多少问题，也有待商榷。

格鲁斯练习观点的问题，简单来说就是：小时候不能玩耍的哺乳动物，成年后同样展现出了物种特有的行为。比如被夺走操纵对象的小猫，成熟后也会正常猎杀。其他研究者认为，玩耍在大脑发育易受经验影响的时期到达顶峰，而玩耍会对这个器官的连接作出微调。这类理论常常关注运动控制和技巧的脑区。其他观点则关注游戏对塑造社会互动的重要性。

马克·贝科夫（Marc Bekoff）、马列克·什平卡（Marek Spinka）和露思·纽伯里（Ruth Newberry）在2001年发表的论文专注于哺乳动物，他们提出，玩耍的统一原则是让动物为意料之外的事做准备。他们认为，哺乳动物在玩耍时经常有目的地失去对情况的控制。通过使自己失去平衡、处于不利位置或遮蔽相关感知，玩耍之于哺乳动物的目的在于对这种失去控制的状态作出反应。这一理论的核心在于真实世界的不可预测性：捕食者、猎物和竞争配偶的对手会以多种不同形式出现、采取未知的行动，它们也会遇到不平坦的地形；意外总是不期而至。玩耍——特别是"自我设限"——帮助幼年动物长大成为更随机应变的成年体。

贝科夫、什平卡和纽伯里也强调了学习管理遭遇意料之外时的情感成分。不幸和惊骇会惊扰动物，而恐慌不利于适应。通过在玩耍中部分失去控制，哺乳动物在危险情境下或许不易过度反应。在安全场景下玩耍，既有放弃控制的激动感，又有恢复控制的愉悦，或许甚至促成了游戏捉摸不定的好玩特性。

无论游戏的确切目的是什么（这个主题现在似乎正在得到应有的严肃对待），它在哺乳动物和其他具有复杂行为的动物中的普遍性表明，神经系统需要小心磨练，这需要给定环境下有亲代照料的协助。否则很难解释：为什么我们人类大脑在前 30 年都不会完全成熟，而年少时期可以绵延近 20 年？我现在知道为什么照顾孩子的大多数时间都花在参与或照管他们玩游戏上了。

一个周六的早晨——绝对是照管多于参与的模式——我累倒在沙发上，小女孩们正在玩具之中扑腾。我想要读点什么，这时刚会走路的玛丽安娜蹒跚着朝我走来。我和她打招呼的时候感受到了时间、发育，以及生命的单向道。我所看到的是，她正在朝着成年走去，走向她生理上的黄金时期，而我正在从顶峰退下，我所能做的最重要的事，就是尽一切努力帮助她们姐妹俩成为最好的自己。

第九章

骨头、牙齿、基因和树

如果你看着一棵树——比如一棵橡树——你会发现，从树干不断分岔出的枝条构成了它的外形，那些枝条又分成更细小的枝条，以此类推。但要了解某棵特定的树，光看树的一般特征是不够的；你必须看到它生长和分枝的内在驱动力，如何在特定的时间地点呈现出它自己的样子。在一棵真正的树上，那里有一个伤痕，标志着1987年一次暴风雨带走的大树枝。这里又有一些空隙，是近期被疾病夺走的树枝。而那边密密麻麻的枝叶，填补了先前受害者的空缺。风以某种方式塑造着树的形状；某一侧因为与阳光和邻近树木的位置而更强壮一些。要理解一棵真实的树，你必须看到它的生物机制与环境的碰撞。

28岁时我搬到曼哈顿，第一周就去了美国自然历史博物馆。把我吸引到那里的是一张熟悉的面孔：博物馆正在举办的展览，追踪了查尔斯·达尔文的一生。展览随时间线展开，游客每走一步，都会经过达尔文人生中的一到两年。达尔文童年的收藏品琳琅满目，接着是他曲折多样的教育经历，然后是那封引发大事的信：意外地邀请他作为船长的同伴和博物学家，登上小猎犬号。

在这艘不起眼的船只模型边上是一幅地图，描绘了它的漫漫逆旅，游客从中可以发现，传奇的加拉帕戈斯群岛在那长达四年的旅程中原来只占五个星期。在我浏览了满满一柜子旅程的标本和图画之后，展览描述了达尔文回到英格兰时，是一个想要安定下来、实现人生成就的年轻人。接下来是一个玻璃柜子，里面放着《物种演变》（*Transmutation of*

图9.1　达尔文的笔记本 B。翻开到第36页，展示了他著名的"我认为……"草图。来源：Mario Tama/Getty Images

Species）系列的笔记本 B。

这本 1937—1938 年的皮面小本子翻开着。在页面上端是那句"我认为……"下面是达尔文尝试性勾勒的草图，描绘物种如何随着时间分化[87]。

我后来才知道这幅画很有名，当时还从没见过。我在这个展品前站了好一会儿。这可能有点讽刺，一个急着从伦敦搬到纽约的人，看着一件来自维多利亚时代英国的东西肃然起敬。但那时就是这样，我被一页纸迷住了，上面不过是再简单不过的图画和达尔文难以识别的涂鸦，草图朝众多方向发散开去，探索着他所画下的东西暗含的无穷真意。这就是智者航向新世界的现实承载；这寥寥几笔，伴随着跃然纸上的兴奋。[88]

《物种起源》出版于笔记 B 的 20 年后，其中唯一的插图就是对这幅草图的详解。在一张折页（第二章提到过）中，达尔文用假定的生物体描述了他认为物种如何随时

---

87 2020 年 11 月，剑桥大学图书馆网页称这本笔记和另一本达尔文的笔记于 2001 年已报告遗失，经多年搜索仍未找到，可能被盗。至译稿完成时尚未找到。作者参观时的展品为原件的复制品。据剑桥大学图书馆官网，这两本笔记本于 2022 年 3 月 9 日神秘出现在图书馆一处公共区域，保存状况良好并附有纸条。——译注

88 被称作"我认为……"的草图并非达尔文第一次画下这样的树枝状图，但较早时候画的那些都不如它复杂精细、注解详尽，也没有以如此诗意 / 迷人 / 谦虚的方式开头。

间而改变。在这本书里，任一特定族谱的细节都无关宏旨；达尔文想要证实的是演化的确发生了，并提出一个可行的机制来解释为何发生。一旦达成了这些目标，《物种起源》就毫不含糊地提出了一个挑战：如果所有生命形式都彼此相关，那么它们之间彼此关联的历史能被放进一整个谱系之中。

150年过去了，科学不太确定地尝试着绘制（和重绘）了这棵唯一的生命巨树。当代的描绘展现出众多你可能从没听过的单细胞有机体，只是在一些微小细枝上长出了更熟悉的多细胞生命形式。在本书中，我们只考虑其中一个分支的精细结构——包含哺乳动物支系分支的那一根枝条。约3.1亿年前自主干分离。

私底下达尔文自己也在考虑这个。在笔记本上撕下的一页上（可能写于19世纪50年代早期）有几根线条，"从有袋类和胎盘类的父母"那儿萌发的哺乳动物分支，边上有笔记强调了在这两类之间"没有中间形式"。而在《物种起源》出版一年后的1860年，达尔文在一次伊斯特本的家庭假日中给朋友查尔斯·莱尔（Charles Lyell）写的信中讨论了这棵"树"。达尔文恳请这位伟大的地质学家接受哺乳动物具有单一起源，并敦促莱尔考虑"哺乳动物（mammifers）的整个架构，无论内部还是外部的，你就会知道我为何如此坚定地认为都是从单一祖先繁衍而来"。

但其后达尔文给莱尔提供了两种发生学供其权衡。主要差异在树根部：达尔文想知道，是否所有哺乳动物都来自一个"发育度低的"有袋动物祖先种群，还是有袋类和胎盘类哺乳动物皆来自"既非真正有袋类、亦非真正胎盘类的哺乳动物"。两者看起来都有道理，于是，这封信里的达尔文占了先手，踏上了谱系发生学长存的挑战：在两个可能版本的历史中作出取舍。

用树比喻系统发生，它的小芽和叶片就像是现存物种，而硬木枝条则代表了已逝的先辈。[89] 小芽们，即现存物种，是我们今天能接触到的。为了从系统上对物种分类，我们通过它们相似的程度推断它们可能亲缘关系有多近。黑猩猩和人类明显有较近的亲缘关系，但黑猩猩和倭黑猩猩的相似度更高，所以两者一定有一个更近的共同祖先。

然后从现存者出发，我们可以推断出这些早已消逝的共同祖先的性质——比如说，在狮子、老虎和家猫身上，

---

89 达尔文的另一个笔记显示，他觉得珊瑚——基部分支都是死的——会不会是更好的比喻。

我们能想象某些可识别的猫科特性，但它们和狼最近的共同祖先呢？我们对这些早已消逝的动物的真正了解，建立在它们最后在岩石中保存下来的那点微不足道的部分。乔治·盖洛德·辛普森（George Gaylord Simpson）在1945年写道："化石是一种记录，使我们摆脱了只能在历史给定的某个时间上的结果来研究历史的局限性，站在系统发生学的整体角度考虑，这个给定的时刻纯属偶然。"

在《分类规则与哺乳类分类》（*The Principles of Classification and a Classification of Mammals*）一书中，辛普森说，他认为这是研究哺乳动物亲缘关系"最坏的时代之一"，因为现生种类之间存在"巨大的鸿沟"。化石使人们得以管中窥豹，了解到跨过这些鸿沟的远古动物，而且有时候它们很出色。陆行鲸（*Ambulocetus*）——拉丁文名意为"走路的鲸"——就是这类发现。一系列相关化石绘出了陆生四足动物向着温柔海洋动物的转变，让人们更容易接受河马与牛和鲸的近亲关系。

在此我们将哺乳动物的系统发生分为序章中讨论过的三个部分。首先是前哺乳动物时期——3.1亿年前哺乳动物和爬行动物先祖分离之后的1亿年。追溯这一时期骨骼形态的变化，就能看到哺乳动物如何从其开端的爬行动物形象中逐渐出现。我们将从身体的各种骨骼要素出发，考察它们各自的变化，直到抵达2.1亿年前那只真正的哺乳动物。

第二个时期——从哺乳动物诞生之日，到6 600万年前那个特殊时刻：一颗陨石终结了恐龙的王朝——这是哺乳动物历史的前2/3，拥有毛皮在那时是动物界下层成员的标志。但随着越来越多这一时期的哺乳动物化石被发掘出来，我们这些饱受压迫的祖先故事正在日渐丰满。

第三也是最后一段时期，是后恐龙时代。陨石撞击了地球的第二天，哺乳动物们一睁眼，忽然生活在了一个截然不同的新世界；这个世界将见证哺乳动物爆发式崛起和多样化，穷究哺乳动物拥有的全部潜能。正是此时此地，哺乳动物中有一个物种试着支撑起一个谱系，从中诞生了多达5 000余个物种的叔伯堂表亲。

前两个时期几乎尽以石化形态的牙齿和骨头写就。第三个时期的开端仍是化石，但有了更多数据可以解读现存哺乳动物之间的亲缘关系。1945年，辛普森认为"形态学数据和古生物数据（大多都是但不完全是形态学的）始终且永远都会是系统发生学研究的基础（除非在其他领域取得了意想不到且极不可能的成就）。"

然而他补充说，四种数据来源——遗传学、生理学、胚胎学和地理学——同样大有作用。关于最后一种，他提醒读者"动物如果没有共同的地理起源，就不会有共同祖先"。动物栖息地和化石发现地点是很重要的。在相邻地区发现的两个相似物种，比在地球两端发现的更可能是近亲。"有些分类者，"他写道，"否认地理对系统发生学有什么用处……但我们无须认真看待此观点。"

这话虽极具先见之明，但1945年看来完全意想不到且极不可能的成就确实很快在其他领域发生了：正如第三章提到的，DNA序列提供了追踪历史亲缘关系的另一种手段。

最早的真正哺乳动物

这里遵循哺乳动物最常用的定义，即哺乳动物有一个齿骨－鳞骨式颌关节（dentary-squamosal jaw joint）。其他羊膜动物的颌关节由两块不同骨头构成。老实说，骨头和化石很难。本质上这里的意思是，我们哺乳动物有单一骨头组成的下颌——齿骨在两侧重复——支撑着我们的下牙，直接与头骨上的鳞状骨（通常与其他头骨融合）形成关节。这个结合处形成了我们下颚的支点。在人类身上，它位于耳朵正前方。

除了名字吓人，我对骨头敬而远之还有一个原因是它和死亡之间总有根深蒂固的关联。挂在解剖教室里的骨架，看起来总像生命的对立面，不是吗？骨头，和被视为"生命"的动态过程之间，似乎关系羸弱，它是个消极被动的脚手架，有趣的事总在它周边发生。

今天我不会说自己是个"骨"灰级粉丝，但比过去要迷上了一点儿。让我们回到下颌关节。没错，这是个方便、常见的化石化解剖学标志，古生物学家能借此鉴别化石是哺乳动物、前哺乳动物或非哺乳动物。但它还有真正的重要性。齿骨–鳞骨颌关节让哺乳动物有更强劲的下颚，完成复杂的咀嚼动作。

哺乳动物变成温血以后对能量的需求大增——一只哺乳动物需要的食物是同体型爬行动物的十倍；要为这种生活方式提供能量，就需要快速、高效、尽可能彻底地释放食物的热量，而这要从咀嚼开始：咀嚼是哺乳动物生理的根基。哺乳动物和原哺乳动物化石的下颌构造不仅是个干巴巴的分类学标志，它也表明了那些动物多么善于咀嚼食物，是多么精熟的热量收集者，以及它对快速释放食物中能量的需求有多迫切。

在纽约，我站在笔记 B 跟前时的那种战栗——感觉到一团创造力的火焰于 180 年前腾起——这也正是一双训练有素的眼睛能从化石中看出来的东西。如果你了解足够多，那么从骨头和牙齿的碎片之中升起的是一只活生生的动物。无论温血冷血，食虫食草，上树还是打洞，所有这些都能从它们遗骸的坚硬之物中知晓。骨头并不是一个消极的脚手架；它同样在塑造拥有骨头者的生活，同时也被其塑造。

在走向哺乳动物黎明的那一亿年里，其目标并不是干巴巴地讨论那些形成各种关节的骨头的名字，而是揭示出相关的概念去理解这些骨头所属的动物类型。对一个活着的动物来说，它的肢关节有什么含义？而一个早已远逝的动物，关于它活着时怎样运动和呼吸，它的肋骨分布又能作出何种解释？

牛津大学的古生物学家汤姆·肯普（Tom Kemp）致力于研究生活在这一时期的原始哺乳动物，在他的《哺乳动物起源与进化》（*The Origin and Evolution of Mammals*）一书中，把这些动物分成了连续的"等级"。第一级，与它一起生活的爬行动物祖先几乎难以分辨，但后续每一阶段都越来越有哺乳动物样儿。在最宽泛的水平上，有 3 个主要的前哺乳动物等级（虽然肯普相信可以细分到 10 级之多）：简单来说，最开始是盘龙类，然后是兽孔目（therapsids），接下来是犬齿兽。在犬齿兽和真正的哺乳动物之间的模糊区域则是哺乳形动物

（mammaliaforms）。

关于这些连续阶段，我们需要了解：这并非一个单一、孑然的支系，从爬行类开端，行至哺乳动物之宿命终点。正如第二章中提到过的，每个阶段都伴随着所谓的"辐射"（见图3.2）。在讨论盘龙目或兽孔目的时候，指的是（和今天的哺乳动物一样）具有某些共同核心特征、形态各异的动物们——有小有大，食草、食肉、食虫或杂食——后面这点也和今天的哺乳动物一样。有趣的是，肯普认为这些化石表明，每个新阶段都开始于一种小型食肉动物迈出了关键一步。每一次，多样性从某个单一的点辐射开去，每一个后继的辐射最终代替了它开头那个点。这意味着一步步走向哺乳动物的生物机理，使得新的动物类型辐射成许多个物种，它们最终胜过了上一级的成员。

细究这些等级，我们将古老的骨头从前往后分——从牙齿，往后至颚和头骨的其余部分。除了头部以外，重点集中在脊柱、四肢和肋骨。所有这些结构的演化，都揭示了这些相继出现的动物类型的某些状况。

牙齿

牙齿在哺乳动物古生物学里是件大事。首先，哺乳动物的牙齿特别耐用。牙釉质涂层是哺乳动物体内最坚硬、矿化程度最高的物质，这意味着牙齿是古哺乳动物中最容易化石化、保存最好的部分。其次，牙齿蕴含的信息量惊人。通过观察一颗牙齿，专家就能说出一只哺乳动物吃什么，从而概括其一般的生活方式，并且大概了解这只哺乳动物的体型。[90]

最后，或许是最根本的一点，哺乳动物比任何其他动物类群的牙齿都多样化，使得它们的嘴不仅是捕猎装置，而且对消化过程有着根本的贡献。

我不太确定现代人能否直观理解牙齿在动物生活里的核心地位。我们很少用牙齿或嘴去和外面的世界互动；也很少直接用它们来获取食物。我们有手，还有餐具。但想想看，几乎任何其他动物与食物的第一次接触——往往也是仅有的接触——都是通过嘴。当然其他灵长动物也用手，有些啮齿动物会用前爪（还有特定的鸟类和食肉动物用爪和趾爪捕食），但大多数情况下嘴和牙齿是动物收集食物的主要手段。

---

90 我有时会想人们做的这些推论是否过于夸张。有时你会看到对某个生活在1.5亿年前的哺乳动物的超详尽描述，最后发现这些都只是从一个臼齿碎片推断而来的。这在古生物学中似乎是标准推断。它起源于1798年乔治·居维叶（Georges Cuvier）的论断，认为牙齿结构与动物所有其他机体系统相关联，从一颗牙齿中他能重建一个完整的动物。

我得承认一件事。在开始思考这一切以后，我坐在桌边剥了个橘子，掰开放在盘子里——这些程序诚然是由我灵活的手指所为——然后不用手吃掉了一片。我意识到自己移动到其上，嘴离盘子只有几英寸，觉得傻透了。但当我把牙齿凑到橘子边，事情就变有趣了。我用门齿（前面的铲状齿，用于聚集和咬住食物）把橘子拾起来。然后将其转移到口腔后部咀嚼——用臼齿的精致牙冠切磨这块水果。在这么做的时候，这枚小点心里混入了唾液中的消化酶。偶尔我的舌头在嘴里轻轻拨动这瓣橘子，用前牙再切一下。最后它终于能被吞咽了。橘子瓣不是什么有活力的食物，不需要用到我（固然能力有限）的犬齿快速刺入来固定——这类牙齿长在门牙侧面，在猫、狗、其他哺乳动物肉食者和"吸血鬼"身上。我对整个体验的自然和高效感到惊喜，于是以同样方式又吃了一瓣。

这种牙齿上的分工是理解哺乳动物牙齿的关键。三个主要分类——门齿、犬齿和颊齿（分为臼齿和小臼齿）——特化以实现不同目的。颊齿尤其精巧；有了它们，哺乳动物在祖先单纯咬住的功能外又增加了广泛的咀嚼能力。

脊椎动物牙齿最初从鱼类中演化出来，很多鱼整个从嘴到喉有数千枚牙齿。两栖动物的牙齿少一些，但仍然数量很多，爬行动物更少，但（泛泛而言）哺乳动物牙齿是最少的。与数量上的减少并行的是，牙齿越来越被限制在上下两个互补的弧里。一般来说，爬行动物的牙齿多为相同钉状结构的重复，这个长着许多相似牙齿的模式，正是最初陆生羊膜动物的样子。[91]

沿着前哺乳动物的支系前行，异齿龙——2.95亿至2.75亿年前的帆背盘龙类，经常被误认为恐龙——是个很好的开头。线索就在名字里："dimetro-"指"两种尺寸的"，"-don"则是牙齿。不过它们的牙齿表明它们应该叫"三齿龙"（trimetrodons）。这些动物有着切齿形的齿，侧面是十分尖锐的犬齿，后面还有另一种尖利的、边缘锯齿形的弯曲牙齿。这些牙齿分别可以用来抓住猎物、使其失能，然后安全地咬着不放。另一种帆背盘龙的钉状齿比较小，更适合磨碎坚韧的植物材料，因此几乎可以肯定是草食性的。

检查这些逐渐接近真正哺乳动物的牙齿，可以看出牙齿之间的差异变得越来越分明。到了下一阶段，兽孔

---

91 我不该完全否定非哺乳动物的牙齿。3亿年来，某些爬行动物支系已演化出拥有不止一种牙齿的口腔，包括现生的一些蜥蜴。然而鸟类的牙齿全都消失了。相反，鸟类演化出了砂囊：直达胃部的肌肉，内衬沙砾时可以把食物一路往下磨，效率非常高。牙齿只是加速消化的办法之一。

目动物身上三种牙齿差别更显著，早期犬齿兽的牙齿已看得出哺乳动物的样子。特别是，犬齿后面的牙齿变得越来越复杂，尤其是远端那些——臼齿的原型——演化出了单个主尖牙，侧面是附属牙。窥探这些 2.55 亿年的动物口中，会发现颊齿似乎已经成为操控食物的主力。

许多四足动物可能是吃昆虫的，它们逮住猎物咬在前牙之间，许多今日的食虫哺乳动物仍如此捕猎（这动作比捡起一片橘子要棘手多了）。不过，昆虫虽是优秀的营养来源，但好东西都在坚硬的外骨骼底下。对于碾开硬皮、弄出内脏的需求来说，演化出能压和磨的牙应该能很开心。

犬齿兽的尖颊齿还没有像今天的哺乳动物那样完美地互相契合，但正在往这个方向去。无论是用来咬住的前牙还是咀嚼的后牙，咬合——上下牙之间的精确排列——改变了牙齿的效率。"想象一下，就像用剪刀剪，"阿肯色大学的牙齿专家彼特·温加尔（Peter Ungar）说，"但剪刀的刃对不齐。"无论是咬住还是咀嚼，精确对齐的上下牙都会极大地增进效率。

除了不断演化的颌部（接下来会讨论），早期哺乳动物换牙次数的减少也促进了咬合。哺乳动物支系开始只长乳牙和恒牙以后，伴随一生的上下牙就能同时生长，完美契合。

化石牙齿研究者对上面的划痕研究得非常仔细，从中探索当动物进食时这些牙齿怎样相对移动。这些痕迹说明牙齿不能孤立看待。它们要收集食物、灵活地将其嚼碎，牙齿们需要待在一个能恰如其分地运用它们的颌里头。

颌

如果你把手指轻轻放在太阳穴上并咬紧牙关，你能感觉到一块肌肉在收缩。然后，如果你把手指下移至耳朵前面并重复，你会感觉到另一块大肌肉收紧了。这些肌肉一起为当今的哺乳动物提供了下颌运动的精细控制。两块肌肉朝不同方向拉扯，因此我们不仅能开合嘴巴，还能侧向移动下颌。后一种运动对哺乳动物的咀嚼十分关键，它花了约 1 亿年的时间才演化出来。

盘龙类动物的下颌由 3 块从前往后的骨头组成。颌的内外各有一块肌肉，下颌只能上下活动。这些肌肉从头骨上的附着处延伸到下颌最后面，这意味着它的咬合力并不很大。想象你拿着筷子。如果你从远端持筷——就像这些肌肉移动着下颌——你能在筷子另一端产生的对食物的抓力是有限的。但如果你握着筷子中间，就能更牢固地把筷子尖端并在一起。

我们在盘龙－兽孔目－犬齿兽的演变过程中看到的趋势是，首先，更强的咬合力量，然后是更精细的动作。颌外侧的肌肉扩展，成了更像是围绕下颌的悬索——它们从完全在筷子后端移到了从中间拉住。最大的下颌骨——齿骨——先是发育出一处突起，能让肌肉更好地附着，然后整体增大。第二组通往颌部外侧的肌肉开始形成。你摸着自己太阳穴时感觉到的那组肌肉一直都有，但下面那组，也就是咬肌，是哺乳动物的创新——它们最初在出现在兽孔目动物头上，而到了犬齿兽的时候则具有了重要功能。

齿骨的扩张、附着其上的肌肉增大，造就了更强的咬力，而下巴的几何形状变化转移了颌关节的张力，通过牙齿来施加更大的力，这么使力更有用。所以，随着原哺乳动物不断演化，你会越来越不想被它们咬到。

咬肌逐渐演化，起先有助于颌部稳定，然后这块肌肉发生进一步变化，能精细控制颌部的侧向移动，因此出现了新的咀嚼模式。颌部运动现在变得既有力又精细，犬齿兽颊齿从而可以变得更复杂，这种动物的嘴能越发高效地获取任何食物的热量。

在完全过渡到哺乳动物的路上，我们还得回到齿骨，毕竟这块构成颌关节的骨头是哺乳动物特征之一。齿骨一直都是下颌上主要负责维持牙齿的骨头，但它起初只是众多颌骨之一，还是前端比较细长的那一块。随着原始哺乳动物支系的演化，更多肌肉附着在齿骨上，这块骨头变得更深了，开始朝后延伸（图9.2）。结果它后面的骨头——那些形成原始颌关节的骨头——变得越来越小，因为新肌肉的方向对其施加压力变小，颌关节变得不那么重要了。最终，齿骨直接和一块颅骨相连，形成哺乳动物特有的颌关节。

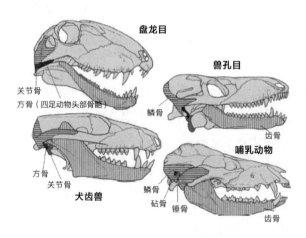

图 9.2 真正哺乳动物的到来，与新的颌关节演化有关

失去颌关节，用齿骨与另一颅骨（鳞骨）形成的新

关节取而代之，这一转变在很长一段时间里看来很不可能。理解越来越小的张力如何作用于这些关节先祖，有助于解释它的功能重要性为何逐渐消失，及发生变化的可能性。尽管如此，20世纪70年代在阿根廷发现的先关节兽（*Probainognathus*），代表了迄今为止发掘出的最优美的中间形态。这一犬齿兽化石有两个颌关节——新生的哺乳动物类型关节，就在旧的爬行动物关节旁边。

新关节允许的活动范围或许更大，为侧向咀嚼的肌肉力量提供了新的支点。不过另一种选择的力量或许也推动了它的演化。在新关节建立起来之后，齿骨后面的小颌骨，开始了它奇妙的第二职业：成为中耳的一部分——这个故事会在第十一章讲述。然而，也许在它们还是颌部的时候，这些骨头的振动已经开始促进听力了。因此，颌的重组与中耳的出现是紧密相连的。自然选择既改善了咀嚼，又增进了听觉的敏锐度——特别是对高频振动——将共同塑造形态上的变化。

鼻

往鼻子的方向去，这里有最后一个值得留意的口部创新。在你我和所有其他现存哺乳动物身上，鼻腔和口腔的空间是分开的，仅在后端相通。这两个空间都能用来呼吸，只不过鼻子还能嗅闻而嘴还可以进食。不过，事情一开始并非如此；过去那儿曾经只有一处腔体——大多数爬行动物仍保留这个设置。哺乳动物先祖演化出了第二个骨质腭。就像在一栋大型开放建筑里插入夹层，上颌两侧延伸至中间融合，分隔了口腔和鼻腔。[92]

第二层腭为什么会演化出来，这个问题众说纷纭。问题在于，它们具有多种有用的功能。首先，它们强化了上颌的力量，这可能推动了其演化起源，因为施加于颌部的力在变得越来越大。但次生颚还让哺乳动物得以同时呼吸和进食。要想避免噎着，我们哺乳动物只要在吞咽时停止呼吸即可，这意味着我们可以同时吞进食物和氧气，于是提升了我们温血动物所需的两种燃料的消耗速率。

次生颚对吮吸的作用也举足轻重。有了它，小哺乳动物能在母亲乳头周围形成真空以吸出乳汁。没有次生颚也能做到，但想要在呼吸的同时用上真空系统，就得有次生颚。

在腭的上方，鼻腔（哺乳动物的鼻腔颇大）既能嗅闻，也能呼吸。在哺乳动物身上，这两个过程皆利用了鼻腔

---

92 于是我突然想到，给多用途空间分了区，是哺乳动物躯体两头的演化都有的一个特征。

内成排卷曲、名为鼻甲骨的骨组；两者都通过折叠的骨片扩大了鼻腔内的表面积。探测气味的鼻甲骨上覆盖着能结合空气中化学物质的感觉细胞：骨头越多，感觉细胞越多，气味感知也越强。而管呼吸的鼻甲骨则覆盖着分泌黏液的细胞，位于空气流动的主要路线上，作用相当于某种天然空调。

进入鼻子的空气往往又脏、又冷又干燥。但是当空气通过呼吸用的鼻甲骨，它变得温暖，黏液吸附了灰尘，蒸发的水汽也使它变得湿润。所有这些（尤其是湿润的功能）都让肺部少受一些空气的冲击。此外，当空气被呼出时，此前融入空气的水分也会凝结回鼻甲骨，而非呼出去丢掉了。

人们早就认识到了这个过程，但传统上认为这代表了生活在干燥环境中节约水分的适应。不过，到了20世纪90年代早期，俄勒冈大学的威廉·希勒纽斯（Willem Hillenius）提出，呼吸鼻甲骨的演化是为了应对温血动物所需的巨大通气速率，否则会导致大量水分流失。事实上，同样温血的鸟类也有极为精细的鼻甲骨。希勒纽斯和同事认为，确定鼻甲骨演化的时间，能告诉我们哺乳动物支系何时变得温血。他们起初对兽孔目鼻甲骨的观点不太扎实，但后续发现似乎支持了这一观点，即原始哺乳动物确实已经拥有鼻部节水装置了。

颅

鼻子上方是脑所在的颅骨。脑是第十二章的主题，所以我在此不做展开。有一点现在值得说明：哺乳类的脑子很大，而它们是在真正哺乳动物演化出来之后才变大的。在那之前，犬齿兽的大脑可能相对其祖先也变大了一些，但这很难说，因为它们的大脑并非被骨头包裹，而是置于颅骨里的软骨颅中。

头颅之外

原哺乳动物化石化的"颅后"身体部位主要向我们传递了两个信息。首先，进一步的关键迹象说明了这些动物如何呼吸；其次，我们知道了它们的移动方式。哺乳动物发展出能同时进食和呼吸的机制固然重要，而演化出能边跑边呼吸的方式也同样意义深远。

当四足动物来到干燥的陆地上，它们的腿刚从鳍演化而来，这些肢体从体侧往外伸，它们跑起来是用鱼型先祖留下的方式。它们的躯体以水平波形式移动，这个姿势有助于把四肢往前甩。蜥蜴如今还是这样跑，它们的臀部弧度决定了其步幅。然而，这类横向身体弯曲带来了一个问题——当连续跨步时，左右肺会交替受到挤压。这么跑的动物没法边跑边呼吸——空气从挤压侧的肺挤进没被挤压的肺，然后下一步里又被挤回来。

有趣的是，这种横向弯折方式很早就丢了。观察盘龙目动物脊椎锁定的方式，能看到它们已经不能侧弯。它们也不能前后弯（就像我们弯腰去碰脚趾那样）——这出现得较晚——但脊柱表明这些动物以新方式移动，也许可以边移动边呼吸。

当哺乳动物后来可以从前向后弯曲下脊椎时，也意味着它们可能有一种快速弹跳的新步态。这么跑起来实际上能帮助呼吸，因为双肺是一起被挤压和放松的。

关于呼吸的第二点，涉及一种未能化石化的哺乳动物独有特征。只有哺乳动物在胸腔底部拥有横跨整个躯干的骨骼肌横膈膜。这层肌肉和肋部肌肉合作给肺充气。随着肋骨上移，横膈膜下移进一步扩张胸腔，更有力地吸进空气。

我们无法直接知道横膈膜演化出来的时间，但看着肋骨或能说出一二。盘龙目和早期兽孔目的肋骨一路延伸到骨盆，但晚期兽孔目的肋骨止步于胸腔尽头，说明这些动物有了这层好用的肌肉。

要理解四足动物的移动方式，要想象它就像个手推车。它们之间的本质相似在于，手推车的前轮，就像四足动物的前腿，并不能推动手推车朝前移动。推力是从后面的腿上来的。前腿的首要目标——就和轮子一样——是在前进时保持躯干离地。

除了脊柱的变化，哺乳动物移动形态的演化主要是关于那两对像蜥蜴一样从侧面伸出的古老肢体，后来怎么收回叠到了身体下面。前腿变得能更灵活地引导动物前进，而后腿则找到了新的角度来给这样的运动提供力量。

在这个过程中，大量关节、肢骨和其上附着的肌肉组织都出现了渐进的改变。从化石化的肩、髋和腿中，也能得出许多关于动物运动机制的推论。利用越来越近期的化石，汤姆·肯普重建了这一转变过程中各个中间状态的可能顺序。

盘龙的脊柱可能已有所改变，但它们沉重横生的腿并没有发生太多标志性变化。前腿连在巨大的肩胛带上，肩胛带又牢牢地系在肋骨上。后腿运动也同样受到限制。肯普写道，早期兽孔目跟着盘龙，"以现代标准来看无疑缓慢而笨拙"，但已开始发生某些根本性变化。前腿仍然突出于体侧，但肩胛带"不那么巨大"且活动更自如，肩关节特征也有所改变使前肢更灵活。这样的四肢或许不够推动动物前进，但其机动性使动物整体的灵活程度有了根本改善。

至于兽孔目动物的后部，剧烈变革正在逐渐成形。1978 年，肯普提出了他的"双重步态"假说，认为当兽孔目不需要快速移动时，走起来更像其四肢张在体侧的祖先。而当它们需要疾跑的时候，兽孔目的后腿在身体下方移动，膝关节朝前，更像哺乳动物的腿。如今鬣蜥和鳄鱼也有类似的双重步态。后腿垂直、前腿张开的说法，无疑加强了手推车的形象。

兽孔目之后，犬齿兽一开始进展缓慢，但最终后腿变得长久垂直在身体下方，晚期犬齿兽的前腿也转到了这个位置。它们的肩关节和骨盆变得也全然类似哺乳动物。肯普看到了"越来越能加速和转向"的动物。

一种动物出现

在本书开头我曾说，章节设置的方式可以是每章讨论不同哺乳动物特征，按它们分别演化出来的时间排序。上述内容非常清晰地表明这个办法为什么站不住脚：一亿年来，进食、奔跑和呼吸机制并行演化着。各种哺乳动物的典型特征互相挨着渐渐现身。

不同要素在一个较大系统中的共同演化，或许最明显的情形是进食。复杂颊齿出现后能磨碎坚硬食物，这可以看作是个突破性事件。但是，要不是伴随着颌骨和肌肉的补充性变化，这些牙很可能完全没用——事实上有可能根本不出现。

更强大灵活的颌以这种方式咀嚼，这是更大趋势的一部分：原始哺乳动物正在变成日益耗能的动物。这些动物更高效地捕食，也能大快朵颐，不需要在咀嚼时停止呼吸，增大的鼻腔里有卷曲的骨头，防止水分随着温暖的呼气流失，它们可以边跑边呼吸，横膈膜则帮忙泵进泵出更多肺里的空气。这一切都指向代谢更快、最终由更大的脑所驾驭的活跃动物。

这一姿态和步态逐渐变得越来越像哺乳动物的阶段，也展现出一种看起来更快、更有活力的动物。长久以来，人们认为哺乳动物的直立姿势比爬行动物的低姿更优越，但对爬行动物动作的详细分析表明，它们快速高效的程度也差不多。肯普认为，塑造了哺乳动物腿的选择力量使这些动物更为敏捷机动，从而应对不同地形。

最后，这些远祖们的居所也很有意思。岩石沉积物不仅含有它们遗留的牙齿和骨头；还能说明这些岩石形成时的气候。盘龙类生活在赤道附近，当时的世界所有陆地组成一块名为盘古陆（Pangaea）的超级大陆。那时的环境长期温暖湿润，对当时才（地质学意义上）刚刚离开水的动物来说不啻天赐恩惠。

相反，兽孔目动物是在远离赤道的地方演化出来的，所处的环境冷得多也更有季节性变化。这些动物一定适应了又冷又干的空气。然后，历经艰险演化的兽孔目后来又回到了赤道地区，战胜了盘龙类。

然而，环境并不仅仅随着纬度和季节变化；地球每日自转也带来影响。能忍受没有阳光的环境也帮助早期哺乳动物进入了另一个生态位——夜晚；要躲开同时期占支配地位的爬行动物，夜行是必备良策。

与恐龙同行

盘龙目最初演化出来以后，很快就成了它们时代里占支配地位的陆地脊椎动物。同样地，兽孔目也很快实现了广泛且成功的辐射。但是接下来发生了一些事：2.52亿年以前发生了地球历史上最残酷的大灭绝，清除了95%的海洋物种、大量昆虫，以及可能多达2/3的陆生脊椎动物。没人能确定是什么导致了二叠纪末期（End-Permian）的大灭绝，但大规模持续的火山喷发造成大火蔓延，摧毁了大气和海洋的化学平衡。全球暖化肆虐，整个生态系统崩溃了。末日后的化石记录表明，在新的中生代时期，生物多样性的恢复花了1000万年。

在这场大灾变中，兽孔目和犬齿兽是得益于它们越来越像哺乳动物的生理结构而得以幸存吗？这个问题尚无定论。比方说，某些获取能量的技能可能有用，有趣的是大灭绝后最常见的羊膜动物是一种穴居的、像猪的兽孔目动物，称为水龙兽属（*Lystrosaurus*）。然而在这些动物边上还有别的幸存者，将会演化成恐龙。事实上，那时是个相当盛大的演化大狂欢，通向现代蜥蜴、蛙、龟和鳄的支系都起了头。

世界已经重组。恐龙从混乱中脱颖而出，当上了陆地霸主。和盘龙目、兽孔目不同的是，当真正的哺乳动物在 2.1 亿年前演化出来时，它们还要等待 1.45 亿年才能成为干燥陆地上最主要的动物区系。

尽管本书的目的是探索什么定义了哺乳动物，以及这些东西又如何塑造了现代人类生活，但我知道，有时候我难免美滋滋地说得好像哺乳动物是一种更优越的动物。但说真的，哺乳动物在其存在的头 2/3 时间里完全是恐龙的小弟，这很好地提醒我们优越性什么的完全不是那么回事。我对哺乳动物评价甚高，但世上并非只有一种活法，而且我们必须承认，在很长一段时间里，恐龙的生物机制要胜过哺乳动物。

那么，在这段时间里，哺乳动物在做什么？直到不久之前，一般的观点都认为：没干啥。哺乳动物被认为在夜深龙静之时吃吃昆虫维持它们简单的生活，以及躲避那些爬行类霸主。化石记录有限，意味着动物组也有限。不过，这种世界观在过去20年里已经消失了。

寻找合适的哺乳动物的关键一直在于寻找合适的岩石沉积。很长时间以来，古生物学家都要旅行到戈壁沙漠去找它们。不过最近，有几处地点的发现特别棒：在格陵兰（北极圈里，会遭遇危险北极熊的地点）、南美，以及最令人印象深刻的，位于今日中国东北部，在1.6亿年前被周期性火山爆发所掩埋的岩石层。

格陵兰和中国的地点发现了大量哺乳动物，其骨骼表明它们曾占据了许多生态位。其中一个化石的尾骨表明它拥有类似河狸的尾巴，前爪有蹼，牙齿能捕鱼。另一种则有长鼻子，或许能用来吸取蚁类；还有能爬树的同族；以及一种前后腿之间有膜、让人联想到类似现在鼯鼠的滑翔生物。昆虫无疑是重要的食物来源，不过它们的食谱丰富多彩。哺乳动物学家们最喜欢的发现是一种生活在约1.25亿年前的哺乳动物，它死的时候正在消化一只小恐龙。虽然还没有证据表明中生代的哺乳动物能比獾或者小狗更大，但它们是神奇的一大群，今天小型哺乳动物会做的大多数事情，当时它们也做。

如今已有数千种中生代哺乳动物遗留物——有时是完整的骨架，更多则是颌部碎片和牙齿——最近人们对其做了比较，以构建中生代的系统发育树，用来推断哺乳动物当时的演化速度。由罗杰·克洛斯（Roger Close）带领的牛津大学团队表明，在侏罗纪中期，1.6 亿—1.8 亿年前，哺乳动物们发生了形态上的大繁荣。

　　值得注意的是，当时哺乳动物身体的变化速度比它们在恐龙时代末期快上 10 倍。克洛斯说，"我们不知道是什么引发了这次演化大爆发。可能是环境变化，或哺乳动物获得了某种'关键创新'的'临界质量'——诸如胎生、温血或者皮毛——使它们能在不同栖息地幸存和实现生态上的多样化。"这个创造性的时期同时还有已知最早的正兽亚纲哺乳类，它们是现今胎盘和有袋哺乳动物的祖先。不过岩石里还显示了许多同时崛起的哺乳动物支系，其中大多数都早已埋骨中生代，但有一个长得像啮齿动物的支系存活到了迄今 3 000 万年前。演化，显然是个无情的实验。

　　正兽亚纲动物繁荣昌盛，另一次白齿的全新迭代或可居功。"磨楔式白齿"（tribosphenic molar）出现在正兽亚纲辐射的根部，牙齿一端能剪切，另一端能研磨。这是个牙齿界的巨作。磨楔式白齿极为擅长对种子和果实的利用，这些种子和果实来自新近演化出来、在侏罗纪繁荣起来的开花植物。早期哺乳动物还经历了超级大陆盘古陆的分崩离析，地球的大陆排列逐渐开始和今天一样。

自然历史博物馆展示中生代哺乳动物的立体画中，它们以恐龙旁边精明的小动物形象出现；那个世界整体上的效果，是一种令人震惊且战栗的陌生。相反，关于过去 6 600 万年的想象场景图，乍一看好像很熟悉，细看之下才会发现它们的陌生感——犀牛形的野兽头部很古怪，猎食者的牙齿长得骇人，马儿太小，犰狳太大，羚羊的角怪里怪气。怪处都在细节里，而哺乳动物的基本类型已经无甚奇异。

我们能认出的这些类型，对应着今天 5 000 多种胎盘哺乳动物的 17 个目，每个目都反映出一类特定生活方式的哺乳动物。那里有牙齿不停生长、啃个没完的啮齿动物，会飞的蝙蝠，灵长动物，从食肉到食虫动物，直到最小的目，分别包括穿山甲（pangolins）、食蚁兽和鼯猴（flying lemur）。朝着当下一路过来会发现一个问题：这些现存的目，它们小型先祖们是在恐龙时代已经存在，还是现代动物们都是在恐龙们死于致命陨石之后才出现的。[93] 这

93 当然，除了那些作为鸟类幸存下来的成员。

254

场被称为 KT（Cretaceous—Tertiary，白垩纪—第三纪）边界的大灾变是哺乳动物历史上的大事件，但什么样的动物学创新产生今天这些哺乳动物，其确切性质如今仍充满了惊人的谜团。

活着的

如果说，达尔文在给查尔斯·莱尔的信中追问哺乳动物系谱里早已消失的根源，预示着生物学家总要在各个历史场景中作出选择的话，那么根据现生物种形态学推断其间关系的初次尝试，早已充分证明了这一点。

最早的系统发生学，是由圣乔治·米瓦特提出的（是的，就是那个怀疑演化不能鬼斧神工地塑造出哺乳动物乳腺的圣乔治·米瓦特），他受到达尔文的启发，开始着手确定灵长动物的物种间关系。一开始，他基于灵长动物脊柱间的相似性和差异，在 1865 年发表了 29 个不同物种的家谱，其中也包括人类。

但后来，米瓦特又发表了历史上第二个系统发生树。这一次还是灵长动物，但他的推断是基于四肢，结果这棵树就和第一次截然不同。

通过比较现存物种重建历史的困难立即祖露无遗。要揭示真正的祖先，怎么才能决定是脊柱好还是四肢好？

不同的数据集又该如何结合到一起？人们提出的解决方案总是更多的数据、更多的分析。没有一个单一性状——无论是脊柱、四肢还是胎盘——足以在遗传学上安排好现存哺乳动物的那一大摊子。权衡清楚亲缘关系的亲疏远近，需要分析现存和灭绝物种的诸多方面——形态学、发育、分布、生理学和遗传学。

不过如辛普森在其 1945 年开创性的哺乳动物分类中所讨论的，主要问题在于趋同演化。比如说，有袋类和胎盘类哺乳动物的辐射产生了非常相似的动物。袋狼（thylacines）——又名塔斯马尼亚狼（或虎）——和胎盘类的狼之间的共同特征，多过了它们与袋鼠的共同点。然而，袋狼和袋鼠之间确有共同之处（比如生殖方式）是"更基本，或更重要，或更为本质"，因此这些特质有更高的权重。

辛普森的分类为接下来半个世纪里的哺乳动物系统发生确立了标准。他把哺乳动物分成 18 个目——单孔目一个，有袋目一个，剩下的正兽亚纲动物分为 16 个。目一般是没什么争议且明显的类群，比如灵长目、啮齿目和长鼻目（proboscideans，包括象和它们灭绝的亲属）。难的是解释这些目之间的联系。为此，辛普森提出了 4 个大小悬殊的真兽亚纲"部"（cohorts）。一个仅包括鲸目，一个结合了啮齿动物、兔及其亲属；我们人类和灵长目表亲在第三个大组，其中也包含蝙蝠和食虫动物，还有南美树懒、食蚁兽和犰狳，再加亚洲穿山甲（Asian pangolins，或 scaly anteaters，又名鲮鲤）。第四组则包括了其余所有，包括有蹄类（ungulates，有蹄的哺乳动物）和食肉目（carnivores，包括猫、熊、狼和海豹），化石发现似乎表明它们有很近的亲缘关系。

20 世纪 50 年代以来，系统发生学包含了更多统计信息，辛普森的分类阶段性地会有微小至中度调整，但总体上来说仍屹立不倒。当迈克尔·诺瓦切克（Michael Novacek）在 1992 年发表另一个里程碑式的发育树时，它和辛普森的系统发生学并无巨大差异。除了这个族谱，诺瓦切克的文章（题为《哺乳动物系统发生：撼动发育树》）调查了人们试图运用新技术验证和挑战它的各种方式。很快，某些分子生物学研究说豚鼠不是啮齿类，还说有袋类从胎盘类分离之后单孔目又从有袋类分离——此后诺瓦切克就对蛋白和 DNA 序列的研究持怀疑态度。

但在 1997 年，遗传学数据最终没有"撼动"这棵树——它强有力地重排了主要枝干。一项发表在《自然》上的新研究题为（很调皮）《地方性非洲哺乳动物撼动了系统发生树》（Endemic African mammals shake the phylogenetic tree）。这项研究撕开了此前建立在共同形态基础上的两个类群，建立了基于地理的新群。

此前，表面上大相径庭的象、食蚁兽、海牛（manatees）和儒艮（dugongs）之间找到了共性，意味着它们被分到了一起，近些时候，它们被和神秘的蹄兔联系在了一起——这是一种体形健硕的小食草动物，看起来好像把松鼠的头和四条短腿儿粘在兔子的身体上。这下它们突然有伴儿了。

象鼩，名字来自它的长鼻子（不是超大的鼩鼱）一直被当做食虫动物分在普通鼩鼱、刺猬和鼹鼠一起，而金鼹和马岛猬则通常放在啮齿动物那里。加州大学河滨分校的马克·斯普林格（Mark Springer）和同事对哺乳动物的 5 个单独基因进行了广泛的 DNA 序列分析，发现象鼩、金鼹和马岛猬，与象、食蚁兽、海牛和儒艮几乎可说是近亲。把它们联系在一起的，是非洲。

根据遗传学数据，这个由天差地别的哺乳动物组成的类群，代表了一个源于单一祖先的单个哺乳动物辐射。非洲与其他大陆隔绝了数百万年，这些支系代代演化，填补了众多生态位。虽不至于出现所有可能的哺乳动物类型，但为数实在不少。这与有袋类和正兽亚纲哺乳动物的趋同形式相呼应，因为非洲大类产生的动物们看起来和其他大陆上独立演化的哺乳动物非常像。

然后到了 2001 年，斯普林格的研究小组更全面地革新了哺乳动物的系统发生学。这项工作与美国国家癌症研究所（US National Cancer Institute）史蒂芬·奥布莱恩（Stephen O'Brien）团队的研究一起发表，后者也得出了相同结论。调查遗传学的大量数据——数据如此之多以至于把它们整合在一起就花了十年——这两个团队认为胎盘类哺乳动物最好被描述为四个独立辐射：

1. 非洲兽总目（Afrotheria），这是起源于非洲的这个大类的新名字。

2. 异关节总目（Xenarthra，或称贫齿总目），包括了没牙的南美树懒（South American sloths）、食蚁兽和犰狳。

3. 劳亚兽总目（Laurasiatheria），命名来自劳亚古大陆，这片超级大陆曾包括了今天的北美、格陵兰、欧洲和亚洲的大部分，在那儿演化出了食虫动物、食肉动物、有蹄类、鲸类、穿山甲和蝙蝠。蝙蝠从灵长动物中被丢出去又是奇事一桩。这两个类群一直被认为是很近的表亲。

4. 灵长总目（Euarchontoglires），这里包括了人。这一辐射包含灵长目和一些近亲，还有啮齿动物和兔形目（兔和它们的亲属）。[94]

相比形态学，DNA 的优势是能产生大量明确的数据。在数千个序列中，每一个碱基都是确定无疑的 A、C、G 或者 T。然后在比较物种的时候，每一个 A、C、G 或 T 的作用都是单个性状。此外，这些数据当中许多不受到形态学的影响；例如，遗传变化对表型的影响可以是中性的，自然选择看不见它们。此外也许更重要的是，虽然选择会推动动物在形态上趋同，但是它们通过相同的遗传变化来趋同的概率极低。

这两篇论文彻底改变了哺乳动物的系统发生。深入挖掘现生哺乳动物的遗传学，地理突然被推上了前台，不过这完全合理。而结果又说明了哺乳动物带着自己那套家伙什儿，怎么各自独立地趋向于相同的形态。

不过这棵树仍然让不少人想破头——比如说，还没有一个单独的形态学标记可以明确将已经找到的非洲兽们标记成非洲兽。此外，遗传学也没有澄清所有问题。在剩下的问题中，通向今日四个总目的支系彼此分离的

---

94 回想本书的开头，胎盘哺乳动物的睾丸外化，似乎发生在第三、四组与有阴囊的非洲兽总目和异关节总目分离的时候。

顺序仍不清楚。劳亚兽总目和灵长总目无疑构成了一个更大的北方类群，但非洲兽总目和异关节总目谁分支在先，还是这棵树上的分支一分为二、非洲兽总目和异关节总目有自己独有的共同祖先，都仍然存在争议（见图9.3）。

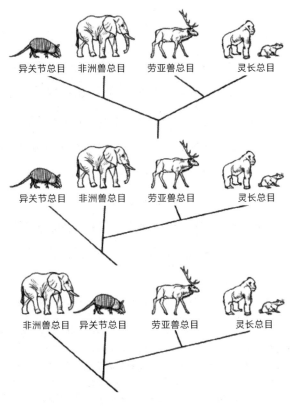

图 9.3 四个胎盘哺乳动物主支间的确切关系仍不确定

此外，劳亚兽总目有些部分的精确分支模式仍不清楚，另一些分支点也是如此，其一就是蝙蝠究竟应该在哪里。[95] 但最突出的争议涉及主要分离发生的时间。不仅是这四个大类起源的时间，还有所有现存胎盘类哺乳动物的最后一个共同祖先生活的确切时间。[96]

生日快乐

分子研究估计的支系起源一贯远早于古生物学家。DNA 序列的变化速率——莱纳斯·鲍林和埃米尔·扎克坎德尔研发的分子钟——似乎比化石所显示的要慢得多。[97]

但化石有一个问题。比如说，已知最早的蝙蝠化石是在 5 200 万年前的岩石中发现的。这不能告诉你蝙蝠有多古老，只能告诉你蝙蝠至少有 5 200 万年的历史了。很可能外面哪里还有更老的蝙蝠化石。但是到底有多老？分子生物学家总是说，老得多了——只是那些拿着铲子

95　蝙蝠的历史特别愁人；除了复杂的遗传学，它们出现在化石记录中的形态一直相对完整，没有已知的过渡形态。

96　关于有袋动物确切的谱系发育同样争论激烈，特别是关于大洋洲和美洲族群之间的关系问题。

97　推断历史谱系一直是概率题，但今日的数学实在匪夷所思。今天，分子发育学被高等数学模型和复杂统计学主导，模型采用的假设对结果影响很大。有一次我在一个研讨会后排看演讲者讨论胎盘哺乳动物的年龄，眼看着随着每一页幻灯片应用不同的方法论，上面的家族树就像手风琴一样膨胀收缩。

镐头的人还没找到罢了。通常古生物学家会回答，"是，我们是还没有翻遍全球，但我们也已经仔细调查了，蝙蝠不可能有那么古老……"气氛立时一僵。这不仅是蝙蝠或者哺乳动物的问题。在动物的演化、脊椎动物的出现等问题上都有类似的对话。

所有分子数据表明，胎盘哺乳类的四个总目，每一个都起源于恐龙消亡之前。但到化石上，在 KT 边界之前的化石没有一个能毫无争议地当上胎盘哺乳动物某个现存目的祖先。

一项 1999 年提出的基于 DNA 的提议认为，现生胎盘哺乳动物于 1 亿年前分化，大多数现代的目都应出现在 KT 边界之前；有鉴于此，圣地亚哥州立大学的戴维·阿奇博尔德（David Archibald）和道格拉斯·多伊奇曼（Douglas Deutschman）提出了三种可能的场景，分别称为"短引线""长引线"和"爆炸"模型（图 9.4）。头两个场景认为现生胎盘哺乳动物的祖先深深扎根于中生代，而最后一种则假设只有一个支系后来发展为现代哺乳动物，从大灭绝之中幸存了下来，并且在一个没有恐龙的世界里爆炸性地繁荣昌盛。

化石记录似乎支持爆炸的模型，而 2013 年，一项结合了形态学和分子数据的研究也支持这一观点，认为所

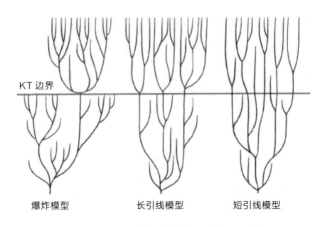

KT 边界

爆炸模型　　　　长引线模型　　　　短引线模型

图 9.4　胎盘哺乳动物辐射的特征和时间仍有争议

有胎盘哺乳动物都是在后恐龙时代才诞生的。但许多分子生物学家攻击这项研究，认为它对形态学的侧重太不合理，这要求哺乳动物基因组在恐龙灭绝以后要以堪比病毒的速率进化——比动物的常规速度快 60 倍。

和爆炸模型相对的，许多基因研究表明，胎盘类支系起源早在中生代。短引线模型则认为，今天的主要胎盘哺乳动物支系，都是在最早的胎盘哺乳动物生活时期后不久出现的。倾向于这个场景的最激进的研究认为，恐龙消失对哺乳动物的多样性只有很小的影响。

相反，长引线模型则认为，哺乳动物谱系的主干建立自恐龙灭绝之前，但一直都保持很低的多样性，直到陨石撞击地球之后才开始繁茂昌盛。在这个模型中，这些支系在基因上分离，但其形态并未分化，所以它们没有被识别为现存后代的祖先。

因此，短引线模型认为许多中生代哺乳动物化石被遗漏了；长引线则认为，极少数稀有的动物化石没有得到发现，或者现有化石鉴定有误。有时候人们会说起某个"伊甸园"假说，即所有这些哺乳动物的目，是在某个从未发现过化石记录的地方演化的。

这场三方辩论很可能旷日持久。近期的化石研究进一步支持了后恐龙时代爆炸的说法，但也少有研究者否认多样性大爆炸的引线早在中生代就点着了。总体而言，长引线模型看似占了上风。此外，一些对DNA的新解读，估算出了胎盘哺乳类近得多（但还是在中生代）的起源。

同样，大多数研究者还是同意那句科学界的老生常谈：需要更多数据。分子生物学家和古生物学家得继续寻找新的合作方式，以及整合双方的贡献——后者可能还是得找到更多更多的化石。

当然，我们信心十足地画出的哺乳动物族谱，只是对3.1亿年的现实所做的漫画式勾勒，但这是个惊人的成就。这棵巨树的外形，来自演化内在的分支力量，与哺乳动物内在生理机制与无穷无尽外来影响的碰撞——两次灾难性的大规模灭绝（加好多次较小的灭绝事件），恐龙的演化和恐龙的消亡，开花植物的到来，后来还有草，变化的气候，以及大陆板块构造的碰撞。

当查尔斯·达尔文在《物种起源》里加入他假设的系统发生学时，他让树的根部空着。他相信，有些东西早已深深埋藏在历史之中，我们永远也不可能知道。我想他一定会很喜欢我们如今对哺乳动物历史的深入挖掘，以及他的后辈们如何孜孜以求，尝试着填满这些空白之处。

第十章

暖甚且添衣

　　数千只角马自水边蔓延开去。苍翠绿岸之川，切开了深黄棕绿的无尽原野。前排的角马低头饮水，鼻子一抽一抽，一眨不眨地扫视水面。河里有鳄鱼，很饿的鳄鱼。

　　但角马必须喝水。而且，由于它们每年要在肯尼亚和坦桑尼亚迁徙 1 600 公里（1 000 英里）寻找雨水滋养的鲜草，它们必须不时渡过河流。这是与鳄鱼截然不同的生活，后者只需原地等待游牧有蹄动物的到来。

　　最大的鳄鱼领导捕猎。它的战术是悄悄接近，然后从水中突袭。到目前为止，它已经发起了好几次猛攻，但角马闪电般的反应让它们每一场埋伏都无功而返。

　　在对岸的树上，我屏住呼吸，感觉双手抓紧了双筒望远镜。我再次茫然紧盯那根浮木——要么是巨大的鳄鱼——眼看着它朝岸边飘去。

开玩笑的，我要抓也就抓个披萨。但克里斯蒂娜和我确实坐在沙发上给我们的哺乳动物表亲加油，它们身后正蹑着冷血杀戮的猎手。随着大卫·爱登堡（David Attenborough）的解说，每一次鳄鱼的失败都让我们大松一口气。

但那不是浮木。哗啦！鳄鱼得到了它想要的——角马的左后腿夹在了它的大颚之间。鳄鱼把它的受害者扯倒，然后迅速钻进了水下。年轻的鳄鱼从四面八方越过河水前来帮助屠戮。十几个巨颚撕碎了角马。"鳄鱼不能咀嚼，所以它们会一起翻滚把尸体撕碎，"爱登堡爵士说，我们看到一条巨大的尾巴从河里冒出来，然后又冲回了水中。

最后是第一个袭击者的快照。它胜利者般地一仰头，吞下了一整只角马腿。它完全没咀嚼。随着蹄子在它口中消失，响起了爱登堡的结束语："在明年角马们回来之前，它不会再吃任何东西。"

接下来一周里我和别人讨论剧情时，这最后的评说令人难以置信——"真的吗？""一年就吃一顿？"是真的。

最大的鳄鱼可以一年不进食，吃一肚子角马足以让它们的冷血身体代谢 12 个月，剩下还够明年的捕猎用。

相比之下，如果一只普通鼩鼱（common shrew）超过 5 小时不进食，它就会死。鼩鼱每天要吃自身体重 2～3 倍重量的食物。"鼩鼱的生活，"《大英百科全书》（Encyclopaedia Britannica）写道，"极大部分由疯狂收集食物组成。"这是温血的代价。

当然尼罗鳄和鼩鼱之间还有其他的不同点。最值得强调的是前者有 5 米（16 英尺）长，重达 700 公斤（1 540磅），后者大概长 7 厘米（少于 3 英寸），重约 10 克（0.35盎司）。在涉及体温问题的时候，体型很重要。

尽管如此，用对等动物做比较的结果也一样神奇。哺乳动物界的顶级捕食者——虎，每 2～3 周就需要大吃一顿，它也不能开张吃一年。和鼩鼱体型相近的豹纹守宫（leopard gecko）则可以几周不吃东西。

一般的经验法则是，和冷血脊椎动物相比，差不多大的温血哺乳动物或鸟类要消耗高达前者 20 倍的热量。

从早期羊膜动物到哺乳动物，眼看着越来越机动、越来越高能的动物沿着化石道路出现，确实很令人兴奋，但它们的生活方式也变得越来越昂贵：多出 20 倍的卡路里消耗对能量预算来说是笔大支出。今天，就算坐着不动——仅仅只是因为比环境更热——就会让哺乳动物消耗高额热量。因此，搞清楚是什么推动了我们的祖先承受这种昂贵的生理机制，长期以来都让生物学家感到困惑。第一个问题是，究竟什么样的原因能使这么大的代价划得来？

我们仍不确定。部分是因为温血居于哺乳动物生活的核心地位。它影响着我们生理学和行为的几乎每一个方面，这让研究者们在解释其重要性时要考虑的方面太多。

什么是温血？

在学术界，"温血"和"冷血"是备受冷眼的大白话，这些词在维多利亚时代就失去了其科学性。主要的问题是所谓"温血"动物也可以让血液变冷——比如越冬时——而"冷血"动物也经常会变得温血。鬣蜥通过往返于阳光和阴影下，增加或消去皮肤上吸热的色素，以及调节流向体表的血液，能非常精细地控制自己体温（至少在太阳出来的时候）。

现在人们更喜欢用的词是"内温动物"（endotherm）和"外温动物"（ectotherm）。内温动物通过自己的代谢产热，外温动物则依靠外部热源加热自己。通常人们说的内温动物指的是鸟类和哺乳动物。[98] 这两个支系不断被拿来做比较，其并行之处（都是独立发育的）很不寻常。

另一个重要概念是"恒温性"（homeothermy），意思是维持恒定体温。所以鸟类和哺乳动物都是内温的恒温动物。

温度对生理机制的意义很根本：所有生物体，在局部上都是大量化学物质据特定酶进行反应，酶是催化化学反应的蛋白质。而无论化学物质还是酶都逃不出基本的理化规律，即温度决定反应速度，热＝快。

于是，升温增加了动物的行动能力。运动、躲避捕食者、追捕猎物、消化、思考、生长、繁殖等——在温暖的身体里，所有这些过程都变快了。[99] 显然，做事快过竞争对手，一般是有好处的。角马跃出河流躲避鳄鱼的速度就是一例。

相比之下，恒温性为体内不计其数的化学反应创造了稳定的环境。各种酶和生化过程的温度敏感性不同——

---

98 许多其他生物都会产生热量使自己温暖起来。但是这通常是一种短暂或局部的现象。鲨鱼、金枪鱼和剑鱼都会产生内热，通常是对脑、眼或肌肉这样的专门组织。有些昆虫也能在内部产热，还有一些植物也行。

99 不过只是在一定程度上，大多数蛋白质在 45℃ 左右开始失去功能（约 113℉）。

稍微升高个几度使某些反应加速的程度远超其他。因为生命仰赖这些反应的互相结合，恒温有利于协调这些相互作用的化学过程。

大多数哺乳动物的体温维持在 35 ℃ ~ 38 ℃（95 ℉ ~ 100.4 ℉）。这种能够保持恒定内部温度的能力，正是哺乳动物能栖息在广泛气候跨度之中的关键。

内温系统让动物产生多余的热量，热量会从动物身上散逸至外面的世界。这个过程要求动物拥有（1）产热的手段，和（2）控制自己产生的热能。在鸟类和哺乳动物当中，热量通过内脏器官代谢产生（主要是肠道、肝脏、肾脏、肺和心脏），而这些热量流出的方式主要依靠体表隔热的毛皮或羽毛来调节。

热量流失是维持体温的基础——这可能很反直觉。人们一般觉得羽毛和毛皮是用来阻止热量逃逸的。不过，更精确一点说，这些外层覆盖物是用来延缓热量逃逸的。通过不断产生热能以及主动调节其外流，这创造了一个动态的过程以响应外部世界的反复无常。皮毛和羽毛不仅是恒定地减少热量散失；它们可以受到操控，让热量以不同的速率散逸，从而调节体温。

隔热保温对于延缓热量丧失极为重要，这里又带来了内温演化解释的另一个谜团。产热意味着不可避免的高昂能量代价，如果产热增加时哺乳动物还没演化出毛发，这些热能很快就会流失到外部世界，导致代价更高而受益更小。

而且，外温动物似乎不太可能演化出毛发，因为毛发会阻止外部热能进入它们体内。事实上，加州大学洛杉矶分校的雷蒙德·考尔斯（Raymond Cowles）在20世纪50年代做的实验表明，给树巨蜥（monitor lizards）穿上定制的毛皮衣服，会扰乱它们调节温度的能力。

毛发活动调节失温速率的方式，是通过改变动物身周空气层的厚度来实现的。如果一只哺乳动物感到冷，它能竖起毛发制造出更厚的空气层，从而更好地阻拦热能散逸。当人类在寒冷环境里起"鸡皮疙瘩"，这正是一种加厚毛皮大衣的可悲尝试，因为这层毛我们一百万年前就丢掉了。

生活在寒冷地区的大型哺乳动物，比如驯鹿（reindeer）、北极狐（arctic foxes）和北极熊（白毛底下是黑的）的毛发长而密实，能在身周制造大量温暖空气。它们的毛发通常有3～7厘米（1～3英寸）长，所以对于小体型的哺乳动物来说这个选项不可行，它们会被这么长的毛绊倒。寒冷地区的小型哺乳动物常常寻找更温暖遮蔽的微气候条件，通常是在雪下或者洞穴中。这些动物很需要挤作一堆。在加拿大北部和阿拉斯加，5～10只黄颊田鼠（taiga voles）共用一个巢穴，在不同时间出去觅食，这样巢穴就能一直有大家的体温来保暖。而且如果气温实在太低，还可以暂时通过冬眠放弃内热，从而度过最艰难的时候。

除了可调节的保温能力，哺乳动物还能调节经过体表附近的血流。在需要促进热量流失的时候，浅表血管舒张；要避免热量流失的时候血管就收缩。这一技能和毛发活动都是应对轻度温度波动的低成本策略。[100]

然而，当体温变化更极端的时候，就得采取应急措施。降温首先会使代谢率骤增以提高产热效能。如果这样还不够，还能哆嗦让肌肉快速收缩产生热能。此外哺乳动物还有一种独特的脂肪组织，称为褐色脂肪，它唯一的功能就是产生热量。新生儿、小型哺乳动物和冬眠的哺乳动物有特别丰富的褐色脂肪。关键是，它的产热是按需激发的。

---

100 像水獭和河狸这样的哺乳动物是半水栖的，它们拥有的油性皮毛可以阻挡水进入空气层，而鲸鱼和海豹则趋同演化出了脂肪作为隔热形式。它倒是很好的隔热屏障，但是鲸脂末端不能像毛那样竖起来。取而代之的重要散热手段是重定向血流——温热的血流能重新规划路线，流经更靠近体表的血管，或者没有脂肪的鳍。

另一头，如果身体有过热的危险，许多（但不是所有）哺乳动物会出汗。我们人类自然是会出汗的。出汗需要哺乳动物特有的皮肤腺，它会将液体分泌物释放到体表，通过水分蒸发给身体降温。狗只能通过爪子出汗。和很多其他哺乳动物一样，它们也可以通过喘气让水从舌头上蒸发来给身体降温。

如果说这些是哺乳动物的标准凉快机制，那些生活在最炎热环境的动物还得琢磨出更复杂的办法。因为内温机制需要散热，对温血动物来说生活在炎热地区更难——热量散不掉就会中暑。一般来说凉爽的洞穴和阴影很重要；在夜间凉爽时活动的能力也很重要。但有些沙漠物种，包括无垠沙海的象征——骆驼，实际上放松了体温调节。它们已经找到了办法，能容忍自己体温一天内上升5℃（41 ℉）。

骆驼有很多其他办法调节体温。它们肚子上只有薄薄一层毛，要是找到一个凉爽表面（最可能是清晨）就可以躺在上面散热。如果空气比它们的体温更高，它们会和其他骆驼挤在一起保持凉爽。它们还对脱水有惊人的耐受力。脱水骆驼的尿液看上去是"深褐色的糖浆状"。到了有水喝的时候，骆驼10分钟内能喝下体重30%的水。快速喝下这么大量的水对大多数哺乳动物都是致命的，但骆驼的生理机能已经对这种冲击有特殊的适应性。

虽说维持恒温对哺乳动物渗入各种栖息地举足轻重，但它伴随着代价。

要产生热能，内脏器官实际上降低了化学效率。代谢有两种燃料：来自食物的葡萄糖和呼吸进来的氧。它们的内在能量被转移到一种名叫 ATP（adenosine triphosphate，三磷酸腺苷）的化学键中，身体之后能对其加以利用。但鸟类和哺乳类的线粒体膜（线粒体是我们细胞里长得像香肠一样的能量工厂）是漏的，离子穿过它们产生的热能没有贡献给 ATP 的生产。这一切相当复杂，划重点：线粒体产生化学能和热。

而 ATP 产生越多热量，就烧掉越多氧和来自食物的热量。

前面提到的褐色脂肪组织（哺乳动物用它储存能量并按需释放）则更进了一步。如果说哪里的线粒体含有一种"解耦"蛋白，意思是它们释放热量时几乎不制造任何 ATP。

生物体消耗氧的基线速率被称为"基础代谢率"（basal metabolic rate，简称基代率）。哺乳动物的基代率被抬得很高，所以内脏产生热量并温暖躯体。哺乳动物的基代率大约是相近体型爬行动物的十倍之多。

为什么基代率会升得这么高，这是内温理论中的首要问题。很难找到增加基础代谢率（就是说，啥都不干的时候都要烧掉更多能量）有什么好处。如果哺乳动物和鸟类相对外温动物更活跃是个明显的优势，为什么不发育出在必要时高度活跃的能力，而在休息的时候仍维持经济的基代率呢?

我们会讨论各种理论，但无论答案是什么，高能量生活方式塑造了哺乳动物的大量生物机制：许多独特的、高度特化的哺乳动物性状，都是为了适应大饕食物和氧气的需要。

这些性状，除了上一章提到的，鼓动肺部的横膈膜、专门用来咬和嚼的牙齿、呼吸用的鼻甲骨，还可以加上特化的心脏、肾脏、血液和肠道。

和爬行动物、两栖动物的三心室心脏不同，哺乳动物（和鸟）有四个心室，多出来那个是把底下那个泵出血液的心室一分为二。有了两个输出心室，就可以形成分离循环系统的基础——一个往肺，一个前往身体其他部分。后者能以高于肺部所能承受的压力给全身供血，从而更快更有效地把氧气送到需要的地方。

高血压也给肾脏过滤提供了动力，这个机制在哺乳动物（和鸟）身上具有极高的复杂性。代谢率增加意味着肾脏要处理的废物也变多了。哺乳动物的尿素溶于水，但肾脏随后（通过不可思议的精细手段）重新吸收水分，产生更浓缩的尿液。

此外，哺乳动物血液中携带氧气的细胞也很特别。为了装进尽可能多的血红蛋白，红细胞的细胞核都不要了。因此这些成年人体内每秒生产的两百万个细胞，会在没有任何基因组 DNA 的情况下活上三四个月。在哺乳动物（和鸟）身上，红细胞还变得特别小，以加速氧的进出。

最后，哺乳动物的胃肠系统——高度发达的下颌和牙齿把充分咀嚼的食物送入其中——也经过多方调整以增进效能。

所有这些系统都指向一个结论：哺乳动物的生命烧得更快。

何时有了内温？

上一章里我们看到，哺乳动物先祖的化石记录展现了逐渐活跃的一系列动物。要确定哺乳动物类群里何时包含了真正的内温动物，研究者需要先确定：这段历史中，有哪些转变可以充分表明代谢状态变化已经发生了。

从最古老的先祖盘龙目开始。有迹象表明，它们的脊柱已经转直，奔跑的同时也可以呼吸。但没什么其他迹象能说明它们的活动水平出现高峰。

到下一个原哺乳动物即兽孔目阶段就有趣多了。这些动物演化出了骨质次生颚，隔开了口鼻，使其能在进食的同时呼吸。而且它们的肋骨排列也表明演化出了横膈膜。它们鼻腔里还有加热空气、节约水分的呼吸鼻甲骨。

威廉·希勒纽斯称这些结构已经能说明内温系统的演化，人们对这一说法背后的逻辑并无异议，受到质疑的是他的另一个观点：兽孔目鼻腔中的隆起说明存在大量鼻甲骨。不过到了 2011 年，一个德国团队检查了水龙兽（lystrosaurus）的鼻子，这是一种桶状胸腔、像猪的兽孔目动物，在二叠纪大灭绝之后的地球上非常常见。用"中子形貌技术"（neutron topography）分析化石之后，研究团队发现水龙兽有软骨组成的呼吸鼻甲骨。这些兽孔目动物生活在大约 2.5 亿年前，表明在真正的哺乳动物出现之前 3 000 万—4 000 万年，内温性就已经演化出来了。

2017 年，一个别开生面的研究进一步支持了这个时间点。犹他大学的亚当·胡滕洛克尔（Adam Huttenlocker）和科琳·法默（Colleen Farmer）发现，鸟类和哺乳类的红细胞比外温动物的小很多，这些细胞能穿过相应的细小毛细血管。他们推断，如果观察化石化的骨头，也会看到标志着高能量代谢演化的血管直径变小。然后，没错，他们的确观察到了这一趋势。这一次是在犬齿兽动物中观察到了这个现象——离哺乳动物又近一级——但这是个早期犬齿兽。这个化石有多老？2.5亿年前。

这些研究提供了有力的证据，表明兽孔目和早期犬齿兽已经向着内温动物迈出了一大步。下一个合理的问题是，兽孔目有毛发吗？唉，说到皮毛，这又回到了只能在特殊情况下才能化石化的结构。最早的明确毛发证据，来自中国东北地区的奇妙化石床，但只能追溯到1.65亿年前。这已经远远早过哺乳动物诞生的时刻，而大多数研究者都相信毛皮的出现一定远早于此。

有些研究者说，一些兽孔目化石鼻部的凹陷或许是胡须，说明至少这些动物身上存在这种类型的毛发。这说法很有争议，不过最近得到了一些证据支持，研究者发现这些鼻部有允许神经（或可传递感觉信息）从凹陷处折返的空间。

但我们确实已经知道至少一种生活在2.55亿年前的兽孔目是无毛的，因为它在岩石上留下了非常清晰的皮肤印痕。这块 1967 年描述的化石上，皮肤印痕细节非常清楚，似乎还包含了一些关于毛发起源的信息。这些印痕似乎表明这个动物体表布满小腺体，这些细小的结构似乎分泌了一些东西在皮肤上。

毛发是哺乳动物最具决定性的特征。一身毛发很有用，它们对哺乳动物控温能力的影响毋庸置疑。我们已经知道毛发由角蛋白组成，这东西对早期羊膜动物皮肤的防水非常重要。羊膜动物的角蛋白很好用：除了毛发，它还被用来制造鳞片、爪子、指甲、蹄子、角、喙（鸟、龟和鸭嘴兽的）以及羽毛。

但毛大衣又是一个令人困扰的生物性状：一开始有 10% 的这玩意儿有什么好处呢？因而毛发演化理论试图寻找最初产生毛发的结构，这种结构一开始的功能并不是为了保持热量。

就此有两种可靠的观点，期间相隔百年。第一种可以追溯到 19 世纪晚期，但直到 1972 年才由纽约布鲁克林学院的保尔·马德森（Paul Maderson）发展完整。马德森提出，毛发起初是感觉的附属物。核心观点在于，原初毛发是细小的突出结构，附着在感觉神经上，弯曲时高度敏感。今日没有毛的两栖和爬行动物身上也有类似功能的感觉鬃或突起。也许对兽孔目动物来说，这类结构是对知觉工厂的实用补充。马德森认为，其后这些稀疏的结构因偶然突变而变多了，直到密集到了能保温的程度。

2008 年，宾夕法尼亚大学的库尔特·斯滕（Kurt Stenn）和同事发表了一篇新的论文扎根于毛发发育；2009 年格勒诺布尔约瑟夫·傅里叶大学的丹妮尔·杜瓦伊（Danielle Dhouailly）也发表了一篇论文。斯腾称之为"皮脂原假说"（sebogenic hypothesis），不过它经常被非正式地说成"灯芯假说"（wick hypothesis）。

一根毛的结构不简单；突出表面的只是它复杂微小结构的组成部分之一。戳在外面的毛是毛囊推出去的死细胞集合，毛囊里有制造头发的可再生干细胞集合。一小块肌肉附着在轴上帮助毛发起立和倒伏；而每个毛囊里都有皮脂腺，功能是往每根毛上分泌油性润滑剂。我们在讨论哺乳动物腺体起源的时候提到过这些皮脂腺。

斯腾想知道，在爬行动物中，皮肤防水问题已经被坚硬鳞片解决了，而哺乳动物的祖先保留了富含腺体的皮肤，疏水分泌物是否变成了皮肤生物机制的关键组成部分。斯腾认为，更深、更丰富的皮脂腺更好用，而毛发就是作为其中一个组件演化的，就像灯芯一样把油性保护物质吸到皮肤上。

丹妮尔·杜瓦伊认为毛发来自皮脂腺的观点，来自对脊椎动物皮肤发育的更广泛研究。她写道，哺乳动物整个皮肤都被默认设定产生毛发——只有主动抑制的区域才不长毛，比如手掌和角膜。这表明毛发演化自一个覆盖哺乳动物祖先全身的结构，皮脂腺很可能就是这样的结构。

此外，每个毛囊都有皮脂腺，但皮脂腺有可能单独存在而不带毛——比如嘴唇、眼睛和生殖器区域。事实上，告诉一片皮肤区域制造毛发的信号，在高剂量的时候才会同时制造毛发和腺体，低剂量的时候就只诱导腺体。这些观察结果共同表明，毛发是作为先前就有的腺体的辅助成分演化的。起先它引导分泌物的溢出；后来它承担了隔热的功能。

现存的单孔目、有袋目和胎盘哺乳动物都有类似的毛发，意味着长毛这件事要远远追溯到现生哺乳动物的共同祖先之前；几乎可以肯定的是，最早那些小小的类哺乳动物和哺乳动物，没有隔绝温度机制无法生存。有些研究者认为，毛茸茸的单孔目可能提供了些关于早期哺乳动物内温生理机制的线索。它们的体温波动往往比大多数哺乳动物略大，平均温度则略低——在 30 ℃（80 ℉）出头上下。针鼹也会冬眠，以及进入所谓休眠时期——分别是长期或短期的低温症发作。它们也可以用行为来帮助调温。又一次，单孔动物帮我们理解了过渡状态，这次是在外温动物和内温动物之间。

为何演化出内温？

几个世纪以来，生物学家都认为温血是哺乳动物和鸟类的一个决定性特征，但当代关于内温为何演化的讨论最多能追溯到 20 世纪 70 年代中后期，当时人们提出了三种影响深远的理论。自那时起，这些模型毁誉参半，争执不息，直到 2000 年才有一个重要新视角加入。考虑到这些理论彼此大相径庭，至今却无一被丢进历史的垃圾堆真是咄咄怪事，不过我们后面会讨论的。

佛罗里达大学的布赖恩·麦克纳布（Brian McNab）在 1978 年初提出，"微型化"（miniaturisation）是哺乳动物内温演化的关键。让我们在此回到鳄鱼和鼩鼱。由于小动物的表面积和体积之比更大，它们获取和失去热量都很快。对小型外温动物而言，这意味着它们在太阳底下身体会快速升温，而冷却也一样快。如果一只小型外温动物增加了自身内部的热能生产，这些热量很快就会丧失，因此很难相信迈出内温第一步的会是小体型生物。

反之，动物的体型越大，其表面积相对体积就越小，因此其热交换面积相对较小。（块头大的动物通常还有更多的肌肉和组织阻碍热量散失。）结果就是，大的外温动物——如尼罗鳄——能维持一定程度的较为恒定的高体温。这被称为惯性恒温，其温暖和热稳定性仅仅基于体型才会存在。[101] 而随着体型增大、相对表面积减小，这就是为什么温血的大象、河马和犀牛不需要毛发来阻止热量散失。（至少今天的它们不需要——生活在冰河时代的长毛猛犸象，明显需要它的"长毛"。）

麦克纳布提出，在哺乳动物演化起跑之时，大型兽孔目成了惯性恒温动物。随着兽孔目、犬齿动物和哺乳动物变得越来越小，自然选择喜欢的创新，偏向于维持兽孔先祖已经习惯的高体温。最后就有了皮毛和完全的内温。

同时，为什么这个支系里的动物变得越来越小也是有争议的。主流观点是，为了利用向更小体型动物开放的生态机遇，或许是因为恐龙出现了。另一个问题在于某些兽孔目很大，而早期哺乳动物则毋庸置疑地小，但

---

101 大型恐龙也可能是惯性内温的，不过它们的温度控制生理学是一团乱麻，这里坚决不提。

化石记录并未呈现出直截了当的体型缩小：兽孔目什么形状大小都有，犬齿兽也是琳琅满目的一大群。

第二种观点是内温允许哺乳动物寻求更广泛的"热能位"。靠外部热源（首先是日光）给生命火焰添柴，限制了外温动物活动的时间和地点。或许内温的出现能使动物不再依赖外部温度？是不是因为它让原始哺乳动物日夜皆行，或能侵入更寒冷的气候带，才得了演化青眼？确实有很多证据表明早期哺乳动物是夜行的，可能为了避开支配白昼的恐龙们。

20 世纪 70 年代出现了第三种观点，也是最有影响力的理论，由加州大学尔湾分校的阿尔伯特·本内特（Albert Bennett）和俄勒冈州立大学的约翰·鲁宾（John Ruben）发表于 1979 年。本内特和鲁宾提出，认为自然选择直接有利于能控制高体温的动物，这种想法看问题的方式就错了。

内温所费不赀，这是毋庸置疑的。但是，理论假设早在毛发等调控机制存在之前，自然选择了发热温暖的躯体，这就意味着这一代价高昂的过程带来的好处超过了它所需的巨大资源。举例来说，为了说明提高外温动物的体温需要多少能量，2000 年的时候，本内特强行给树巨蜥喂食大餐以大幅提高其代谢率，但结果它们的体温几乎没有变动。想先提高体温，就好像开着中央暖气但门窗都洞开。

本内特和鲁宾提出，内温其实是一种副产品，自然选择有利的其实是高活动性的动物；特别是某些动物的活动性提高是因为演化出了更强的"有氧能力"（aerobic capacities）。

爬行动物和哺乳动物在短时间全速冲刺的能力并没有太大区别。大卫·爱登堡讲过另一个精彩剧集，里面一只刚孵化的鬣蜥英勇地冲过一大群游蛇——无论是蛇还是鬣蜥，在这段距离里都没有懒洋洋、慢吞吞。但这类狂暴的行动是无氧驱动的。在需要的时候，身体快速燃烧可用的化学能而无须消耗氧气。相反，更持久的体力活动则必须实时消耗氧才能驱动。本内特和鲁宾认为，自然选择作用在了动物的活动能力上——从数分钟到数小时，持续有氧地高能量活动。他们表明，一小时里鬣蜥能跑半公里，而同体型的哺乳动物则能跑上4公里。

自然选择了有氧能力这个观点颇有道理，但本内特和鲁宾还得解释一个问题：为何这必然导致了内温性。为此，他们寻求有氧能力和基础代谢之间的关联。并没有太多数据可选；衡量有氧能力很麻烦，要把戴着面罩的动物放在跑步机上。然而就可用的数据来看，结果表明外温和内温动物差不多，最大有氧能力似乎总是比基础代谢高 10 倍。这两个特征看起来有着根本联系。如果是这样，选择更高的有氧能力或许不可避免地提高了基础代谢，从而导致了内温性。

现在的问题是，这两个过程为什么会有联系？本内特和鲁宾认为，被选择出来提高有氧效率的性状——比如更强的氧吸收和运输能力、更多线粒体及其效率增强——也许会有增加总体代谢的副作用。

这个理论颇有可取之处——高活动水平好处多多，从躲避捕食者到追捕猎物。调查还在寻求进一步支持的证据——但它并未得到普遍接受。主要问题是，"最大化有氧消耗总是基础代谢的十倍"这一点有多确定。基本相关性并未被完全推翻，但是这条规则有许多明显的例外，表明有氧能力可以在代谢基线之外独立得到提高。比如说，叉角羚（旧世界羚羊的北美同胞）能以基础速率的 70 倍消耗氧气，而美洲鳄（鼍属物种）在跑步机上把自己的消耗量提高了 40 倍，谁知道它们游起来会怎样？

关键是，在运动过程中额外的氧不是被调整基础代谢的内脏消耗的，而是被肌肉消耗的。或许这两种组织之间也存在根本关联——比如说控制线粒体数量和功能的共同基因，或者氧运输和吸收的共同机制——但许多研究者还是会问，为什么这两个系统不能独立演化。演化就不能创造出一种动物，在需要的时候具有高强的有氧能力，而休息时又不消耗大量能量？正如（当时在加州大学尔湾分校）科琳·法默在 2000 年所说，"没有任何机制能够解释，为什么内温对于维持剧烈运动是必要的"。

这一评论来自一篇题为《亲代抚育：理解内温和其他鸟类与哺乳动物趋同特征的关键》的论文导言，法默认为，与其将内温性视为推动鸟类和哺乳动物诸多相似性出现的统一特征，不如将亲代抚育视为两者生物性重叠的共同起点。法默说，最贴切地说，是亲代抚育推动了温血的平行演化。

法默的着手点是在升高的恒温下孵化后代的优势。她描述了（成年动物很能忍受的）轻微温度变化可能杀死胚胎，即便不那么严重的温度变化也可能导致严重的发育缺陷。此外，热量加速效应本身就意味着，温暖的胚胎发育得更快，也就是说待在蛋里的时间更短（而蛋很容易落人清道夫捕食者腹中），成长到性成熟的速度更快。

法默论点令人信服之处在于，她列举了现存外温动物也会出于繁殖目的利用的各种热量来源。脊椎动物和无脊柱动物有个共同主题，就是筑巢以维持温度和湿度。

但同样的，挤在一块的毛虫化蛹更快，蜥蜴在晒太阳和卵之间来回冲刺传递热量，还有把自己包裹在卵周围颤抖以释放热量的雌蛇，传递热量孵育幼体的例子很多。

哺乳动物里的南美树懒和马岛猬（这是一种好像小鼠和刺猬杂交的动物）不是内温性的模范生：它们平均体温较低，且波动也大。但在孕期，这种随便糊弄的生理学是过不下去的——它们能同时升高体温和调控温度。在产蛋的针鼹和蜂鸟身上也能看到类似的转变。

法默认为，调节代谢率的甲状腺素，可能是开启原始、长期但可逆形式内温性的关键。温暖很贵，但它对幼体有巨大的益处。

到了孵化的下一个阶段，亲代投资就更捉襟见肘。法默注意到，每天大山雀要飞回巢穴上千次给后代提供食物；而喂养后代的哺乳动物则需将日常能量预算提高 4 ~ 10 倍。正如第五章所见，加速发育的好处显而易见——当一个脆弱幼体的时间越短越好。法默提出，亲代抚育所需的持续稳定身体活动，推动了有氧能力的演化。

2000 年，另一个关于内温的亲代抚育假设和法默在产后照料方面的思考所见略同。克拉科夫雅盖隆大学的帕维尔·科特雅（Pawel Koteja）独立提出，正是为了完成抚育后代的繁重任务，得收集足够能量的需求，推动了内温的演化。

就像本内特和鲁宾的有氧能力模型一样，科特雅的重点是自然选择偏向于增强活动性水平。但科特雅主张的时间尺度不一样。要给幼体觅食，父母要维持更高的活动水平，持续时间不以分秒计，而是动辄长达数小时或数日。这就要求额外进食，关键是，身体需要更快地消化和吸收能量，才能从额外食物中获益。因此，肠道、肝脏和肾脏被选择出了更高的代谢率，这正是今天哺乳动物和鸟类维持着高基础代谢的器官。

在这个观点的核心，是动物进入了一个正反馈循环——更好的能量同化需要高代谢，而高代谢有利于更强的能量同化；整体活动性增加提高了觅食水平，而这又增加了活动性。

这类正反馈可能在任一种内温演化的理论中起作用，科特雅指出，行为改变可能为后续的生理和解剖学变化奠定了基石，这是个迷人的想法。但是这也对他和法默的理论提出了最困难的问题。在本书中我一直在叹息软组织不能通过化石保留下来；好吧，祝咱们能幸运地找到行为改变的化石痕迹……

这些理论还有一个值得一提的含义。今天，这些关键转变发生了2亿年之后，我特别满足于为家人购物和烹饪。克里斯蒂娜怀孕期间我付取暖费的账单，在她上床休息时给她盖毯子（我知道！这是我最起码能做的事！）我曾在煮汤的时候想过，关于鸟儿的爸爸妈妈共同承担照料后代的责任。法默和科特雅的理论适用于鸟儿，对两性有相同的影响。但想想哺乳动物中父亲抚育有多罕见，而且在早期哺乳动物当中肯定也不是天经地义的。法默和科特雅都没有详细论证这个，但他们的研究表明，推动哺乳动物类群走向内温性的选择力量，本来只会对种群的一半成员起作用。如果内温基因是在母亲体内被选择的，那么，母体生理机制将会成为哺乳动物决定性特征之一演化的关键。[102]

一生众，众为一

关于内温性起源的诸多说法，在过去几十年里引起了激烈的争论，学者间"大打出手"的场面十分美妙。不过，近来关于温血的思考变得宽容多了，人们几乎到了不愿否定任何一种主流观点的地步。事实上，2004年，科特

---

102 这就是说，继承了更强有氧能力或能去更远处觅食的儿子们，可能把这些性状用来寻找更多交配机会。然后，如果这些雄性能在繁殖上更成功，它们的女儿也许就继承了更好的照料后代的必要基因……

雅在一次关于内温性的国际会议上的演说里没有展示自己的观点,而是选择去讨论 20 世纪 70 年代之后理论本身的演变。"也许,"他说,"……现有模型是分别聚焦在了这个过程的诸多方面,而不是提供逐渐完善的解释。"随后他进行了引人入胜的分析,描述了理论如何在发展中纳入生物学的不同方面,反映了演化思考的转变。

最早的理论提出被选择的是内温,它能提供生物化学上的稳定性,因此这些观点完全集中在生物体的固有生物机制上。后来人们认为,内温性允许生物活跃在不同的热能位置,这就关注到了生物体及其物理环境之间的互动。跟随其后的是有氧能力和微型化模型——它们分别关注猎物 - 捕食者关系和生态竞争——思考的是生物体及其与生存环境之间的互动。最后,他自己和法默的工作指出,仅仅考虑成年动物是不够的;演化生理学必须考虑到整个生活史。"个体并不是以'即插即用'或'总控开关'这样的设置出现在世上的,"他说,"自然选择的作用贯穿完整的路径,但其选择的筛网可能会出现在生命的极早期。"不同理论未必互相对立,它们很可能考虑到了同一个多元现象的不同方面。

2006 年,肯普拓展了这个主题,发展了他在 1982 年《类哺乳爬行动物和哺乳动物的起源》一书中首倡的观点。肯普说，任何想要把内温性的出现归结于单一起因的努力注定要失败。内温性过于复杂，其对动物生理机能的影响过于普遍，其演化无法归结于单一因素。肯普探讨了基础代谢和高有氧能力背后那一大堆乱糟糟的生理学和生物化学过程，这就是说，内温性和峰值活动性水平曾在根本上互相关联。不仅如此，这些代谢过程的任何变化都同时塑造着动物的行为、育儿能力和机动能力。因此这是个不可削减的系统，渐次从外温性朝着内温性发展。"本质上，从哺乳动物生物机能到它们的生活里的每件事，"肯普说，"要么是导向内温性策略的因素之一，要么直接或间接地受其影响。"因此，并不存在某种生理变化是只影响亲代养育或者捕猎能力的；不是说哪个内温性优势先发生，后来又有了所有这些今天所知的内温造成的结果。相反，原始哺乳动物和哺乳动物在多条战线上并行演化着。

就哪种事件可能会导向内温，肯普提出了一个假设的变异，这个突变稍微增加了线粒体数量。如果心血管系统提供了足够的氧为这些线粒体提供动力，这一变异可能轻微增加有氧能力，从而多少提高一些活动水平。但更多的线粒体也会略微提高体温——这个动物于是能在夜间活动久一些——而且育儿方面耐力微增。不过，要是氧水平现在是一个限制因素，（比如说，假如肺不够大，心脏不够强的话）进一步增加线粒体数量的第二个变异就不会有更多效果了；那么，接下来会是一个增加氧运送的突变。一个系统的各个部分共同发挥作用，决定了什么有可能演化出来。一个偏爱更多父母养育努力的突变，只有在一个有能力为孩子多跑一英里的身体之中，才有可能成就其事业……我们爱说"鸡和蛋"场景，但肯普所说的是，整个"一种奇妙复杂造物之后出现另一个复杂相关者"这一观念应当完全抛弃。任意两个以上互相关联的生物学性状彼此造就。

最后，2016 年，南非夸祖鲁·纳塔尔大学的巴里·洛夫格罗夫称，关于内温性的单一起因解释造成了"概念淤积"。他随后着眼于 3 亿年的内温性历史，从中总结道，在鸟类和哺乳动物中，这一复杂性状的演化发生过 3次可识别的快速增长。

第一阶段从 2.75 亿年前持续到 2.2 亿年前。对哺乳动物支系来说，这段时期和兽孔目的演化相一致。这些祖先演化的一系列标志性变化，比如直行步态、扩大的颌、特化的牙齿、横膈膜，以及那些呼吸鼻甲骨——被视为证据，表明兽孔目是体温升高、十分活跃的动物。既然没有任何可信证据表明这些动物有皮毛，通过行为手段来帮助控制温度恐怕十分重要。洛夫格罗夫认为，推动这一阶段的主要是更好的亲代抚育、恒温，以及更强的有氧能力——用以面对四足动物攀上干燥陆地之后所面临的挑战。

第二阶段从2.2亿年前持续至1.4亿年前，这是一段困乏的时期。随着体型变小，大脑急速成长，哺乳动物们长出了至关重要的毛。而且在这段时间，夜间生活攸关哺乳动物的生存。由于温度控制受到体型的极大影响，洛夫格罗夫认为哺乳动物的微型化在这一次快速增长中不可或缺，但补充说亲代抚育和有氧能力在选择环境下仍能发挥作用。这次向着内热机制的升级及其固有价值，或许促成了侏罗纪时期的哺乳动物多样性。

第三阶段关注哺乳动物之间的差异。单孔目们确实比其他哺乳动物保持了更低的体温，不过有袋目平均也比胎盘哺乳动物要低上几度。恐龙离去之后，哺乳动物各个目之间积累起了更大的差异。在这场大灾变之后，某些支系演化出了更强的内温能力。特别是那些要奔跑和入侵寒冷地区的，它们发展出了更高的代谢率。比如说，洛夫格罗夫就曾发现，一个哺乳动物跑得越快，其基础代谢率也趋向更高。这项发现援引了本内特和鲁宾的模型，不过第三阶段是在内温性起源之后很久很久才发生的。

本章开始时的角马是最快的哺乳动物之一，体温也在较高之列。鳄鱼"埋伏加突袭"的策略，可能与早期水生和半水生的四足动物捕猎的方式很相似。这一系统在今天的高能量世界里已经很罕见了。

巴里·洛夫格罗夫初次登场是在第一章。他对阴囊外化提出了最新的有力看法：腹腔对于精子生产来说变得过于温暖。在那一章里，我一直把阴囊看做问题的解决方案：太热或者太颠，所以演化出阴囊保护雄性配子，问题解决，皆大欢喜。但在洛夫格罗夫的长远眼光来看，阴囊的演化是一次解放。随着体温上升，生成精子的问题暂时不再恶化；因此阴囊的演化不仅解决了问题，它还让动物可以继续变暖下去。

洛夫格罗夫还相信，冬眠以及低温症的短期发作允许体温急剧下降，这一直是哺乳动物生理机能的一部分，尽管别人认为这种暂停内温是新演化出来的对寒冷气候的适应。洛夫格罗夫基于这个观点提出了一个引人注目的看法：在灭绝了恐龙的陨石爆炸之中，哺乳动物得以幸存，可能就是一觉睡过去的！

他不是第一个认为哺乳动物是在洞穴中躲过最初冲击和红外热能爆炸的。不过洛夫格罗夫还认为，这类节能策略可能对于成功度过末日后的混乱世界很有用。

1991年，阿尔伯特·本内特回顾了他和鲁宾关于有氧能力理论的证据，他评论说，即使只是理解作用于现存物种的选择压力也十分困难，因此"将其适用于活在未知环境中、如今已经灭绝的生物，几乎是乱来"。

能有更多优雅简洁的生物学理论固然很好。但和物质不变的本质（意味着 E 总是等于 mc^2）不同，物质在生命系统中的排列会变。这正是演化工程的基础。洛夫格罗夫 2016 年的描述，更像是一次历史记录而非科学理论的尝试。肯普也注意到在演化发展步步前行中历史偶然性的作用。他打了个比方说，寻找内温单一起因，就好像追求脊椎动物上岸的唯一原因。正如水生的四足动物历经一系列中间状态栖息地，转向了更干燥的陆地生活，哺乳动物先祖也可能在较低到较高能量的生活方式之中遍历过一系列中间能量状态。我们的审美感觉受到单一起因理论的吸引——有种顿悟之感——但人类的品位决定不了历史。

第十一章

气味与感觉

我童年在动物学上遇到的最大骗局就是，人们（不是具体某人，就是一般意义上的人们）让我以为大多数动物的生活和人类差不多，白天清醒晚上睡觉。我以为只有一小帮神秘的动物在夜间活动，打头的是蝙蝠和猫头鹰。我还相信，这些生物有一种几近魔力的能力可以夜间视物——不然怎么在无光之处活动呢？

这个想法过于根深蒂固，即使学到有冲突的新信息也屹立不倒。我长大以后知道了我们所有哺乳类同胞——狐狸、獾、刺猬、大鼠、小鼠，甚至兔和野兔在某种程度上——都是夜间活动的。但我一次也没有质疑过自己认为只有少数古怪动物才夜行的观点。

人们谈论恐龙迫使早期哺乳动物夜间活动的方式，进一步加强了这一信念。这听起来好像就在暗示说哺乳动物是被流放到某个二流生态位的。你以为，一旦这些巨型爬虫蒙主宠召，哺乳动物马上就能恢复白昼生活。你想象电影场景里恐龙死后，哺乳动物感受着阳光第一次照在脸上的温暖，露出了放松的微笑。

正是出于这种想法，我最近——时年已39——在美妙的牛津大学自然历史博物馆里看丰富多样的哺乳动物标本时大吃了一惊。那些哺乳动物上的标签，一个接着一个，都说它们是夜行的。如此之多以至于我心想是不是搞错了。

标签当然没错，2014年的一项调查量化了哺乳动物与夜晚的密切联系。在3 510个物种当中，这项调查发现只有20%的哺乳动物（如人类）是白天活动的，8.5%不分昼夜，2.5%在晨昏的微光里出来活动，所以近70%的哺乳动物是夜行的。

尚能捍卫我童年观念的例子都在鸟类里——除了猫头鹰，几乎全都白昼活动，以及大部分爬行动物（在英格兰我这边乡村角落里很少见）也大多数白天出没，用日光给自己的代谢系统供能。此外四足动物和羊膜动物据信也白天活动。

不过说真的，今天夜行哺乳动物占多数并不奇怪；就像所有哺乳动物都有乳腺是因为它们都是一个哺乳先祖的后裔，这个最后的共同祖先也是夜间活动的。由于恐龙一直白昼活动，哺乳动物历史当中有相当久一段时间没法在白昼生活。1.3 亿年是很长一段时间，让动物们专门习惯在月色而非阳光里活动——改变睡眠－觉醒周期需要相当重大的重新适应。

恐龙退场之后，哺乳动物并没有集体迈向白天，这些事件零星发生在不同支系中。另一项调查绘制了 700 种哺乳动物在系统发生中的活动模式，估计各种哺乳动物停止夜行大约单独发生了 16 次。

白昼活动在有蹄类动物和我们自己这帮灵长动物中传播最广。另一方面，超过一千种蝙蝠还是在夜间飞行；啮齿动物有些在白天活动，但它们逾 2 000 个物种中大部分仍然夜行。食虫动物日夜无休——我们已经知道鼩鼱需要不停地进食。最惊人的是，虎、狮和大多数食肉目也是夜间生物，黑犀（black rhinoceros）也是。袋食蚁兽（numbat）是唯一真正白昼活动的有袋类动物。看来积习真是难改。

如果说，内温性过去和现在都是哺乳动物应付黑暗寒冷、踏入夜之庇护的方式，采取这一生活方式同样意味着哺乳动物得应付无光和微光的环境，这一事实极大地影响了它们感知世界的方式。

感觉

另一个童年回忆。从 4 岁到 12 岁的每个周日，踢完一整天足球，我爸爸会带我漫步乡间。我们穿过农田，来到苍郁林地，再绕过更多田野回去。我们总会寻找动物，主要是兔和鸟，也有些让人惊喜的物种，但最激动人心的时刻永远是鹿。当然，狐狸和獾都在睡觉。当我们走到鹿的领地，爸爸会轻声说"嘘！"然后我们一动不动地站定，扫视森林寻找这些动物的踪迹。我们的目标就是看到一头鹿：看到才算。来自一只体形庞大、脚步矫健的动物的噼里啪啦声，显然不是感官交互，只能算"就差一点儿"。

但是对鹿来说，人类的声音或沉重的脚步声足矣——一听到它们就逃之夭夭。一头鹿的神经系统连接并不格外注重有没有目击到捕食者的身影。我一边走，一边真切意识到安静潜行太难了；寂静是个无望的目标。

人类往往认为自己有五感：视觉、听觉、嗅觉、味觉和触觉。所有这些都远早于哺乳动物出现——某些感官是脊椎动物发明的，另一些甚至更古老。这里我们关注的是，这些远古信息通道的改善和专门化，如何影响了哺乳动物的生理机能。

视觉、听觉和嗅觉是远距离的感觉：反射的光子、空气压力流动的波和挥发性化学物质，从它们的源头到达我们的眼睛、耳朵和鼻子，告诉我们在身体边界之外有什么东西存在。另一方面，接触我们身体的物理刺激触发味觉和触觉。

味觉这种感觉相对受限：舌头上的受体会从摄取的材料中取样，只检测少数信号（我们人类侦测到的味道大多数来自食物的气味）。很长时间以来，感觉生物学家认为我们只注意食物的酸甜苦咸，但现在我们知道了第五种味道。舌头上的受体还会反映食物的谷氨酸盐成分，唤起对 umami（鲜味）的味觉，这是日语，意为"令人愉悦的可口味道"。

触觉，在最简单的意义上，反映接触身体的对象的形状、质地和运动状态。在身体某些部位如嘴唇和指尖积累了大量触觉受体，这些地方是探索物体特性的绝佳工具。触觉探索潜力无限，阅读盲文就是个了不起的例子。

不过为了坚持五感的概念，我们要把冷热也归入触觉之中。痛和痒怎么办？这两种感觉，模糊了内外刺激的边界——捕食者咬啮的痛、蚊子吸血的痒，是神经纤维报告了身体受伤或受了烦扰。疼和痒涉及捕食者和寄生虫造成的影响。要谈及和身体状态有关的感觉，就要考虑到我们还装备了有关血压、血糖水平和氧含量的传感器，以及了解肺部舒张、肠道扩展和心脏跳动力度的系统。延伸至所有随意肌的神经会说明弯曲程度，让神经系统知道肢体在空间中的位置。耳朵用来获取声波的机制，从报告头部位置和移动的系统演化而来，这是一种内在平衡感觉。诸如此类不胜枚举。

磨砺出所有这些内在感知，无疑伴随着哺乳动物无休止地朝向高能生活方式的演化过程。但我们在此仅讨论朝向外部的感官——动物侦测其外部环境的手段。

任何感觉系统的要义都在于提供信息，生物体可以据之采取有效行动。角马看到鳄鱼时从水边跃起，细菌改变表达的基因以消化自己在环境中感知的营养，这两者从概念上说并无太大差异。有机体只能（在行为或生理上）响应自己能感知的刺激，而这取决于它们拥有的侦测系统。这些系统因触发因素和敏感程度而异。随着感觉器官（和它们传入信息的脑）的演化，我们通常能看到能力的跃升——从生物体遭逢的奔流光子、声波和化学信息中攫取更多信息的能力。或者事实上它们演化出能感知其他形式信息的能力——还记得鸭嘴兽的喙扫过河床，能响应猎物肌肉收缩发出的电吗？重要的是，抵达神经系统的信息，讲的是对生物体存活有利的事。鸭嘴兽找到晚餐，鹿因为潜在捕食者发出的气味或声音而逃之夭夭。

孩子，或者甚至成年人，认为夜行生物很奇异、难以理解的理由，在于我们视觉系统的丰富性。站在森林之中，我们会看到万木锦绣的丰饶细节；我们看到橙绿棕褐如巨大的调色板般展开；当动物出现时我们灼灼盯着它们看。而如果站在森林里闭上眼（或者夜间站在那儿），对我们来说还剩什么？四面八方的鸟鸣和振翅拍打声，林木萧萧……我也不知道森林闻起来什么样。我们的视觉流好像是其他信息输入的根基，是总体框架，而其他感觉流只是它的补充，就好像一部电影的音响工程师感觉次于摄影师那样。

但这是一种无可救药的人类中心主义观点。

视觉

哺乳动物的视觉不行。原始哺乳动物和早期哺乳动物遁入夜色时，丢掉了当年四足动物先祖视力上的不少能耐。例如鱼类、两栖动物和爬行动物常有"第三只眼"——松果眼（pineal eye），这是大脑顶上一个神经组织点，通常被皮肤覆盖着但没有骨头，能直接感知外界的光照水平，从而关联当天的时辰和大脑激素水平。哺乳动物失去了这个结构。[103]

另外，大多数哺乳动物眼睛的形状及各部分尺寸都表明了它们的夜行历史。哺乳动物角膜很大，大瞳孔让视网膜能涌入大量的光。哺乳动物眼球形状特别，光只需通过极短距离就能到达视网膜，这意味着光不会在很多光感受器里传播。哺乳动物的眼睛还有大量杆细胞。杆细胞指脊椎动物视网膜里的一到两种光感受器，高度敏感，特化以适应微光环境下的低分辨率视野。2016年的一项研究表明，哺乳动物创造出了一种特殊的发育通路以制造额外的杆细胞。

对乐享色彩的我们来说，这一点很奇怪：哺乳动物历史上曾完全忽视视觉的颜色部分。色彩视觉由另一种响应光的视网膜细胞——（视）锥细胞传达。锥细胞所需要的刺激比（视）杆细胞强得多，它们种类多样，每一种都能最大化感知不同波长的光。通过比较不同锥细胞的激活状况，大脑就产生了色觉。人类有三种锥细胞：一种被波长较长的光激活，我们看出来是红色；一种反映中等波长，

---

103 鸟和蛇也没有第三只眼。

也就是绿色；最后是短波长的受体，看起来是蓝色。

既然不同的对象——食物、猎物和潜在伴侣——会吸收不同波长的光，动物们通过这个系统就能借由颜色来分辨不同对象。但这里有个问题：大多数非哺乳类的四足动物有四种（而非三种）锥细胞。人类以外的大多数哺乳动物则只有两种。

对脊椎动物锥细胞的基因片段（这是决定锥细胞对哪种波长产生反应的受体蛋白）的研究表明，早期四足动物从鱼那里继承了四种受体，大多数爬行动物和鸟类把它们保留了下来。但现生哺乳动物的基因表明早期哺乳类可能就只有三种——有一种中等波长的感受器，或许在原始哺乳动物历史中就早早丢失了。[104] 有趣的是，单孔动物的支系后来又掉了一种短波受体（鸭嘴兽基因组中尚存残迹），而正兽亚纲哺乳动物掉了另一种短波受体。

哺乳动物的眼睛也同样缺乏色彩油滴，这是其他脊椎动物用于感知不同色度的东西，这也证明了色觉降级。因此，大多数哺乳动物的视网膜以杆细胞为主，两种锥细胞作为补充。这些短波和长波锥细胞能保留下来倒是

---

104 2014年一项关于化石眼睛形状的调查表明，某些盘龙目和兽孔目动物可能在恐龙之前很久就在夜间生活了。

确实说明降级的系统还是有用的，但大多数哺乳动物只有最基本的色觉，类似于人类中的红绿色盲。这可能也是为什么哺乳动物颜色不怎么花哨。鸟类、爬行类有四种锥细胞，两栖动物有三种，它们在十亿年里演化成了色彩斑斓的代表，而哺乳动物毛皮制造的口味却是十足秋色。[105]

人类有三种锥细胞而且眼神儿还行，这恰是灵长目重新侵入白昼生态位的结果。长波锥细胞的基因片段沿着这条路线产生重复，由此产生的一对受体在波长敏感性上发生分化。在灵长目大家庭中发生了许多次重建复杂色彩视觉的演化实验，重塑了许多哺乳动物丢弃超过一亿年的功能组件。[106]

听觉

该重拾两章前没说完的哺乳动物下颌关节和两块离乡背井小骨头的事了。先前在思考胎盘的时候我曾说，像心脏或手这样的器官，其肉眼可见的结构已经明确写

---

105 很奇怪世上没有绿色的哺乳动物。有些树懒看起来和植物一个颜色，但这是因为身上生活的藻类让它们绿油油的。

106 这是否直接导致了绿长尾猴的亮蓝色阴囊尚无定论，但山魈的脸有红白蓝三色，这肯定只有能感知色彩的动物才能领会。

出了它们的功能，但是像大脑或胎盘这类，只有在显微镜水平下观察细胞才能看出它们功能和结构的关系。耳朵和手或心脏是一拨儿的（不过需要低倍数显微镜观察，或者好点的放大镜也行）。耳朵的结构巧夺天工地展现出它的功能。它是看得见的精美，而不是微观的谜团（虽然也不是没有这种谜团）。你几乎可以想象它的活动骨性部分是某个天才工匠的手艺，或琢或磨构成了美妙的手工声音检测装备，尤其是哺乳动物中耳里的那些结构。

耳一般分为三个部分：外耳、中耳和内耳，哺乳动物的这三个部分都很独特。

外耳是在头外面的部分（俗称耳朵）加外耳道（耳道末端把声音传向耳鼓的通道）。哺乳动物是唯一在头部外侧拥有声音传导结构的动物，这部分被称为外耳廓（pinnae）。看它们多在意听觉。至少正兽亚纲很在意——鸭嘴兽和针鼹没有这个装饰物，和非哺乳动物一样。人类的外耳结构很古怪而且也没什么特定功能。比如说，别的哺乳动物用来把耳朵转向声音来源的肌肉，在人类身上已经没作用了。[107] 此外大多数陆生哺乳动物的外耳

---

107 除此之外，少数人保留了足够功能，能抖抖耳朵。根据我的经验，这样的人通常很喜欢展现这种能力。

都比人类大。野兔的耳朵大得离谱，蝙蝠、狐狸和鹿也不遑多让。这个结构助听效果相当于老式喇叭，它把声波汇集引导向听道和鼓膜。[108]

鼓膜是中耳的起点。不过我们先说内耳：在这里，气压被转化成送去大脑的信号。做这份工作的细胞名为"毛细胞"（hair cells），成片毛细胞呈毛发状突起，延伸至充满液体、构成内耳的管道中。

在内耳的不同管道中，液体会因响应不相通事件而移动。其中一部分被认为与平衡和移动有关，动物运动会改变这里的液体。追踪身体运动也许是耳的原始功能，在脊椎动物走向陆地之前就已演化出来了。[109]内耳负责听力的毛细胞受到声波振动的刺激，使液体产生运动。当液体流动使毛细胞弯曲，它们会产生电信号，也就是传递到神经系统的电流。毛细胞结构是微观的，不过毛细胞是结构决定功能的进一步证据，而神经信号由毛细胞的弯曲所触发这一事实提醒了我们：声音总是和动作有关。

哺乳动物内耳和非哺乳动物的标志性区别，是前者

---

108 大象有巨大的耳朵，不过虽然它们听力超群，但扑扇的大耳朵主要是用来帮忙冷却它们的大块头。
109 鱼类身体上也有成行的毛细胞，能探测外部水流。

310

有一个延长盘曲的管道探测声音引起的振动。哺乳动物的这个结构称为耳蜗（cochlea），得名于拉丁文的蜗牛。豚鼠的耳蜗转了四个圈；鸭嘴兽只转半圈；而人类的是三圈半。在某种程度上，耳蜗的大小和几何形状是哺乳动物能听到大范围音调的基础，尤其是对某些能听到其他动物听不见的超高音调的动物。

但这种能力根本上还在于哺乳动物中耳的性质，这一结构也是哺乳动物的决定性特征之一。要理解中耳，我们必须再次思考脊椎动物上岸这件事。当水生脊椎动物第一次用毛细胞探测外来信号时，它们并不怎么需要放大系统。声波在水里传播得又快又强，很容易传入内耳的液体中。如果你的耳适应拾取水传播的声音，大海显然是个喧嚣之地，但是我们的世界不是。从空气传到液体完全是另一回事。

陆地动物要听得见，须得发明一种新系统来侦测和放大弱得多的空气振动。事实上早期陆生脊椎动物的听觉相当于通过四肢和下颌传导，侦测到的地面振动激发了耳的反应。至于咀嚼，当哺乳动物的祖先发育出这个能力的时候，声音会相当吵。

放大空气中的声波，使其强到能送出经过内耳的流体波，这个任务是由鼓膜和中耳里振动的骨头（听小骨）

一起完成的。最终陆生脊椎动物有了很大的鼓膜，振动特定形状的骨头，这些骨头有力敲打另一端的内耳。蛙类、爬行动物和鸟的耳中只有一块听小骨负责这个，而哺乳动物有决定性的三块中耳骨。这些听小骨美妙绝伦地彼此相连，神乎其技地放大振动，对于听高频声音特别有用。

在这个链条上，首先连在哺乳动物耳鼓上的是锤骨，拉丁文名"malleus"。锤骨敲击砧骨（拉丁文：incus），然后砧骨移动镫骨（stapes），镫骨刺激内耳。这样的链条让我想到一位不拘一格的匠人，借由对声音工程的深刻了解设计出了这样的耳。但是，当然了：生

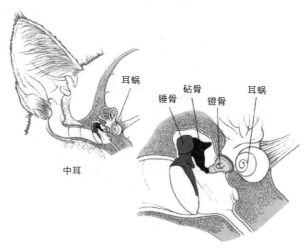

图 11.1　哺乳动物耳的三块中耳骨

物学的难题从来都不是破译造物者的巧思，而是揭示演化盲目的渐进。哺乳动物中耳的核心难题则一直都是：这两块额外的骨头是怎么来到这儿的？

值得注意的是，这个问题最重要的见解来自1837年，那一年达尔文刚在他的笔记B上涂写下他著名的"我认为……"。那时，若弗鲁瓦·圣伊莱尔（我们在鸭嘴兽论争中见过这位误人歧途的倡导者）还是一位比年轻的达尔文更有影响力的业界大拿。若弗鲁瓦称，所有动物的身体都遵循某个原型规划身体，这意味着任一动物的所有身体各部分都等同对应着其他动物的身体——没有哪个身体部位是某个生物独有的。为了支持这个说法所收集的数据，后来对同源性和演化的研究很有帮助；但是若弗鲁瓦在一个非演化理论的框架里搜寻他的身体相等部位，依据的是他那个单一宏伟计划的观点。哺乳动物中耳的三块骨头对这种世界观造成了特殊的挑战，许多杰出的解剖学家尝试在其他动物身上搜寻等同于哺乳动物这几块听骨的骨头。

关键洞察出自德国解剖学家卡尔·赖歇特（Karl Reichert），他把解剖针伸向了猪胚胎。为了破译听骨的来历，赖歇特追踪了它们的发育史，借此正确推断出锤骨和砧骨相当于非哺乳类脊椎动物的颌骨。赖歇特更是精确地发现了锤骨和颌关节骨的相似之处，而砧骨则似颌部的方骨；这两块骨头曾构成前哺乳动物祖先废弃了的颌关节，第九章曾有过讨论。赖歇特还说，镫骨相当于蛙和爬行动物中耳的单块听骨，与之相对的是鱼类头骨中结构性支持的部分。

演化学家后来捡起中耳故事的时候，一开始以为早期四足动物先演化出了有耳鼓的中耳，用多余的颅部支持骨并人这一空间——那个前支持骨变成了单块听小骨，即镫骨——用来把振动传到内耳。他们还一度相信哺乳动物后来又插进两块骨头以加强这一结构的动态范围。乍一听这还行，但这里有个工程上的大问题——一个有用的、单块骨头的耳，怎么才能在耳鼓和现有听小骨之间合情合理地塞进两个其他元素？

简单来说，没塞。一项调查仔细研究了现存四足动物的耳，研究人员注意到，蛙类、爬行类、鸟类和哺乳动物的耳存在明显差异。很明显，哺乳动物的耳鼓位置有所不同。而且随着古生物学家深人挖掘原始哺乳动物化石，也没有证据表明在爬行动物和哺乳动物之间曾经有过一个过渡状态的中耳。更惊人的是：没有证据表明哺乳动物的祖先有过单块听小骨。

现在人们一致认为，四足动物基于鼓膜式耳鼓和振动中耳骨的耳，至少独立演化了三次：蛙类、早期爬行类和哺乳类，哺乳类耳的独特形态是由其颌关节演化而来的。值得注意的是，这个理论认为在大约一亿年里，哺乳动物的祖先都不存在一个基于自由活动听骨的机制，用来听到空气传播的声音，然后早期哺乳动物一下子在错综复杂的中耳插进了三块骨头。

1975年，威斯康星大学的埃德加·阿林（Edgar Allin）首次有力论证了这一理论，他调查了一系列原始哺乳动物和哺乳动物化石，认为在兽孔动物中，中耳形成于三块未来的听小骨之上，当时它们还是颌的一部分。不过，它们属于颌部并不意味着它们对听力毫无贡献。关节骨和方骨——未来的锤骨和砧骨——身在颌关节，但当时它们也是与镫骨相接的小骨头，而镫骨连着内耳。

因为哺乳动物形成了新的颌关节，这些骨头和它们的听觉潜能得到了解放。保持牙齿位置的齿骨直接连到头骨以后，关节骨和方骨就能全职去干它们的新工作了。渐渐地，三块听小骨组成的链条从颌部迁走，形成了更为独立的耳，在那儿不用再饱受吵闹的咀嚼的干扰。

这一切都意味着哺乳动物的中耳骨不仅是过去的颌骨，而且在耳中锤骨和砧骨的连接，也和过去的祖先以及现在的爬行动颌关节同源。

哺乳动物中耳漫长的形成过程，一开始是选择压力打磨出了哺乳动物颌部的咀嚼适应性，两块曾经居于支配地位的颌骨变小了。但是在这场转变的后一个阶段，很难说选择的重心更多放在下颌功能还是更好的听力上。生物学家认为两者皆有；无论是哪种情况，哺乳动物的听力都变好了。

对于食虫的夜间生物而言，这一定很有助益。夜间听力好的优势显而易见：捕食者接近和昆虫鸣声都变得响亮清脆。此外，听力相对视力也有天然优势。例如，视觉没法穿透转角或树干，因为光沿直线传播，很容易被遮挡，但与此同时声波朝四面八方而去，绕过（甚至在某种程度上穿过）固体。北极狐捕猎就是靠听觉寻找雪下看不见的老鼠，然后它们鼻子朝下纵身一跳戳进白茫茫大地，所有的信息都是耳朵告诉它们的。

不过，这些论点更多是关于听觉本身，没有专门提到为什么哺乳动物更能听见高频声音是有好处的。

听觉有一个重要的方面是收到同一物种成员的声音信号。而哺乳动物（前面提到过）往往是社会化的生物、大量投资于照料后代。演化出高频听觉的小哺乳动物几乎肯定是吱吱叫的，那么，有没有可能，是为了更好地听懂彼此的呼唤，塑造了它们的耳？

交流固然有用，但也会引发不必要的注意。例如，一只呼唤母亲的幼兽也许会引起捕食者的注意——前提是捕食者能听见它的叫声。演化出高频听觉可能给早期哺乳动物提供了重要机遇：它们能发出和听到高于大动物（如恐龙）听力的音调，于是有了自己的私人交流频道。它们能用高亢的声音交谈而邻居们完全注意不到它们的交流。事实上，今天我们人类所说的鼠儿们尖利的吱吱声，都是在鼠界合唱的低音那头；大多数小鼠的发声对我们来说太高了听不见，对爬行动物和飞行捕食者也一样。

尽管这种沟通妙术对哺乳动物在过去和现在都很有用，其实还有另一个因素也可能推动了哺乳动物的高频听觉。听觉要真的派上用场，动物还需要知道某个特定响声的来源。就像长着双眼增强了深度视觉，长着双耳也能增强声音的三维程度。大脑的听觉处理中心通过比较输入双耳的声音在时间和强度上的差异，就能算出声波的来源。

对一头大象，或者一个人，头两侧的距离就足够大到让声音到达距离较远的耳朵时出现明显延迟。但对一只鼩鼱大小的生物来说这个延迟就太小了。另一个办法是利用强度差异。长波到达每个耳朵的信号几乎没有差别，但波长越短，频率和音调越高，它到达双耳的差别就越大。结果是，如果小型早期哺乳动物能够听到更高的频率，它们就更可能计算出声音来源。这一说法的支持性证据是，在哺乳动物头部大小和听觉之间有令人惊讶的相关关系——哺乳动物头越小，它能听到的音调就越高。

哺乳动物用来定位声音的另一个东西是外耳（pinna），它特别擅长指明声音是从上下前后哪一个方向来的。多年以前那些林子里的鹿们，突出的大耳朵转来转去，它们一定很清楚我和我爸从哪个方向靠近。

最后不得不提一句哺乳动物听觉中的巨大创新：声呐。

19世纪对蝙蝠夜行导航技能的研究始于一些挺粗暴的实验，人们发现眼盲的蝙蝠仍能保留这些技能，但耳聋蝙蝠就一筹莫展。但到了20世纪40年代，唐纳德·格里芬（Donald Griffin）做的一个重要实验真正揭示了蝙蝠的"回声定位"（echolocated）。他在哈佛大学的研究发现蝙蝠发出短促的超声波脉冲，并倾听这些脉冲的回声。通过这种方式，蝙蝠能在周围环境中穿行，捕捉飞行的昆虫，当它们追踪猎物时发声可达每秒百次。至少这些动物真的有黑暗视物的准魔法能力。

在水下生活时，声呐也是个不错的策略。和蝙蝠一样，齿鲸亚目（比如抹香鲸和虎鲸）和海豚（严格来说也是齿鲸）会发出高频的咔哒声，然后留意弹回来的声音，它们的耳朵已经重新适应了身处水下（而非空气）的特征。

鲸也是最响亮的生物。人们已经知道，抹香鲸用来交流的低频咔哒声比蓝鲸的还响，达到230分贝，能在海洋中传上数千英里远。

齿鲸们的另一个小毛病是，哺乳动物们殚精竭虑弄好的一种感觉被它们抛弃了。这种动物没有嗅觉。

嗅觉

在阿拉斯加，一只北极熊径直走了65公里（40英里）来到海豹们面前，它大概是嗅到的。熊（在系统发生树上和寻血猎犬相去不远）是哺乳动物嗅觉的首席代表。而哺乳动物通常嗅觉都很好。

人类的鼻子还行，但我们拓展的视觉能力似乎让嗅觉付出了一些牺牲。我们倒是的确对特定气味反应强烈，无论是震惊、高兴、反感，或是性唤起。气味感知——科学地说，"嗅觉"（olfaction）——就是指多种气味靠硬连接唤起天然情绪反应。不过人类很少用嗅闻来探索新环境，通常我们也不会用鼻子彻底地闻一遍别人来打招呼。相反，许多哺乳动物大量使用嗅觉定位食物、父母、后代或性伴侣，用嗅觉逃避捕食者，也依赖嗅觉标记领地和恫吓别人。

能对飘过自己身边的化学物质进行采样，这是一种非常古老的感知能力。哺乳动物没对基础模式做重大修改；它们造出了受体，能被经过的分子激活，这些分子可能携带了一些潜在有价值的信息，而在所有脊椎动物身上，这些受体都集中在鼻子里。哺乳动物仍是发扬光大而非颠覆革新了现成的东西。

找找有多少组织为嗅觉服务，能看出嗅觉在哺乳动物身上的地位。嗅觉细胞在鼻腔内扩张形成薄片，并以一种历史悠久的机制增加塞进小空间的组织薄层数量：哺乳动物的这些薄片形成褶皱，通过放置在精致折叠的骨头（嗅觉鼻甲）上扩大了面积。就像呼吸鼻甲为了控制呼吸时空气里的水分而造出的巨大表面积一样，更多鼻甲为附着侦测气味的组织提供了广大表面积。古生物学家虽然还没有在化石化的哺乳动物祖先身上找到感觉的鼻甲骨，但是盘龙朝前的精致骨质脊被认为可能曾是嗅觉细胞的家，表明哺乳动物祖先可能从很久以前就有嗅觉鼻甲和敏锐嗅觉了。

大多数哺乳动物还将很大一块脑区用于专门处理嗅觉输入的信号。脑区大了，算力就高，所以一种动物对特定感觉通道的重视程度可以从这种通道分配到的神经来推断。比如说，人类的视觉处理占据很大的脑区，而哺乳动物通常嗅觉脑区特别大。不过哺乳动物重视鼻子的最明显标志，还是它们的嗅觉受体的纯粹数量。

人类的彩色视觉仅仅是三种不同色彩感受器的结果——我们感知到的无尽色彩，尽是来自对这三种接收器信号的比较。要揭示出嗅觉的分子逻辑，同样需要确定有多少种不同的嗅觉受体存在。20世纪80年代晚期，哥伦比亚大学的理查德·阿谢尔（Richard Axel）实验室有许多人做了尝试。成功者是琳达·巴克（Linda Buck），她在1991年一次夜间创造力爆发时分离出了大鼠的嗅觉受体。通过检查她收集的巨量基因数据，巴克和阿谢尔发现的不是三种嗅觉受体，也不是10种或100种。数据表明，大鼠的受体约有1000种。这项发现揭示了哺乳动物的嗅觉通过许许多多嗅觉受体来运作，让巴克和阿谢尔获得了诺贝尔奖。

后续的工作表明，这个数据比真正的大鼠受体数目还少200种。我们还知道了有些受体只被一种化学物质激活，而另一些则是通才，对多种气味都很敏感。

别的脊椎动物拥有的嗅觉受体比哺乳动物少得多，总数上差异很大，不过蜥蜴和鱼约有100种，鸟类和龟有 200 种，美洲鳄能达到 400 种。尚不清楚这个数字何时发生了扩增。胎盘哺乳动物拥有 1 000 余种受体基因似乎是常态——许多物种都是这个数字，包括马、牛、兔、狗和多种啮齿动物。值得注意的是，在这些物种中，嗅觉受体基因约占总基因组的 1%。

到胎盘哺乳动物之外研究嗅觉发育，有袋类的负鼠也有 1 000 个受体，而鸭嘴兽有 350 个。这有可能是说，在单孔目分离之后、有袋目和胎盘哺乳动物分开之前，发生过一次主要的受体增加。不过也可以想象另一种情形是，半水生、感应电的鸭嘴兽支系又第二次调低了嗅觉。实际上嗅觉受体来来去去非常频繁，这让事情变得很混乱——随着哺乳动物的分化，新老嗅觉受体出现和消失的速率惊人。现生哺乳动物受体基因库差异巨大，基因组里到处都是以前那些受体基因的残骸。

胎盘哺乳动物的"1 000 来个"规则有几个例外，包括齿鲸、灵长目和象。齿鲸们好像觉得水里的生活要嗅觉也没用——今天这种动物缺乏嗅神经，大脑结构中用来分析嗅觉的部分已经没了，几乎所有嗅觉受体基因都退化了。灵长目嗅觉的减退没那么激进。人类的受体比啮齿动物少得多，但还有 400 来个有用的。象的情况正相反。这种动物有 2 000 来种有用的嗅觉受体（和 2 000

多种不完整的）。人们早就知道象可以在几英里外"嗅"到水的气息，但真的发现如此丰富的基因还是很令人惊奇。这项发现的研究者提供了一些大象嗅觉超凡的例子：处在攻击状态的公象会从眼睛后面的气味腺释放信号，非洲象能通过气味识别多达 30 个家庭成员。它们还能嗅出两个不同部族的人，知道谁喜欢朝象投长矛，谁在大象周围平和地务农。

嗅觉还是一种非常社会性的感觉，同时和声音一样适合夜晚。它对鼻子离地近的动物也很有用——是指啮齿类那样的小哺乳动物，不是大象那种。就像声波和光子的性质塑造了听觉和视觉，嗅觉功能也是被气味化合物的特征所塑造的。看和听涉及的是转瞬即逝的实时信号——一出现就消失的信号——而嗅觉是一种慢得多的感觉：气味物质从源头上弥漫开来会持续比较久。

就像嗅觉是一种古老的特质，动物间的气味信号也是如此。但是哺乳动物因为有皮肤腺体而格外擅长做这个。除了产生乳汁和汗液，气味也是哺乳动物的重要分泌物。不仅大象眼睛有气味腺；气味腺也存在于食虫动物的体侧、大多数食肉动物的肛门附近，河狸还有一种海狸腺（也在肛门附近），其产物被用于人类香氛。雄性环尾狐猴博取雌性欢心的竞争方式是"比臭"（stink fights），每个雄性在尾巴上涂满两个腺体的分泌物——一种来自腕部腺体的水性分泌物，和一种"棕色的牙膏状物质"——来自肩上的腺体。这两个雄性随后挥动或弹起尾巴，直到其中之一败下阵来。不过研究这一现象的人报告说这味道对他们来说很细微。就像啮齿动物的超声聊天一样，嗅觉也为同一物种不同成员打开了私下交流之窗。

人类的好嗅觉是哺乳动物的遗产；它的后天不足也许是更好视力付出的代价，或者对灵长动物来说在树的高处嗅觉好也没什么用。不过很多证据表明，人们仍然有意识或无意识地感到潜在生殖伴侣的气味很重要。这也许和免疫系统在制造强壮后代上的相容性有关。事实上有一种理论认为，之所以人们还保留着那些奇怪的体毛区域，如在腋窝和腹股沟，说明毛发有助于发散这些身体部位传出的重要嗅觉线索。

触觉

虽然嗅觉对老鼠很重要，但当它忙于抽动鼻子感受周围世界的时候，这家伙可不止在嗅闻——它的胡须也在产生大量的感觉信息。正如一个评论指出："眼睛也许是人类'心灵的窗户'，但胡须是一条通往啮齿动物内心生活的更好通道。"在结束关于哺乳动物感觉的这番调查之时，让我们简短讨论一下触觉，特别是那些被哺乳动物独特的附件——毛发——所传递的触觉。

触觉是另一种原始感觉——形形色色的有机体都能感觉到加诸于它们身体的压力——哺乳动物的皮肤长满了多种多样已特化的触觉感受器，其中包裹在毛发末端的那些感受器对机械位移最为敏感。就像耳中毛细胞的突起，毛发是一种感知运动的有力杠杆。啮齿动物和其他哺乳动物的胡须代表了利用这种结构进行探索性触摸的顶峰。一只小跑的老鼠用胡须导航，用它们识别物体，也用它们进行社会交往。它的胡须比其他毛发拥有密集得多的神经支持，胡须的模式完美映射在小鼠大脑中一个被称为"体感皮层胡须对应区"（又名桶状皮层）的区域，每一根都对应一桶神经元。毋须赘述这一系统在黑夜中多么有用，其实在啮齿动物居住的黑暗地下洞穴里它价值更大。

许多哺乳动物高度特化的"触觉毛"（tactile hairs）只限长在面部，但时不时也会分布到更多地方，比如蝙蝠翅膀上，或者海牛的全身（不然就还挺秃的）。记住这一点，再让我们回顾保尔·马德森1972年的论点，即毛发起源并非为了保温，而是作为感觉器。马德森的观点是，要从完全无毛到有助于内温的毛茸茸——也就是跨越圣乔治·米瓦特认为不可逾越的鸿沟——或许毛发的演化首先是为了帮助触觉，然后数量增加到覆盖身体。这样的话，小突起可能会是有用的感觉杠杆，这一优势或许推动了毛发的早期演化；这样，拥有数量稀少的体毛明显很有用。这一模型再次表明，复杂性状演化中会发生功能转变。或许正是为了能更完整地感知世界，却从中产生了保温和内温性。

别的世界

4岁的我站在森林里，绝望地想要看见刚才我们听到的发出声音的东西。我全神贯注地扫视着周围的景物。如今，换我站在森林里试着让孩子们明白，能看到一头鹿那么神奇的东西该是多么幸运。轮到我轻声说："嘘！"当然，最重要的还是能看见鹿。不过，如今我更能理解我所处的环境了。浓密的树林和夜晚对视野都不友好；太多光子被树干挡住，到不了视网膜，太多的动物演化出能融入环境的毛皮。我仍然很少能看到鹿。那些动物始终支棱着耳朵，抽着鼻子扫描空气中的信息，捕获着枝叶间游移的信号；还是一样，它们在我看见它们和它们看见我之前就逃之夭夭了。

我听见鸟鸣，但我想自己也许错失了哪些哺乳动物间的对话。我也被森林闻起来如此缺乏气味所震惊。我看到狗能到处嗅嗅，找到过去的访客们走过的路，我也好奇，狗儿们——或者鹿、獾、狐或兔子——到底对过路者的身份知道多少？

我不应说人类的嗅觉和听觉太多坏话。它们很好，极为均衡——来自坚实可靠的哺乳动物遗产。同样，我也不该太多赞美咱们的视觉。鸟类和其他生物的视力好得多，虽然我们对这类感觉流正经投入了大量脑力。[110] 最重要的是，我们都不该想象说我们的感官所呈现的就是世界的真实。我们的感觉只会把攸关生存的信息发给我们的神经系统；除此之外的理解，都像一个孩子相信黑夜只属于少数动物一样天真。

---

110 在科学上，这一点很有意思：想想显微镜和望远镜的重要性，以及看清极小与极大之物是怎么影响了我们对世界的理解。

第十二章

多层烧脑

"即使是最笨的哺乳动物，其脑也已大为增长了，"艾尔弗雷德·罗默（Alfred Romer）1933年写道，"大脑半球最初是专门用于嗅觉的小结构，几乎所有成长都发生在这里。在这里出现了更高级的脑中枢，使哺乳动物群体的心灵发达程度远高于其他脊椎动物。"

欢迎来到20世纪上半叶。罗默是脊椎动物生物学的权威，这是他写在《人与脊椎动物》（*Man and the Vertebrates*）中的一段话。认为最傻的哺乳动物也比任何其他脊椎动物聪明得多，这种观念当时大行其道（罗默大概也不太看得上无脊椎动物）。这种世界观在那段时期很典型，断言哺乳动物进入黎明时期，就标志着认知能力的飞跃。哺乳动物大步走在迈向更高智能的道路上，最终到达智人的巅峰。在一本由这个最聪明物种成员所写的、关于哺乳动物为何如此特别的书里，这个观念当然成其为一个不错的高潮——但这是真的吗？

不幸的是，并不。它充满了过时的自大。1933年以后事情变得越来越复杂。而大脑，反正怎样都很复杂。

能够确定的是，哺乳动物大脑确实特别大。和体形相近的爬行动物比，哺乳动物的脑是其6~8倍大。而一般来说，脑子越大的动物越聪明。但是按大脑和体形比例来看（这么做才能在不同体形动物之间进行公平比较）你会发现鸟类的脑也同样很大。

另一个大范围成立的事实是，哺乳动物的脑之所以大，是因为它们的脑半球（如人类大脑上的折叠灰质）很大。不过后面会谈到，这也说明不了哺乳动物起初如何获得更大的脑。而且大脑半球也并不仅仅是个过度生长了的初始嗅觉结构。

然而，哺乳动物大脑大部分组成是一种别处没有的神经组织。解释这种组织的起源，恰是与哺乳动物有关的演化神经科学的核心。关键问题在于，哺乳动物大脑是否真的含有某种新型的"更高级大脑中枢"。如果真有，那么这一中枢的性质是什么？

至于哺乳动物"心灵发达程度远高于其他脊椎动物"，这在今天看来十分势利眼。哺乳动物很聪明，这一点毋庸置疑——这是它们的核心特征之一。但并非所有哺乳动物都是毛茸茸小天才，而人们越是仔细研究非哺乳动物的智力，情况就越是玄妙。

到头来，达尔文还是用了很大篇幅讨论在其他动物身上如何观察到人类情感和行为的先声，但在《物种起源》中他大多时候将大脑排除在外。看起来他似乎是想要论证自己的演化理论，而不使人们注意到他的信念——人类奏乐、写诗、造艺、从事科学和敬畏上帝的头脑，不过是一个增强了的猴脑。归根结底，猿类的草台班子怎么可能产生维多利亚式的复杂世情呢？而与达尔文同时期的那些杰作，来自狄更斯、陀思妥耶夫斯基和艾略特，从勃朗宁到惠特曼，从勃拉姆斯到李斯特，还有马奈和惠斯勒——真的可以归功于一个抽去了动物性生存和繁殖之本质的过程吗？

达尔文也明白，生物演进是没有目的的。但随着进化论越来越深入人心，它经常被视为一个渐进的甚至是有目的的过程，不断造就越来越好的生物体，而人类就是其巅峰之作。尽管这种世界观已成往事——人类的胎盘是胎盘演化巅峰的观念很快（相当快）被视为荒谬——它仍然在演化神经科学里投下了深重的阴影。

干扰讨论的不只是人类的智力和艺术成就；在19世纪中叶，已经有超过十亿人分布在这颗行星上，除了他们的大脑，很难用别的因素解释这样的繁荣。人利用技术、工业、农业和日益进步的问题解决能力，进军了多种多样的栖息地，显然也成了自己命运的主宰。人类拥有智能，而智能恰如其分地为人所用。人们很容易把聪慧视为一种高度有效的演化策略，而且自负地认为更高的认知能力就是演化一直以来的趋势。

神经解剖学繁荣于达尔文于1882年去世之后。在这一学科发展初期，欧洲研究者调查了大量哺乳动物和非哺乳动物的颅内容物。有些研究者试图揭示这些脑在显微镜下的细胞排列，另一些则调查了这一器官的大体解剖结构。这些研究很快表明，脊椎动物脑的后部和中部有明显相似之处。鱼类、两栖类、爬行类、鸟类和哺乳动物的脊索、脑干和后脑的相似性远超差异性；用演化术语来说，就是保守性多于趋异性。

大脑最后部的功能比前部平淡些。比如说，脑干调节呼吸和心跳，而其他深层中枢执行一些古老的功能如能量平衡，或者入睡和醒来。尽管动物的各种感觉流反馈到大脑的中后部，这些中枢所产生的行为是刻板且本能的。

再往前，各类脊椎动物的中脑和连着的小脑展现出了有趣的多样化，不过演化真正的作用在前面。此外，你可以按照想象的阶梯，把脊椎动物的脑从鱼到两栖类、爬行类再到哺乳类排成一排，可以看到前脑明显在逐渐扩大。

1908年，德国神经解剖学家路德维希·埃丁格（Ludwig Edinger）写道："最后，在哺乳动物身上，我们看到了拥有如此之大（皮层）的脑，可以期望其反射和本能是从属于联合及智能活动的。"这个观点认为，较高级的（字面意义和形象上都是）哺乳动物前脑中枢，能进行更高级的信息处理，从而接手了低等动物后脑中枢的功能。较低等的动物服从本能，哺乳动物则深思熟虑。如果哺乳动物排的位置正确，那么皮层的逐渐积累，也解释了逐渐朝人类方向走的过程中脑的增大。

到1909年，荷兰神经解剖学家阿里恩斯·卡珀斯（Ariëns Kappers）往神经解剖学词库里加了一堆附加词。这些术语想要概述这么一种概念，即大脑沿着线性阶梯从后往前加入新部分，变得越来越复杂。在不同脊椎动物分类中，给脑区赋予的前缀说明了其结构的表面年龄。"Archi-"和"palaeo-"代表古老和最古老，放在许多鱼类、爬行类和鸟类脑结构名字的前面。[111] 而哺乳动物的大脑皮质则被命名为"新皮质"（neocortex 或 new cortex）。

皮质是组织的外层，这一术语来自拉丁文的树皮。新皮质是神经组织外面一层0.5～3毫米的薄层（0.02～0.12英寸），不同哺乳动物厚度各有不同，但都位于大脑外部。虽然这个包裹着人脑的精细折叠的灰质层（是人类智能的象征）主体由新皮质组成，但它是从整个器官的最前端长出来的。

人类新皮质的标志性褶皱使颅骨里能塞进更多皮质：人脑超过75%由新皮质组成。不过并非所有哺乳动物的皮质都有可观的增长：刺猬、马岛猬和负鼠只有大脑顶部有少数皮质。虽然许多哺乳动物皮质和人类一样展现出这种节省空间的外形，但也有很多物种的脑完全是平滑的。单孔动物的皮质分层，具有哺乳动物决定性特征，但鸭嘴兽的皮质平滑，针鼹的却沟壑纵横。

如果染色正确，再加一个能将就的显微镜来观察新

---

111 然而 Archi- 和 palaeo- 被误用了。Archi- 应该指最古老，而 palaeo- 才是古老。

皮质的薄片（当然你得懂一点它的花招），会发现它是由6个平行于脑表面的结构组成，就像一张张叠起来的纸。每一层都包含独特的神经元，它们以特定密度排列、以特定方式彼此相连和连到别的脑区。而这种六层排列的结构在哺乳动物之外是找不到的，这就需要解释它的起源。

不过我们还是从比较好办的哺乳动物大脑特征开始：它们特别大。

侏罗纪火花

在神经科学的历史上，少有像弗朗兹·约瑟夫·高尔（Franz Joseph Gall）这样受人诟病的人物。19世纪早期，高尔炮制了颅相学。他声称检查人们颅骨的隆起，从而推断内在大脑的大小，可以推断出这个人的精神属性。这完全荒诞不经，但高尔可能还是能获得一些赞誉——因为帮助建立了人类思维里大脑皮层的中心地位，以及提出不同皮质区域执行不同认知功能。如果说达尔文寻求其理论获得认可的过程很艰难，高尔则因为其观点过于唯物且反宗教而在1805年被驱逐出了奥地利。

从颅骨外面的隆起能看出大脑形状的说法虽傻，但支撑这一说法的理论并非全然荒谬。高尔认为，脑的某部分越大，其功能越发达，基本上这是真的。颅相学不值一驳，但从颅骨内侧研究这些隆起，却是理解哺乳动物大脑演化时机的关键。

颅盖骨化石内部的石膏模型，能揭示头颅过去内容物惊人的丰富信息。最明显的是，一个颅盖骨能揭示其前用户的大概尺寸，而脑的褶皱和裂缝的印记也能说明脑各部分的相对大小。至少在脑充满整个颅腔的情况下可以——鸟和哺乳动物恰是这种情况。不幸的是，大多数原始哺乳动物的脑在头骨内一个小室中，就和现在的爬行及两栖动物一样。

要确定哺乳动物大脑何时开始变大，需要来自早期哺乳动物和过渡祖先的头骨数据。但是回溯的时间越久远，有用的头骨越稀少。而且也没人想把 2.2 亿年前的珍贵化石脑壳交给别人，让人打开它往里填石膏。幸好你现在能通过 X 射线了解化石颅腔的内部形态，2011 年得克萨斯大学的蒂姆·罗韦(Tim Rowe)和同事就这么做了，画出了哺乳动物脑增大的进程图。

2.6 亿年前的犬齿兽铸模表明这种动物的脑很小，呈管状：前脑"窄而无特征"，中脑尚未像哺乳动物那样覆盖着皮层。罗韦对这种动物的观点很刻薄："和它们现存的后代相比，早期犬齿兽拥有低分辨率的嗅觉，视力糟糕,听觉迟钝,触觉敏感度粗糙,运动协调能力平平。感官-运动协调只占很小的脑区。"

然后是摩尔根兽,这种常见哺乳动物最早被发现是在威尔士距今约 2.05 亿年前的牙齿和骨头残余物[112]。不过罗韦利用在中国发现的一个惊人完整的头骨评估了其智力。相对其 10 厘米(4 英寸)的体形,这种早期哺乳动物的脑要比犬齿兽大 50%。这还没到现代哺乳动物的尺寸,但已经走上了这个方向。

最有趣的是,头骨形状表明整个大脑并没有均匀扩张。相反,扩张最急剧处发生在嗅觉处理结构——嗅球(嗅觉信号的第一站)和嗅皮层(第二站)都大了很多。此外,中脑现在覆有皮层,这个区域在今天被认为是处理触觉信息的。小脑也变大了,这个结构主要被认为用来协调运动。

巨颅兽属(Hadrocodium)动物生活在摩尔根兽之后约 1 000 万年的世界,体形很小。它只有 3 厘米(约 1.5 英寸)长,看起来像一个鼩,小到可以舒舒服服趴在你半截手指上。巨颅兽的相对脑尺寸表明了另一次快速

---

112 我把摩尔根兽和巨颅兽称为哺乳动物,因为它们都有颌骨关节;罗韦则认为哺乳动物是现存哺乳动物最后一个共同祖先的后代,所以他称它们为哺乳形动物。

增长，大小几乎与现存哺乳动物比较低的那头相去不远。其脑半球也变大了，嗅觉区域亦有增大。

一种动物将大脑分配给哪些功能，说明了对这种动物来说什么更重要。有了更强的嗅觉和触觉，加上更高水平的感知 - 运动协调，推动哺乳动物大脑最初的扩大，去适应分析显示的早期哺乳动物们的其他一些变化。这些夜行动物严重依赖这两种"夜间感知"，而且它们是纤弱的小动物。

和听觉有关的脑区在摩尔根兽和巨颅兽中都没有变大。摩尔根兽的哺乳动物中耳骨仍然是颌的一部分，但有趣的是，巨颅兽身上已经存在典型的哺乳动物中耳，但内耳还没有变得那么精细。

这两种动物几乎确定有毛发，有可能是来自毛的感觉输入（至少部分地）推动了摩尔根兽体觉皮层的扩大。毛发的出现当然也说明这些物种完全是内温的。脑会大量消耗能量。根据脑的大小，只有温血鸟类能与哺乳动物的脑力相比。头骨提供的年代学证据表明，内温性的第一阶段并未伴随着大脑尺寸的急剧增加，而第二次，和保温能力一起急速增长的内温性发展，则伴随着脑尺寸的变化。

知道了早期哺乳动物有多小，以及今天的内温性迫使鼩鼱（哺乳纲现存最小的成员）无休止地追寻食物，我们能想象2亿年前的哺乳动物也得不断寻找养料，而更敏锐的感官和精准运动对它们大有裨益。

其实以前有人提出过，推动内温演化背后的首要驱动力就是得到更大的脑。在今天看来，更有可能是脑尺寸增加影响了维持内温的反馈循环：获得更多能量允许脑子更大，而更大的脑也有利于获取更多能量。

早些时候人们调查了更近期哺乳动物的头骨化石，发现哺乳动物的脑平均来说一直在变大，这一趋势在恐龙消失之后持续了数千万年。我之前很快否定了那个上升的智力线性阶梯，而这趋势似乎是支持这种阶梯的；然而，化石记录表明这并不是普遍的增长。在哺乳动物家谱的各个分支之中，大脑以不同速率增长。这一器官在灵长目和鲸目辐射中变得最大。按体型比例来说，人类拥有最大的脑，不过许多大型哺乳动物的脑灰质实际上比我们多。蓝鲸是所有动物之冠，它近8公斤（17磅）的脑是我们的五倍。

对许多哺乳动物支系来说，脑的整体增长可以归结于新皮质的扩张，但如前所述，许多个哺乳动物的目，都有成员仍然只有少量这种皮质。似乎只有在对动物有好处的情况下才会演化出很大的脑或很大的皮质。

我们会回到现存哺乳动物的皮质多样性，但现在我们既然遇到了新皮质从哪里来的问题，有一点不得不提。嗅觉皮层——其扩张推动了早期脑的增大——并没有六层，只有三层。它并非新皮质结构。考虑到小脑也同样不是，最初哺乳动物脑的扩大不是新皮质推动的。

前述摩尔根兽的中脑覆盖的皮层是处理触觉输入的，它可能有六层。对我们来说，想要理解六层神经层叠的重要性，就必须略知脑如何运作。

电路图

在侦探界有句俗话（至少电视上是这么说的）：跟着钱走。在神经科学里则是跟着轴突走。轴突是神经元送出去和其他神经元接触的线状投射。动作电位（短暂的电流尖峰）沿着轴突前进，这些尖峰的模式把信息由 A 传到 B。

在 B 处，轴突终端因为尖峰而释放出神经递质，从而增加或减少链条中下一个神经元发射的尖峰。了解神经元哪些与哪些相连，就能提供一个神经系统的电路图，从中推断这个系统怎样处理信息。这就是为什么目前人们花费大量的时间、精力和金钱，来绘制越来越精细的大脑地图。

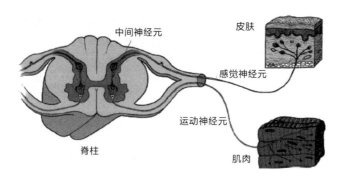

图 12.1 反射弧——自然最简单的神经回路

最简单的一种电路是反射弧。假如你伸手去摸一个东西，它很烫但你不知道。你接触它。在你意识到之前，你的手就弹回来，手肘紧缩，手置于胸前。我说"你意识到之前"不只是说反应速度快，而是字面上的意思。这个反射动作的发生是独立于你的大脑的——在手弹开之后，信号才抵达你的大脑让你喊出"哎哟！"

你能缩回手多亏了一个分三步的单向回路：感觉神经元→中间神经元→运动神经元（图 12.1）感觉神经元的轴突从你的指尖延伸到脊柱，在那里遇到中间神经元。如果被烫到的冲击将动作电位送上这些感觉轴突，一波神经递质就会让中间神经元兴奋。然后中间神经元同样产生尖峰，对运动神经元进行化学刺激。运动神经元轴突从脊柱出来连到手臂和手上的肌肉。沿着这些轴突行进的尖峰促使神经递质释放到肌肉，导致肌肉收缩，你的手飞快地弹了回来。

动物对日常所遇刺激的存在固定反射，许多动物完全（或主要）依据这些反射而行动。但新皮质显然远比这种回路来得复杂。尽管如此，关于固定反射，我还是要说几点。首先，神经科学家使用神经尖峰模式来研究它们如何编码信息——就上述感觉轴突来说，摸到的物体越烫，就会释放越多尖峰。所以温度显然影响放电率，而在功能上，动作电位距离越近，激发中间神经元越快。

第二，这个简单回路说明了神经系统的核心功能。如果没有一个覆盖全身的神经网络，能感知热量的手指被烫了只能做出局部反应——也许是手指的肌肉自己可以收缩。但当感觉神经把"手指烫！"的信号传到中枢神经系统，就产生了更高效广泛的反应。多种肌肉协同收缩，意味着整个手臂在其间传达了复杂得多的缩回动作。神经系统接收非常特定的输入，而且在整个生物体水平上指挥做出一个适当反应。同样，一头角马看到鳄鱼时会从河岸一跃而起，它不是仅仅眨眨眼。

第三，你可以想象一下，如果在这个回路里加入额外元素能如何改变其功能。比方说，有一条轴突从大脑延伸至脊柱中间神经元的终端，而它可以抑制中间神经元。这样的加法，使反射可以在必要时被关闭；也许有时候大脑认为暂时抓住一个很烫的东西并移动它会有好处。所以，额外的电路元件增加了系统灵活性，结果动物就可以根据环境产生不同的行为。

第四，记得第八章讨论过育幼能使个体发生转变，以及激素如何改变行为吗？激素受体（和其他神经信号受体）能以细微的方式改变神经活动的方式。如果一只动物感觉到危险，它通常会释放一波肾上腺素。肾上腺素并不直接激活反射，但当它作用于某些神经的受体，它会让这些神经在收到其他神经的放电要求时，响应要求的信号需要变得更多或更少。假设一个中间神经元被肾上腺素激发后，平时比方说需要五个感觉神经元动作电位才能激发的反应，现在只要三个动作电位就能激发反应。那么如果你预期周围有埋伏，你会因为轻微触碰就一跃而起，而非等到一大口咬上来。或者一头机警的角马看到浮木也会吓一大跳，而不会等到完全看清那到底是个木头还是鳄鱼。

在这个仅有三种神经元组成的反射弧回路中你会看到：（1）信息编码；（2）动物就单一刺激做出复杂且有益的反应；（3）（用加在回路上的第四个节点）对同一刺激做出替代性行为反应的基础；和（4）动物的激素

状态会改变其行为。这是神经系统有用的理由，而且它们说明了大脑为何很快就变得非常复杂。

话说回新皮质，传递"手指烫！"信号到脊柱的感觉轴突不仅开启了反射，它们还需要激活后续的神经元，这些神经元将信息沿脊柱上传至脑，到达那里的电位尖峰让你知道你刚烫着自己了。[113]

信号进了大脑，接下来会发生有趣的事。"烫手指"信息和其他感觉系统的信息流同时到达，这些信息输入因时机而联系到一起。眼睛传来了什么东西烫的视觉描述，报告了一堆蓝色火焰状的东西上有个大金属盒状的东西。反射弧只是对烫的反应，但在大脑回路中来自多个感觉流的信息会相互作用。随着轴突和它们携带的尖峰，你会看到视觉和身体信息先传到负责单一感觉系统的新皮质区，然后在不同区域中碰撞，产生了更高级的思维说"汤锅是烫的"。这种合并发生的区域被称为"联

---

113 我不知道你为何能感到受伤。我故意没有提及"意识"，无论从神经生物学还是从演化角度来看，意识无疑都非常迷人且亟待解释。这一现象笼罩着整个神经科学。但你可以研究我现在谈论的所有：神经、动作电位、突触、信息编码等，并以客观的方式讨论，在生物学上都很有意义，而同时完全不用谈到这种神经系统创造的深奥心理现象，我们可以通过它体验诸行。所以没错，当我们烫到自己的时候，我们感到受伤。然而对神经系统的物理分析，就算意识不存在也能完全相容。那各位务实的神经科学家怎么处理这个问题呢？通常（至少是专业地）他们忽略意识。恐怕这就是我在这里做的事情。

合"区，都位于新皮质中。

新皮质还会探测感觉信息的模式。以视觉和我们能从中得到的丰富细节为例。睁开你的眼睛就能立即看到一片视野，而不会看到多个脑区创造它的残余，这是多么神奇。但是像我们这么好的视觉，需要有大量神经元参与执行大量的计算：许多脑回路，从光子散射产生的视网膜活动中，提取不同特征拼接在一起。人类大脑有分开的皮质区域和神经元处理颜色和运动、评估深度、检测边缘。而大脑对收到的输入信息加上恒常性。这就是为什么我们能追踪一只飞过视野的乌鸦，而实际上存在的只是一串有不同黑影的视网膜影像。脑区域增加不仅能使行为更灵活，也能以更复杂的方式解释输入的感觉信息流。

最后，大脑储存了经验的记忆，于是动物能够从过往中学习。在哺乳动物的脑中有一个叫海马体的结构——它与爬行动物脑有明显的同源性——创造和储存事件记忆的关键。顺利的话，你能想起上次摸到炉子上滚烫的锅子，并且不犯同样的错误。

第八章讨论过的社会学习（人类身上表现出了这种能力的巅峰），意味着只要有人教，动物可以学会不去抓握危险的汤锅，如果看到表亲为捕食者所害，就能学会自己不去招惹捕食者。这是很复杂的现象：他者行为的含义能塑造个体的未来行为。所以回路越多，计算就越多。我们人类会听到这样的话，"燃烧炉子上的东西不要摸"，并对文字传达的抽象概念进行处理，存储这一建议，将其与现实物体相关联以指导未来行为。当然你有可能（如果你非常好奇）小心地伸手去感觉一下沸水上方两英寸处的热量，但你不会直接伸手去抓。

　　一种可以产生多种行为的神经系统，在给定场景下能选择最适合的行为，它使动物反应敏捷灵活。一种能以海量细节预测外部世界，能更好地理解光子或声波的复杂信息流的神经系统，使动物能响应更大范围的信号。而会学习的神经系统，能让一种生物体活得越久，或许（应该）就可以更好地适应其生活的世界。当自然选择筛选出随机基因变化的产物，留下那些为在其环境中活动做了最佳准备的生物时，发达神经系统的演化已经产生了能够自己适应环境的生物体；这一系统能在分秒间或几小时内适应，而不是花上几千年。

新皮质的回路

　　19 世纪晚期某些染料改变了我们对染色体的理解，与此同时，新染色技术也使神经科学先驱们，比如巴

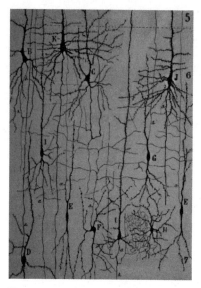

塞罗那的圣地亚哥·拉蒙-卡哈尔（Santiago Ramón Y Cajal），破解了脑的微观组织。一种革命性的染色剂在大脑薄片成千上万的神经元中随机标记出数个，但是是完整的数个。这种染色剂展示了神经元了不起的完整形态：轴突朝一个方向发射，可见树突（从神经元细胞体延伸出去收取轴突输入的细长枝条）分枝出去，各自形成树。当卡哈尔仔细观察时，他看到在轴突和树突间细小的间隔：突触，我们如今已经知道，神经递质在这些细小缝隙中扩散。[114]

图 12.2　1887 年，圣地亚哥·拉蒙-卡哈尔画出了大脑的精细微观结构，这是 1904 年脑神经的一个阵列。图源：Science History Images/Alamy Stock Photo

---

114 除了目瞪口呆站在图书馆一本打开的笔记面前，我第二喜欢的体验，就是遇到了一页卡哈尔的神奇手绘神经元。

在维多利亚晚期发现的另一种染料能把神经细胞体染成紫色，通过把所有神经元染色，它成为揭示新皮质层数的关键。研究者颇费一番功夫才达成共识，确认一共六层，部分是因为皮质不同区域在微观组织上差别很大。1909年，德国解剖学家科比尼安·布洛德曼（Korbinian Brodmann）确认存在这些差别并得出了结论。布洛德曼考察了人类完整的新皮质，描述了不同区域各层的确切性质。在不同区域，各层的相对厚度、是否分为亚层，以及神经组成具体如何排布都有波动。布洛德曼一共在人类脑中数出约50个区并绘出了"皮质地图"。想象把新皮质区从大脑上面揭下来摊平，这张地图就好像一个以州县划分的国家地图（图12.3）。布洛德曼称之为"脑的器官"，认为它们各有独立功能。在高尔之后一个世纪，布洛德曼可以援引神经学家的工作，这些工作表明了对皮质特定区域的损伤如何影响特定的认知功能。他认为，细胞组织的变化是实现独特计算的基质，借此实现各区域的特定功能。这篇论文如今已成经典。然而，在布洛德曼所描述的不同区域里，皮质好像同一主题的不同变体，就好像大自然在新皮质特有的六层结构里巧妙地压进了某种基本的（或标准的）回路。

第1层是最外层的新皮质，包含极少量神经元细胞体;

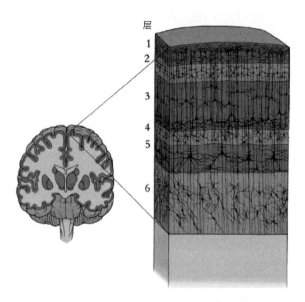

图 12.3 哺乳动物大脑皮质有 6 个不同层

穿过这层的是轴突，连着其他层神经元树突的顶部。这下面是第 2/3 层（说是 6 层，但把第 2、第 3 层区分开似乎是为了狂热爱好者，通常它们总是摆在一起）。2/3 层里的神经元居于新皮质回路中心。第 4 层是较小的神经，接收自丘脑而来的轴突的输入，丘脑这个结构将大多数感觉信息传递至皮质。第 5 层和第 6 层的神经较大、数量较少，其轴突离开了皮质区域。

这些层之间固定的连接，以及特定层与每个皮质区域以外的脑连接的方式，意味着存在某种信息流经新皮质的基本路线。前述段落只是对复杂事实的简单勾勒，要记住的是新皮质各层构成了一个有变化但基本的回路，从丘脑输入→第 4 层→第 2/3 层→第 5 层和第 6 层→输出（输出的性质取决于相关脑区）[115]。

　　一旦你理解了这个回路，以不同方式构建各皮质区就说得通了。比如说，初级视觉皮层有一个非常大的第 4 层以获取来自眼睛的信息，而初级运动皮层（其轴突转向控制肌肉运动）几乎没有第 4 层，但有很大的第 5 层。

　　如果这就是基本回路，我们终于可以问了：新皮质从哪里来？简单来说：没人真的能确定，我们接着会讨论两个主要理论。

新的新皮质

　　在脑这个东西上，我们又回到了那个问题：哺乳动物是我们那一支羊膜动物族谱中唯一子遗，在爬行类和哺乳类之间谁都没剩下。当哺乳动物特征在鸭嘴兽和针

---

115 我说到的所有神经都是兴奋性神经元，其尖峰和神经递质都是促使下一个神经元行动的。但是在兴奋神经元之间还穿插着许多抑制性神经元，其递质的工作是抑制活动。这些细胞对于过滤信息、抑制失控的活动——如癫痫发作中可见——以及控制活动的时机来说十分关键。

躯身上完全形成时，这个问题就更难解答了，而新皮质恰是如此。严格来说，我们关于新皮质最多能说它是在哺乳类和爬行类最近祖先之后、单孔目和正兽亚纲分离之前的某个时间演化出来的。如果它真的出现在摩尔根兽的中脑，我们就能把它的诞生时间缩到3.1亿年前至2.05亿年前。

至于新皮质是从什么演化而来的（这相当于说是哪个汗腺最后变成了乳腺），我们最多能看看其他现存羊膜动物，试着推断出先祖可能的状态。然后到了这一步，我们得就新皮质是怎么演化出来的提出假说。鸟类显然走上了自己的路去扩张和改变它们的脑，但也许其他爬行动物的脑还与旧日相似。比如说，龟有三种皮层，每种都相对简单。嗅觉皮层位于它脑的外部，和哺乳动物的嗅觉皮层很相似——同样有三层，只有中间那层才有大量兴奋性神经元。在龟的前脑中间是另一个被认为与哺乳动物海马体同源的简单皮层。这里也有单层神经元——功能是形成记忆——侧面与上下另两层相接。在龟脑的顶端有一个小小的背面皮层，同样由单层兴奋性神经元和一些穿插其中的抑制性神经元组成。它处理视觉和躯体感觉信息。

现在，如果你去看看刺猬或负鼠——哺乳动物中没多少皮质的成员——它们的嗅觉皮层、新皮层和海马体分布和这种基本设置也相去无几。关于新皮质产生的一号理论认为，是爬行动物的背侧皮层转变成了新皮质，其中有一层的神经逐渐增多。

在爬行动物背侧皮层中，一群兴奋性神经元既是输入层也是输出层；这就是说，同样的神经元接受下丘脑传来的信息，然后将尖峰沿着轴突送出皮层外——并没有真正的内在回路让信息嗖嗖地跑。因此，新皮层从这个结构演化的话，就是用四到五个专门功能代替一个单一、多任务的神经元。就好像把一个管家替换成全职清洁工、男仆、厨师和女仆（如果你喜欢拿唐顿庄园打比方）。随着越来越多的要素逐渐加入，皮质的功能被分配给了回路中新加入的中继点。正如此前所说，增加额外的细胞和突触，将会增加执行更多计算的可能。

没人找到过介于爬行类背侧皮层和新皮质之间中间状态的皮层，各层以什么顺序相继加入仍只能靠猜。比如说，背上有帆的异齿龙会不会有两层神经元——一层接受输入，另一层输出信号？兽孔目会有三层神经的皮质回路吗？我们不知道。

比较三层和六层皮质发现，这两类皮质中兴奋性神经元和相邻抑制性神经元的相互作用是相似的，这为新神经元的并入提供了基本框架。人们认为，哺乳动物产生新神经元的发育过程有所拓展，生产了更多神经元，而随着这些后续神经元的生产，神经元生产线稍有不同，从而产生了，比如说，专门的第 4 层或第 2/3 层神经元。

在爬行动物皮质和新皮质之间另一个重要差异是丘脑出来的轴突方向。爬行动物的平行于大脑表面，与许多皮质神经元接触，而哺乳动物的是从皮质底部射出，和较少的神经元有更强的连接，提高了感知的敏锐度。

由于背侧皮层只处理爬行动物眼睛和触觉受体的信息（听觉是皮质下的感觉），新皮质有了立足点之后的扩张就涉及新区域的发育，正如布洛德曼描述的那样，每一部分都承担了新的功能。

在这一理论模式下，哺乳动物祖先就像电力工程师或者计算机科学家一样，开发出了新的脑回路类型：新皮质微电路（neocortical microcircuit）。在第二个模型中则没有这种东西，它们更像是创新的建筑家。

不太新的新皮质

安娜·卡拉布雷塞（Ana Calabrese）在一个统计学家的实验室里获得了神经科学的博士学位。就像 20 世纪发生在演化生物学上的情形一样，现在脑功能也越来越多地以数学等式来表达。卡拉布雷塞的兴趣领域是生成神经响应感觉输入的计算机模型。这类模型一般从一组已知输入和一组已知神经响应开始，随后尝试弄清楚神经回路做了什么（以计算机形式），使不同神经元以其特有方式放电。

生成一个这样的模型就够拿PhD了，但卡拉布雷塞决定研究现实获取的神经元数据。因此她来到哥伦比亚大学晨边高地校区，在一家实验室里研究斑胸草雀（zebra finches）的歌声。她和实验室的教授莎拉·伍利（Sarah Woolley）一起，在斑胸草雀大脑三个不同区域插入微型电极阵列，记录下了823个神经元对类似鸟类歌曲的声音的反应。卡拉布雷塞和伍利感兴趣的是鸟类大脑如何工作，而非如何演化。

卡拉布雷塞检查了大量数据，结果显示鸟类大脑各部分神经以不同方式在不同时间放电，她在一次会议上介绍了她的分析。在场有人对此很感兴趣，但他并不是鸟类研究者，而是哺乳动物新皮质方面的专家。伦敦大学学院的肯·哈里斯（Ken Harris）从中发现，卡拉布雷塞分类出的几乎每一种鸟类神经元放电，在哺乳动物皮质中都有一种对应的神经元亚型，以相同形式放出尖峰。

哈里斯建议伍利和卡拉布雷塞发表她们的研究，他会写一篇附带的评论。这篇论文于 2015 年发表时，哈里斯明确将鸟类三个脑区和哺乳动物皮质中单独的层进行比较。通常人们认为鸟类大脑运作和哺乳动物不一样。和哺乳动物分层的皮层不同，鸟的前脑是多个泡泡状的核聚集在一起，外在解剖上看完全不同。但是哈里斯强调说，鸟类 L2 区的神经元和哺乳动物第 4 层神经元相似，它们都是先放电的，编码信息的方式也相近。在哺乳类和鸟类身上的这两个区域，都是从丘脑出来的轴突的第一目标。然后，另一个鸟类脑核中的神经元恰似第 2/3 层神经元。这两个结构中的神经元较晚放电，方式更为复杂，但仍惊人相似。最后，哺乳动物的第 5 层神经元对应鸟类脑中的"L3 区"，虽然在哈里斯谈论的四项标准中只有三项发生了对应，而不像前述几种那样四项皆符。

结论很明显：在这两类关系颇远的动物身上，虽然脑子外表全然不同，但其回路却惊人相似。哈里斯写道："如果存在某种标准的皮质微电路，如果这种电路真的在鸟类和哺乳类中同源，这就意味着这种电路在它们 3 亿（年）前的共同祖先身上已然运行着。"

不过，这一激进的观点并非全新。哈里斯、卡拉布雷塞和伍利的新观察，支持了近半个世纪之前的一种理论。20 世纪 60 年代，美国神经生物学家哈维·卡滕（Harvey

Karten）提出了一种理论，认为人们都被误导了，以为鸟类的核状大脑和哺乳类的层状脑差异极大，其实不然。

卡滕决心调查鸟类脑机制的时候，鸟还被认为智力低下。20世纪开头的时候，对各种脊椎动物大脑的研究对鸟类都很冷淡。主要是因为，它们的前脑是核（nuclei）而不是分层。

脑核被认为是脑原始的标志。它们看起来像哺乳动物新皮质之下的东西：纹状体（striatum），一种皮层下的核，条状神经纤维从中穿过。纹状体通常和简单、固定行为模式联系在一起（和深思熟虑充满智慧的皮质正相反）。基于这种表面上的相似性，鸟的前脑被认为不过是增大了的纹状体，其产生的行为远不如哺乳类前脑所能做的那么灵活，即使以同等质量的温血动物来说，鸟脑增大的水平和哺乳动物其实差不多。20世纪70年代末期，艾尔弗雷德·罗默还将鸟类贬为长羽毛、心智有限的自动装置。

然而，卡滕加入鸟类领域时，鸟类认知状态低背后的核心观点正逢挑战。他既为推翻这一观点做出了贡献，又协力建起了关于鸟类大脑的新观点。

哺乳动物的纹状体不仅像核、有纹路，它还有特征性的神经递质和酶，以及与其他脑区的明确联系——这些比外在形态更能具体地识别这个结构。而当研究者在鸟类身上寻找这些纹状体特征时，他们并没有发现整个前脑都表现出这些特征。正相反，他们只找到很小一个区域，就和哺乳动物纹状体一样。事实上鸟类前脑纹状体和非纹状体的比例和哺乳类惊人相似。这带来了一个显而易见的问题：鸟类前脑的其他部分是干什么的？

卡滕的方法是绘制整个脑的连接并画出其回路。从感觉系统开始，他仔细地跟着听觉、视觉和体觉信息的路径。他系统性地追踪了从耳、眼和脊柱传来的信息路径，跟踪它们从鸟类大脑中一个节点去往下一个节点。他说，时不时地他会对自己发现的某条新通路十分兴奋，但当他跟自己在马里兰的沃尔特·里德陆军研究所（Walter Reed Army Institute of Research）的同事说的时候，他们会说，"这就和哺乳动物一模一样！"

最后，卡滕发现了鸟类和哺乳类大脑回路里有那么多相似点，他据此提出了一个理论。1969 年他写道，这些回路不仅仅是相似，它们就是一回事——鸟类和哺乳类的认知运作是基于共同的基本回路，它已经被保留了超过 3.1 亿年。

卡滕说，这就像加利福尼亚州的现代建筑和高而窄的纽约城市联排房屋——看起来截然不同，但造起来还是为了向住户提供一个厨房、卧室、浴室和起居室。基本的要素——互相沟通的神经元——还是一样的，只是安排方式很不一样。在这个模型中，鸟类和哺乳类支系漫长的独立历史建起了差异巨大的脑，但其核心回路被保存了下来。正如哈里斯后来的回顾，核状的鸟类大脑和层状的哺乳动物大脑中，起作用的核心回路曾存在于它们的共同祖先身上。1969 年，这一理论还是颠覆传统的旁门左道。卡滕还说，"就好像在教堂里放屁"。

你懂为什么。人们对鸟的普遍认识还是长羽毛的笨蛋，他们才刚刚了解到鸟类大脑不是巨大的纹状体，就有个家伙说鸟的大脑和哺乳动物华丽丽的新皮质干得一样好。卡滕经常被贬为想把鸟类大脑塞进哺乳类模子里。不过，他说，他只是报告了数据。

卡滕后来开始研究视网膜，将其含有的各种细胞编目。他的重点也变成了理解视觉通路。但他有时也会更新这部分演化工作。一般来说，这一理论仍然居于演化神经生物学的边缘，被分在标签上写着"要是真的就有趣了（但有点牵强）"的柜子里。大多数人只接受了新皮质产生于爬行类背侧皮层的理论。

然而卡拉布雷塞的工作和其他一些近期研究给卡滕的假设注入了新的活力。2010 年，居住在圣地亚哥的卡滕本人发表了对鸡脑的观察，表明其中含有此前未见的、和哺乳动物皮层相似的精密组织。卡滕的重点是，寻找神经系统的同源性，你应该在神经元和回路水平上寻找，其排布是以层还是以泡状——或者任何其他外形——都是次要的。

哺乳类和鸟类大脑之间的相似性，除了能说明其核心回路是来自共同祖先的共有遗产，另一种可能是它们在执行神经元计算上趋同演化出了重合的方式。对这种可能性最有力的反对意见可能来自最近的研究：新研究发现，在发育中决定特定哺乳动物皮层神经元的基因标记，同样表达在未成熟鸟类的神经元中，这些神经元在成体大脑中会有类似的功能。这被认为是其共同起源的分子残留。

为什么哺乳动物祖先最终将这些回路元件以层层皮质的形式组织起来，而鸟类则形成了核状脑，这个问题仍然没有得到解答。而哺乳类祖先究竟如何将起初的回路重建成层状的，是这一假说的最大挑战。如果卡滕是对的，新皮质发育的主流理论就一定是错的，尽管卡滕相信一些研究实际上已经观察到了另一种神经迁移形式，这意味着他的模型是有道理的，而关于皮质生成的模型应该做些修正。

因为这个和一些其他问题，有很多人认为卡滕就是错了。对他们来说，这个理论就是可疑。另一种主要反对意见称，在鸟类身上，某些胚胎组织会发育成含有这些回路的脑核，在哺乳动物身上也可以识别出这些胚胎组织，但后者发育成的是较小的脑结构，绝非新皮质。当卡滕被问到怎样调和这些不一致意见时，作为一个坚定的实验主义者，他坦率地说："不要试图调和，收集更多数据。"

卡滕假说中最引人注目的要素是，鸟类和哺乳类使用的核心操作系统在 3.1 亿年前就已经被创造出来了。要理解演化在什么时候炮制出了这种羊膜动物似乎都有的电路，就需要对爬行类、两栖类和鱼类大脑中的回路进行更多描述。卡滕说对这些生物的研究正在积累许多颠覆性的发现。现在，这些神经系统已不再被贬低为简单初级，且与鸟类、哺乳类大脑迥异。例如，最近关于七鳃鳗（lampreys）——最早、"最简单"的脊椎动物代表，其支系 4.5 亿年前从有颌类（jawed fish）分离出来——的研究表明其纹状体至少也与哺乳动物"惊人地"相似。调查鱼类的脑使神经解剖学家获益颇丰，带来了令人兴奋的新见解。如果卡滕是对的，神经系统——正是演化到使动物变得更灵活的神经网络——在其核心特征上惊人地保守。

回顾演化的时间，卡滕认识到了这一问题极为困难。"整件事的起源是什么？何时是其真正开端？那是令人兴奋的挑战，是个如此振奋人心的问题。这不是那种有答案的难题，而是那种每得出一个答案就带出更多问题的难题。"

脑的演化，就像所有演化一样，是被变革所驱动的，这些变革使动物在一个充满不确定性的世界里能更好地存活。使用我们自己的新皮质来尝试理解它自己的起源，是一种多么深厚的人类特权。

巨脑回归

在评论安娜·卡拉布雷塞研究的最后，肯·哈里斯写道："或许实现智能根本就没那么难：原则上能支持高级认知的基础回路，可能早在几亿年前就已经演化出来了，但是仅在其好处胜过了头部尺寸、发育时间和能量消耗都大增造成的代价之后，它才能适应这一（高级认知）目标。"这和1933年罗默的优胜得意之感已大相径庭。

拥有更高智力的巨脑代价高昂，它需要更大的头部、更长的发育时间，还会大量消耗热量和氧气。一个动物是否要朝着具有更高智力的方向演化，是个成本 - 收益问题。关于海鞘生活史的轶事说明了这种权衡。在幼虫阶段这种生物就像蝌蚪，有尾巴、眼睛和神经系统能推动它们在海洋中遨游。但成体在海床上扎下根来，以路过的浮游生物为食——这种生活方式不怎么需要智力。当海鞘选定成年后的生活地点后，它会经历一次蜕变过程，将自己的眼睛和神经系统消化掉！

脑是在特定生物学背景中演化的。也许鸟儿写不出交响乐，是因为要飞行就不能长着太大的脑。或者，也许动物受限于没有可对握拇指。灵长目灵巧的手（和脚）能精细操控世界，从而将想法转变为行动。而鲸豚巨大的脑和毋庸置疑的智能，则是在一个应对和改变环境的能力更有限的身体中演化出来的。

当代行为神经生物学（用于推断动物认知能力的科学）终于弄明白了一点：如果我们想搞懂动物的智能，就需要对各种动物行为进行更富有同情心的、更仔细的观察和测试。

伴随着对鸟儿智能的深入了解，我们对鸟脑的观念发生了转变。多年来，艾琳·佩珀伯格（Irene Pepperberg）都被当作怪胎，因为她整天和一只名叫亚历克斯（Alex）的鹦鹉说话。鹦鹉确实会说话，但这些动物被认为只是重复——"学舌"——人类行为。但在密集的监控下，佩珀伯格表明，亚历克斯有一套它自己能理解的词汇表，它能理解颜色的概念，还会做简单的算术。鸦也能使用简单工具，而且在日本，它们会利用来往汽车碾碎坚果。这些鸟儿把坚果丢在人行道上，任由汽车驶过。然后在红灯的时候飞下去吃。

许多啮齿动物行为研究使用缺少食物的大鼠和小鼠，这样它们就会为了食物奖励走迷宫和做小智力测试。当人们在 20 世纪 60 年代对美洲鳄（alligator，鼍属）用这招的时候，他们得出的结论是美洲鳄很蠢。但是我们已经知道美洲鳄的近亲鳄鱼们吃东西频率有多低。而当美洲鳄能有机会选择不同温度（而不是食物）作为测试的奖励时，它们自己完全有能力完成任务。

近几十年来，神经科学已经不怎么研究一系列的生物体。许多研究现在集中于啮齿动物和灵长类，着眼于了解人脑。从大鼠到猴子再到人，这么个假设的线性阶梯好像是默认的。事实上一般实验物种被称为"模式生物"，很少被视为它们自己，一种经历独特演化历程的产物。不过，最近有些研究者，通常是那些借助非典型实验室物种开展工作的人，呼吁引入更强演化视角，且声音日益响亮。他们的论点看起来挺有说服力；纵观多

362

种生物体去了解脑的差异变化，从中总结何为必备本质，演化又对哪些要素进行了修改以调整认知功能和行为，实现不同物种的优势。

最后，如果说有70亿人类存在这一事实本身已经证明了智能的回报，然而，要知道我们这个物种曾不止一次摇晃在灭绝边缘。直到70 000年前，可能世上只生活着不到10 000个人。只是随着农耕的到来，以及基础技术的进步（发明过程很长，随后可以在社会上广泛传播）智人才扩散到全球。直到那时，他们才让自己过上了好日子，并逐渐聪明到能建起神经科学研究所。

新皮质回归

1909年，布洛德曼在人类增大的皮层中找出了多个不同区域，这是神经科学开创性的见解之一。不管新皮质确切的起源是什么，布洛德曼的工作很可能掌握了新皮质的秘密，即新皮质如何支持不同哺乳动物支系开始其缤纷多彩的认知历险。

布洛德曼所看到的皮层变化，现在被解释成标准的新皮质回路如何在各个区域实现专门化。回路的保守构件总是可以被识别出来，但其确切排列的差异之大，足以说明大脑各区域演化独立更新了这个回路。哈里斯——与芝

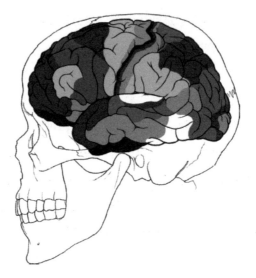

图 12.4 哺乳动物皮质被分为解剖学上互不相同的区域，执行不同的功能

加哥西北大学的戈登·谢泼德（Gordon Shepherd）——
称这些皮质区域为"系列同源体"（serial homologs）。
我们可以将其比作手指：这五个结构中每一个都显然是
同一结构的变体，但每一个都是独特的，并且互相补充
才能算成一只成功的手。

此外，由于每个区域都有一定的自主性，能形成一
套自己的外部连接，无论是连到其他皮质区域还是连到皮
层之下的目标。这两个方面（内部结构与外部连接）共同

使各个皮质区自成一个功能单元执行自己的特定任务。迷人的是，这类工作可以从解读（任意）感觉信息到控制身体肌肉，或调和更为抽象的认知，也就是我们称之为思维的东西。

"皮质区奇妙地使皮质能做的事变多了，"田纳西州范德堡大学的约恩·卡斯（Jon Kaas）说，"它们造就了惊人灵活的脑。"

卡斯曾广泛研究不同哺乳动物如何拥有不同的皮质区集合反映其生活方式。这些研究形成了这么一种概念，即保守结构可以在演化中产生有利可图的分化。例如，蝙蝠的小皮层中有突出的听觉区域调谐回声定位的声音频率。啮齿动物的听觉皮层处理自己发出的高频声音的区域扩大了，而鸭嘴兽的喙给皮质区域返回电感。近盲的地下哺乳动物视觉皮层退化，只留微小残余。这种适应性引发了其他哺乳动物创新。就像乳腺演化出了纷繁多样的哺乳体系，以及内温机制的不同发育如何支持着骆驼和北极兔、小鼩鼱和蓝鲸的生活，在新皮质中，哺乳动物再次发明了一些异常可塑的东西。

卡斯还提出，最初的哺乳动物可能有多少不同的皮层区域？通过比较单孔目、有袋目和胎盘哺乳类的四个主要分支的代表，并着重研究所有或绝大多数哺乳类都有哪些区域，卡斯估计早期哺乳动物大约有少于等于 20 个区域。他认为体觉区域在早期皮质中占大头，这与罗韦的化石一致。所有现生哺乳类都有某种视觉和听觉皮层，再加上处理来自肌肉的信息，帮助确定四肢空间位置的皮层。最初的哺乳动物可能也有某些联合区，能整合感觉区过来的信息。

有趣的是，卡斯提出早期哺乳类没有专门的运动皮层。相反，通向随意肌的输出信号直接来自感觉区。卡斯说有袋动物大多仍然没有专门的运动皮层（这一点尚未成为共识），这一结构是胎盘哺乳动物的创新。你忍不住要想，你得多精细地检查负鼠和大鼠的运动，才能看到这一区域出现的作用？

能成功协作大脑两侧的两个运动皮层——每一个控制对侧身体的肌肉——是不是胎盘哺乳类独有创新的演化驱动力尚有争议。这里说的是胼胝体（corpus callosum），胎盘哺乳动物连接左右脑皮层的轴突高速公路。哺乳动物大脑的许多独特特征，都是皮层下区域与新皮质区域连接更广泛的结果。

因此，一个小小的（约 1 平方厘米）、分为 20 来个区域的皮质，就是哺乳动物大脑演化的出发点。大多数支系的脑都增大了，虽然鼩鼱的小脑子似乎没有足够空间可以给所有这些通常的区域。皮层若小于一定的大小，就没有足够的神经可运行，因此鼩鼱扔掉了一些可以放弃的区域以确保核心部门有序运作。[116]

另一方面，当新皮质扩张时可能会发生两件事：要么每个区域按比例增大，要么出现更多的区域。虽然新区域可能会出现以满足生态位需求——比如回声定位或感电，它们同样也可以允许更多复杂计算。"原理是，"卡斯说，"更多的区域可以进行串行处理。如果你像计算机一样把事情分为许多步骤来做，结果就会很棒。如果你做简单的计算再不断重复，结果就会很神奇。这就是为什么人脑如此神奇。"

我们现在已经知道布洛德曼低估了人类皮层。我们有的不是50来个皮质区，而是200来个。许多人认为这就是人类智能的关键。以视觉为例，感觉输入到达一个区域，在那里得到处理，将结果继续输入到下一个区域做进一步考虑。人类皮层极力扩张以专门处理视觉感知，这里是一锅大杂烩，从视网膜传递给最初中继器的信息中，各种不同的处理器纷纷提取不同特征。

---

116 一项研究发现，鼩鼱的脑在冬季会缩小，或为减少能量损耗。小臭鼩体觉皮层可减少28%的体积，这些失去的神经会在未来的春季长回来部分。（Ray *et al.*，2020）。——译注

此外，联合区（来自多个皮层区域的信息在这里混合）在人类脑中增大了，特别是在脑的最前端。前额叶皮层整合了从整个皮质中收到的信息。值得注意的是，直到人类二十来岁，这个区域才会完全成熟。如今，在我为人父母的第六年——看着大女儿在和读写奋战，在学校操场上社交；震惊于小女儿词汇的指数级增长——我意识到其实我们只是这个器官成熟方式的一小部分。

冬天的某个下午，我在伦敦公园灰色的天空下吃午餐，我的注意力被上方裸露树冠上一只松鼠吸引了。它穿过树顶，从粗枝到细枝，一棵树到另一棵，如履平地。当它的伙伴冲下树干，我发现这只小生物在前爪上拿了某种坚果啃了一会儿。它暂停片刻，站直身子，四处打量有没有危险，然后笔直地冲回了树干的垂直面上。

当松鼠飞掠而过它的树栖家园时，它的脑子得处理多么大的信息啊。它的动作行云流水，如此优雅又有控制力。与我大不相同。

当看着这只松鼠——攀爬、进食、扫视、蹦跳，在我头顶几乎是在飞行——很明显它的大脑被它自己的生活需要所塑造。它的脑为躯体服务。而我们人类滑稽地持有一种颠倒的观点，反认为我们的身体是大脑的仆从。

第十三章

这哺乳动物式的生活

克里斯蒂娜和我为伊莎贝拉出生的第一年做了一本相册。这是你见过的最欢乐的册子，是活力、成长与爱的证明。但书页间暗藏着别的。通读它的人可能会注意到，一开始那个满面笑容抱着伊莎贝拉，站在克里斯蒂娜妈妈旁边的男子再也没有出现过。你可能还会问起，为什么我家人第一次来纽约拜访时只来了妈妈和弟弟。如果你发现了，当翻到后面看到我爸抱着孙女举高高的时候，或许会松口气。

那一年，即使我们已经度过了情绪激荡的 NICU 时期，我们的生活仍一直被疾病和健康推着走。当我的兄弟第一次当叔叔，我妈则当上了祖母的时候，我爸正从化疗中康复。当我们那年夏天去英国，克里斯蒂娜的继父正在昏迷。当我们 11 月再去，是为了参加他的葬礼。

这一整年里我们不停地问，难道 NICU 里经历的还不够吗？我们每个人都在恳求上苍，以为我们已经学够了关于概率、脆弱和死亡的事。显然，我们还没有。

如今，我爸的状况已经缓和，他最开心的就是和孙女们一起玩。伊莎贝拉和玛丽安娜，支撑着他和克里斯蒂娜的妈妈从病痛与丧亲之中走出来。

要不是一个方向错误的足球击中了我身为哺乳动物的特殊之处，就不会有这本书。要不是一颗小行星在 6 600 万年前击中墨西哥湾，也不会有这本书。生活自不可能事件之上徐徐展开。但只有当上了父亲才让这一计划成形。我，作为哺乳动物，一开始好像只是有个随意的生物学身份——只是又一个男人沉醉于婴儿在母亲怀里吮吸的场景而已。那时我并没有意识到照料后代在整个故事中占据着何等关键的位置，不知道哺乳动物生命里母爱的分量。我是否太过于被这个方面所驱使？也许有一点——其他人也许会花上更大篇幅描述哺乳动物肾脏的复杂性；人们已经写下了关于哺乳动物牙齿奇迹的鸿篇巨著……如果你已经被吊起了胃口，那样的作品也有。

现在回头去看，这是个完全关于诞生的作品。每一章都在问新性状如何诞生，伴随它们而来的又有哪些新的可能性。我也被新知识和新思想的诞生所吸引，跟随生物学所走过的道路，直至最终它更明了其主旨。当然，核心关注点是哺乳动物作为一个群体、作为一种独特动物的诞生。

但是，任何对演化的描述字里行间都潜伏着死亡。植物和动物在种系的差异化进程中改变；易朽之躯抛于道旁，死亡与生殖的比例才是关键。盘龙类、兽孔目动物、犬齿兽和类哺乳动物的相因相继中，灭绝与创造同样重要。在对这个顺序的研究中始终令我震撼的一点是其中的余量有多小：当古生物学家为肩关节、牙齿性状或颌骨形态的渐进变化煞费苦心，你会看出这一切都有意义，自然选择（在极大的时间尺度上）对于最微小的差异都极为敏感。生存与灭亡之间的平衡如此精细，以至于获取昆虫内脏的速度竟能塑造牙齿的形状；稍微多一丁点儿乳汁的原型，就能将一个动物支系推上前台；以及一对能听到轻一丁点儿或高一丁点儿音调的耳朵，就能带来如此之大的差别。

同样，在本书刚开始的时候，我以为会是一路走向对一种更优越的动物的赞歌。在那些定义了哺乳动物的特征描述中，我相信我会找到是什么让哺乳动物那么好。人们将后恐龙纪元称为哺乳动物时代（Age of Mammals）似乎支持了这个看法。

我倒是一直在赞叹哺乳动物生理上的巧夺天工，但观察这些组成部分，却没有产生我原本期望看到的独特性或优越性。哺乳动物之外胎生也很常见，就是个明显的例子，而哺乳动物和鸟类平行演化出的众多特征则是个不断重复出现的主题。哺乳动物中耳的三个听小骨非常美丽且独特，但其他动物也独立发展出了卓越的听觉。乳汁是个决定性特征，但有些鸟儿也有嗉囊乳，有些鱼类皮肤能分泌黏液供幼体取食。认为哺乳动物是最最聪明的小动物，我们现在已经知道这个看法并不聪明。

我们生活在哺乳动物时代这个想法也十分复古，它属于旧日时光，那时演化还被看作不断推动生物前往更高理想，最终塑造了智人。自恐龙离开以后，它们的鸟类后代已然剧增，其爬行类表亲也一直存续着，物种数量两倍于哺乳类。海中游荡着超过26 000种条鳍鱼物种。世上还有上百万种昆虫，和数以十万计的其他无脊椎动物。世界分为无数方生态位，微生物、植物和动物以其千差万别的生活方式悠游其中。哺乳动物种种，不过是如何生存的答案之一。我们觉得它有趣不是因为它特别好，而是因为它是我们的方式。[117]

只有人类无视这些界限分明的生态位——大脑使我们能扩散到整个星球。我们耕种、捕猎、消耗，并且现在干起这些事来大手大脚。我写下这些的时候，已有数周报告猎豹种群急速缩小，长颈鹿已经易危，还有60%的灵长目受到灭绝的威胁。如此之多灵长动物举步维艰的报告中，还提及了新发现灵长目物种看似好消息，但应谨慎解读——新物种会被发现，通常是因为人类活动更深入、更具破坏性地与它们的家园短兵相接。猎豹、长颈鹿和大多数我们的近亲如今都已加入了数量骇人的濒危物种之列。想想就让人心碎：未来学习哺乳动物的学生也许拿起第十版《世界哺乳动物物种》放到桌上时，会是一本薄得多的书。

MSW的厚度至少在一段时间里不会缩水，因为这部书包括的是最近500年内生活着的所有哺乳动物。这背后的原理是，500年在地质尺度上不算什么，而且也许，只是也许，人们认为恐怕已灭绝的物种，其实还静静地

---

117 兽孔目取代盘龙目，然后被犬齿兽所代替，最后犬齿兽成为哺乳动物成功的垫脚石，说明它们彼此竞争以占据同样的生态位，而其他脊椎动物在它们之外活得好好的。

生活在某处。1962 年，一艘俄罗斯捕鲸船可能目击到了
巨儒艮（Steller's sea cows），这种动物 1768 年就被欧
洲猎手捕猎殆尽，距离初次发现这些动物仅过了 27 年。
没人宣布一种新西兰岛上的蝙蝠已经灭绝，但是从 20 世
纪 60 年代，一次船难后的老鼠抵达这里之后就没人见过
它们；一个麦克风可能在 2009 年侦测到了它们的叫声。
但是，希望不足以抵消我们——这个星球上最聪明但最
自私的哺乳动物——对这颗星球造成的严峻影响。

我，灵长目

每个物种都如此古老，失去任何一个都是悲剧。众
生层垒而成。

我，四足动物。

我，羊膜动物。

然后我，盘龙类。

我，兽孔目。

我，犬齿兽。

我，哺乳动物。以及最后，我，胎盘哺乳类。

这就是这本书的故事：生物学身份的俄罗斯套娃。

为了更接近我们这辉煌（但不小心）的人类自身，
分子遗传学家彻查了哺乳动物系统发生树，说下一个到

来的是我，灵长总目（Euarchontoglire）。这是我们放在第九章里的东西。（我确信我在这一排里挑了个最抓人的标题。）

灵长总目下一次历史性的分歧是兔和啮齿动物的祖先——统称啮形大目（Glires）——和真灵长大目（Euarchonta）分开。真灵长大目包括灵长目（MSW在其中列出了376种狐猴、眼镜猴和猿），加上两种飞狐猴类（colugos）和20来种攀鼩目（Scandentia）。攀鼩目又叫树鼩，但它们不是真的鼩鼱，而且有些生活在地上。飞狐猴名字里有飞和狐猴，但它们不是狐猴也不会飞；不过倒是看起来很像狐猴，并且可以用前后腿之间连在一起的一层皮肤，在树木间长距离滑翔。

树是真灵长大目之间的黏合剂。这一族动物的奠基者是一种夜行的小型树栖动物，以昆虫为食，可能与之最相似的是如今的树鼩。其后代中只有少数放弃了在高处生活。

在距今5 500万年前的岩石中人们发现了最早的灵长目动物[118]，这些生物已经演化出了两种关键特征——眼睛长在头前面，可抓握的手和脚。双眼长在前面，视野

---

118 自然，其估算起源会比分子测算的时间晚得多……

大范围重叠，使得三维视觉得以发展——脑可以比较平行输入的信号，创造出丰富的深度知觉。对于树顶上跑来跑去的生活来说是个有用的性状，不过你在捕食者身上也能看到这个特征，它们判断深度是为了猎杀。与其他许多树栖动物不同，灵长目并不只在树干和较低的枝条附近活动，它们住在树冠之上。在那里它们能得到丰富的果实、花蕾和昆虫。作为一种高度视觉化的动物，灵长目主要白天活动。所有的猴、猿和人类——除了顾名思义的夜猴（owl monkey）——都是昼行的。[119]

灵长目有可以抓握的手和脚，在手指和脚趾上都有特化的垫，可以增加抓握力、提高触觉感知。它们还有指甲而不是爪子——虽然许多狐猴、眼镜猴和少数猴类有一根有爪的手指用来帮助清理。它们的重心转移到了主导运动的后肢，这使它们有了独特的行走方式。

从总体上看，灵长目辐射探索了视觉和树栖运动：这种生活方式导致了深刻的神经转变。化石头骨表明，即使最早的灵长目，其头部相对体形来说也相当大，处理视觉输入的脑区增大推动了这一变化。为了真正理解

---

119 大多数夜间活跃的哺乳动物都是小眼睛，表明它们更依赖其他感官，而夜猴和夜行狐猴则是大眼睛。

这个器官，人们对现存动物的脑进行了精细检查，揭示出一些其他的特化。在大多数脑很大的哺乳动物身上，其神经元也更大、更分散，而灵长目的神经大小和分布密度都不变，这意味着更大的灵长目脑中有更多的神经元。而且灵长目丘脑（脑中大多数感觉输入的第一大中继站）里还藏着视觉和身体感觉的特有处理中枢。

不过最有趣的还是大脑皮层。灵长目的视觉皮层不仅大，而且分为越来越多清晰的子区域。某些区域混合敏锐视觉和精细肌肉控制，发挥视觉引导运动的功能。灵长目演化出了更大的皮层区域接收来自手上的详细感知信息，还有一些区域（非常独特）则专门规划运动。最后，它们拥有更大的前额叶皮层——位于大脑前部，多条信息链在此结合并加以分析。虽然只有寥寥几种哺乳动物有了详尽的脑皮质地图，但看起来灵长目比其他哺乳动物拥有更多功能特化的区域。

我并不想呈现出一幅线性上升、越来越聪明的灵长目的图景：聪明的哺乳动物在哺乳动物家族树各个枝端都有，也不是每个灵长动物都像树栖的爱因斯坦。但毫无疑问，这些大脑的变化，对于我们人类所熟悉的那一种特定智能来说必不可少。

灵长目生活中另一个普遍特征是，一切都在变慢。

灵长目拥有相对较长的寿命，较晚达到性成熟，通常一次只生一个后代。这个后代要经历漫长的妊娠期，一般在出生的时候已经是个发育完备的小哺乳动物，然后还要经历相对缓慢的成长过程。

最后，灵长目通常都很社会化。大多数灵长目都群居，拥有复杂的社会互动。听起来挺耳熟是不？

3 000 万—2 500 万年前，灵长目家族中出现了猿。然后或许是在 600 万年前的某天，某些猿开始用后肢行走，这些后肢最终牵动一支特殊的支系——带着它们在树上学到的一切——走上了大草原。在那里，厚厚的皮毛变得多余，童年变得更久，它们的脑则变得规模空前……打住，这是另一本书的内容了。但是，这些未来成为人类的奇异哺乳动物，没有丢弃任何一种使它们成为哺乳动物的特征；相反，直立且依赖脑的智人生活，仰赖着那些定义了哺乳动物的特性。

我，哺乳动物

我一度以为，我在哺乳动物身上最大的收获，会是知道了那些定义哺乳动物的标志性特征有怎样非凡的适应性。哺乳能让本就胖胖的新生冠海豹在四天内体形增大四倍，它能养活一窝十只小猪，也能在猩猩和她的独生宝宝之间建立起长达八年的纽带。内温性使熊悠游于北极，让骆驼横渡沙海。哺乳动物的牙齿能磨出草、种子和昆虫里的好东西，也能撕碎羚羊。哺乳动物的脑让飞行的食虫者用声呐捕猎，引领座头鲸迁徙16 000公里（10 000英里），带来刺猬相对简单的生活，或者，没错，编出巴赫的大提琴协奏曲及想出演化理论。这些都是真的——这些特征具有深刻的可塑性，哺乳动物具有毋庸置疑的多样性和分布上的广泛性——但我并不确定这对哺乳动物来说有那么特殊。说到底，既然外面有上百万种昆虫，昆虫那边的适应性想必令人目眩神驰。重要的其实是单个性状的组合。

原本这是很自然的做法：把本书分为各个章节，每章讨论哺乳动物身体的一个方面。这种林奈式方法不仅符合你通常所见的哺乳动物描述——"温血脊椎动物、有皮毛和乳腺"——它也和大学里各系，以及医院里专门治疗身体特定部位的病房划分相近。长期以来，生物学家研究生物体都是把它们分成各个组成部分。

但我在开始写这本书之前已经明白，这些章节不可能互相独立。阴囊并非起源于精子生产的自主机制。要解释为何大多数雄性哺乳动物不在腹部保护下生产配子，你得考虑到哺乳动物要么变成内温动物，要么获益于一种新的运动形式。哺乳也是一个与哺乳动物祖先生理机制变化息息相关的性状：当我们远祖的卵变得越来越小、越来越热，它们就很容易干涸，或者被那些觊觎其散发的热能的寄生微生物攻占。

哺乳动物明显在变得越来越温血，但我们举两个例子来看这条道路上的阻碍。想象一下，一个支系的动物正在往体温越来越高的方向上演进。假设它们拥有实现这个目标的所有生理机能，就你通常觉得和高能量生活方式相关的那些——强壮的心脏、肺和颌；纤长的四肢；精细的牙齿——然后，砰——它们的卵跟不上趟。它们很快干涸，布满了微生物。好吧，那个看起来真不像个内温性的问题。自然选择发挥作用解决了这个问题，演化出一种类似乳汁的分泌物。然后过了一亿年，身体还在变热，它们变成更敏捷的生物到处跑，然后，砰——精子生产出问题了。谁会想到这会出麻烦？身体各部分或生理过程之间的联系常常难以直接预见。

所以早些时候，我拿了一张 A3 纸草草勾勒出这些联系。而越是深入，我要添加的线越多。如果中耳骨曾是祖先的颌骨，就要在进食和听觉之间画条线。新的耳把信息送达增大的脑，这又消耗了巨大的能量预算——线越来越多。要不是有颌部和肌肉的恰当移动——一个小小的交叉的三角，形状精巧的牙齿就毫无用处。没有哪个性状能被单独圈出来。没有哪一章（我相信已经很明显了）是一座孤岛。

我不认为这样的矩阵能逃过人们法眼，但第一次看到汤姆·肯普的哺乳动物生理图解时仍感到了奇异的认知冲击。在他的演绎里，一张精巧的网络连接着 30 个不同节点。相比之下我的图好幼稚的。

在肯普看来，把一种哺乳动物（或任何生物）分成各个组成部分有很严重的问题。没错，单个特征可以有意义地定性并单独进行研究，但这样的方法不应掩盖这一事实，即每个特征都是更大整体的一部分。而正是作为整体的生物——哺乳类、鱼类、树或者微生物——才是必须生存和繁殖的实体。

不同身体部位间的功能性互动，是理解任何类型生物体演化的关键。相互作用造就相互依赖，因此没有哪个单一特征——不是哪个"关键创新"——能被视为某类生物决定性或开创性的特征。

这又让我回到了写这本书一开始时的另一个期望：我以为会出现某种决定了哺乳动物生命的时刻。最有可能的历史性转折有三，分别是内温性、智能和哺乳。我承认自己最着迷的就是哺乳带来的变革性冲击。但是，虽然这一激进的创新无疑为生命开启了新篇，肯普的论点却在于，诸如哺乳这样的特征并不是孤立演化出来的。

圣乔治·米瓦特曾考虑过，复杂如乳腺的东西究竟怎么才能演化出来，要回答他的问题，需要极为详细的遗传和发育分析。但在把汗腺转变为自动乳汁设备的生理机制之外，要实现这类重组的动物，还得有能力积累大量食物，并且能将多余的能量以一种今后能转化为乳汁的形式存储起来。她还得一开始就照料她的卵。没有这些平行的适应性，哺乳是不可能的。

而恰如泌乳依赖多重因素，一旦一个母亲开始给后代哺乳，这一哺育模式就进入并重塑了新的互动网络。通常这些相互作用会是互利互惠的。产乳的能量代价高昂，但是哺乳能使完全咬合的牙齿长在成体尺寸的下颌上，令能量收集变得更高效。额外的能量能供养更大的脑，这造就了更强的捕猎者或更机敏的食草者。这些脑能以更复杂的方式处理耳反馈的信息，而耳则因为颌的扩大而变得更为敏感。就这样环环相扣，错综复杂。你没法拎出单一性状然后说，"在那儿！那就是关键！"

关键创新造成决定性飞跃的想法，就好像我塞给玛丽安娜一堆画布、颜料和笔刷，然后就期待她能再现梵高的《向日葵》。不会发生这种事的——她与之不匹配。实际上我们给她的材料得适合她现在的能力，这些材料将让她的能力增长一些，达到她此刻的发育水平能容许的高度。她的艺术能力会和她的心智、肌肉控制及她得到的材料亦步亦趋地朝前发展，彼此形成整体。

正如肯普所说："哺乳动物并不存在某种单一的关键适应性或创新，因为这个过程和结构中每一分子都是生物体有机组织当中的必要部分"。

那么如何解释复杂生物的演化？肯普说到了"彼此关联的进展"，我们在关于内温性演化中触及了他这一观点的实质：复杂生物体中任何性状，在别处需要发生进一步变化之前，都只能发生小小的改变。

肯普喜欢把生物体比作一排手拉手朝前走的人。每个人都是一个单独性状，为了维持这条线作为一个实体的活性——在生物体来说就是保持活着、有功能——任何两只手都不能松开。在某个时刻牙齿女士可以往前走上一步，但要让整排动起来，在牙齿女士能作出进一步动作之前，颌先生也得走起来。

肯普的另一个重要论点是，功能的相互作用不是固定的。我举的例子是，卵子健康和精子生成阻碍了内温性，这是种暂时的相互作用——这些手锁在一起不是永久的。

一旦有了阴囊，内温性的难题就不再困扰睾丸，而一旦演化出胎生，内温性很可能对胚胎发育很有好处，不复哺乳类产卵时那般如同肘腋之患。你能看到，任何生物体当前特征决定了它的可能性，决定了它能如何及在何处发生演化。

　　肯普如今已经正式退休不再做研究，但还在继续写作。他很有魅力，也很博学，当我在牛津大学圣约翰学院见到他时，我很后悔马上承认自己记不住科学名称。吃午饭的时候他解释自己是这么和本科生解释为什么否定"关键创新"这个概念的：论证所有哺乳动物生理机制的演化，都出于对大脚趾的好处。

　　吃过饭，我问他能否给哺乳动物下一个定义。他回顾了自己最初的网状图解（发表于 1982 年）。在这张图的中心，他写下了一个词：内稳态（HOMEOSTASIS），在其周围是三个主要节点："温度调控""空间控制"和"化学调节"。

　　内稳态——意为维持恒定的条件——这个术语由沃尔特·坎农（Walter Cannon）创造于 1926 年，但这个概念最早能追溯到法国生物学家克洛德·贝尔纳（Claude Bernard）在 1865 年的阐释，贝尔纳称之为"内环境的稳定是自由及独立生活的基础"。由此它适用于所有的生命：在任何生物体内部维持着的局部秩序，能对抗外部世界的混乱。但肯普认为，两种动物维持内稳态的能力登峰造极：鸟类和哺乳类。

当四足动物从自己的水生家园中出现，维持其建立在水中生物化学基础上的内环境，是个紧迫的挑战。在这个生物和外部世界的边界上，充满水的细胞遇到了空气；作为媒介的水和它固有的浮力都没了，外部温度又随着昼夜季节而急剧波动。在1亿年里，从最初的陆地动物到哺乳动物的转变，是诸多适应性变化如何一一攻克这些难题的见证。哺乳动物在恒定体温下活动，它们的身体能高效穿梭于高低不平的地貌，还能保持其体内的各种化合作用。哺乳动物采取的内稳态策略，超出了其新生儿的能力范围，于是每一代的哺乳动物都照料引导着下一代。实际上，我们可以把子宫视为母亲把自己的生理机能恒定性延伸至发育中的幼体的一种方式，而她的脂肪储备和乳汁供应，则保护着幼体不必苦于不稳定的食物供给。

鲸、海牛和海豹重返水生生活没准有点儿讽刺意味，但这也是个证明：这种核心计划的适应性很靠得住，它能让生命在如此之多的栖息地里生生不息。

对内稳态的关注，以及贝尔纳关于自由的评论，让我想到 J.Z. 扬（J. Z. Young）在其 1950 年的名著《脊椎动物学》（*The Life of Uertebrates*）中所写的一段评语："骆驼载着人穿过沙漠，他们俩所含的水或许比方圆几英里内空气和沙质荒地里能找到的水更多，"扬写道，"这是哺乳动物生命'不可能性'的一个极端例子，而这正是哺乳动物最具特征性的特质之一。"

在我们的谈话中，肯普一直愉快而严肃。直到最后，坐在外面，边上放着两个早已空了的咖啡杯，我看到他向后一靠，姿态完全舒展开来，微笑着说："我觉得哺乳动物可真了不起。"

尾声

我来到道恩小屋——达尔文位于肯特郡的田园故居，他从 1842 年住在这里直至 1882 年去世。我来此追寻一位科学家、一幢只有一个人的研究所。达尔文在这里写下了他的著作，在这里的土地上进行他的实验。那是一个明快的秋日。

道恩小屋的底楼放置了许多遗物和复制品，重建达尔文居住时的样貌。楼上的房间是比较典型的故居博物馆（除了修复后的夫妇卧室，你知道艾玛·达尔文每天晚上在这里为丈夫读小说吗），通常建议访客从这里开始参观。在第一个卧室里循环播放着一个短视频，一些人在说达尔文是个顾家的人；有个人还说他以孩子为先，工作第二。

穿过几个与加拉帕戈斯群岛有关的房间，我们又回到了英格兰。在大量科学文物中穿插着家庭成员的话。达尔文的儿子弗朗西斯说，他父亲的书桌有种"简单、凑合和古怪的氛围"。这正是我想要的，对这位天才的洞见。很快又看到一首奇妙的"达尔文家诗"：

写封信，写封信
良谏会让人长进
父亲，母亲，姐妹，兄弟
大家互相提建议

接下来，在一个展示孩子们照片的房间，一个孙女回忆着窗外老桑树的树影如何在白色地板上起舞（树还在，不过被支撑住了）。艾玛和查尔斯有十个孩子，七个活到成年。有两个在婴儿时期离世，安妮在十岁时夭折。拐角处有个木质滑梯，挂在楼梯上，娱乐了两代的孩子。

在主卧室里，我站在那里，看见达尔文在晨间所见的英格兰乡村景色。一个环游过世界的人，而他长远注视的却是这般温柔风景。下楼的时候，我想了会儿是直接去书房，还是走过各个房间，把书房留到最后。

我从客厅开始，听着语音导览描述艾玛·达尔文每天晚上为家人弹钢琴。房间很大，但很亲切；不配套的家具很有生活气息；桌上游戏散落各处。达尔文曾经把装着蚯蚓的罐子放在钢琴上和钢琴附近，观察这种动物会不会听到，或感觉到震动。人们常常提到他不是个严厉冷漠的维多利亚式父亲，但只有在他家里，你才会轻柔地感到被他的家庭生活的日常渐渐包围。空气中似乎还留着孩子们跑来跑去的痕迹，七八个活泼的孩子忙忙碌碌，还有家人之间传递的爱意。

达尔文的书房——《物种起源》和那些后续巨著就是在这里写成的——房子中间的一个四方房间。明亮的窗户曾照亮达尔文的私人显微镜，窥见他的书架、书桌和成堆的笔记让人欣喜若狂。但现在，这个想象中的场景被重构了，这里不会有多少安静的时候，达尔文的紧张沉思会不时被孩子打断，他的工作是在家庭生活乒乒乓乓的背景中展开的。

午饭时，我坐在餐厅一角，拿起我带着的书：达尔文的信件和回忆录，以及弗朗西斯·达尔文的《达尔文回忆录》（*Reminiscences*）的合集。我沉浸在他儿子的回忆中。随便翻到了假期开始，达尔文会在那时寻找有趣的植物，判断本地花卉是否授粉，弗朗西斯写道，"我父亲有一种让夏日假期充满魅力的力量，我们全家人都深有感受。"

但随后他就提到了他父亲持续的病痛，并谈到了安妮的死。人们都说安妮在十岁时的夭折摧毁了达尔文，并且让他最后一点基督教信仰的痕迹也消散了。因此，人们经常从所谓的影响方面谈论此事：一个无神的宇宙罔顾了一个虔敬之人，最终使达尔文解放出来，发表了他已在心中保守多年的革命性理论。

弗朗西斯引用了很长一段话，达尔文在安妮死后那段时间写下了这些，以抵抗记忆在时光里的漫漶：

她整个面庞散发着欢乐与动物的灵性，让她每一个动作都灵动地充满生命力和活力。看到她就是欢乐和喜悦……当我们一起在沙子路上散步，我虽然走得快，但她不时跑到我前面，优雅地单脚转圈，可爱的小脸上总是洋溢着最甜美的微笑……在最后那场短暂的病中，她简单的举止如天使一般……我给了她一些水，她说："我真心感谢你！"而我相信，这是她可爱的嘴唇对我说的最后一句宝贵的话语。我们失去了家庭的欢乐和我衰年的慰藉。她一定知道我们有多爱她。哦，那她现在会知道，我们有多么深切、多么温柔，如今仍然并且永将爱着她那可爱的欢乐的小脸！

某些表述让我想起玛丽安娜，另一些则让我看见了伊莎贝拉，然而最终在那里的只是安妮。在纽约自然历史博物馆，看着达尔文那本传奇笔记本，我被安妮的死所触动，但很快被更宏大的科学叙事吸引走开。而现在，我坐在这里，深陷这番 160 年前的悲号，心想，我宁愿你还是拥有你的女儿，别的我们可以等等。[120]

安妮跳舞的沙子路是达尔文的"思考小径"，这是一条卵石和沙子铺的小路，围绕着道恩小屋花园后面的树林。达尔文有很长一段时间每天在这里散三次步，每

---

120 这是我对这段话的感触。但是科学史家约翰·范·维尔（John van Wyhe）和马克·帕伦（Mark Pallen）最近对广泛传播的安妮之死给了达尔文的信仰最后一击的说法提出了质疑。就他们所能确定的是，这一说法是在达尔文死后一个世纪才形成的，是基于猜测和非常间接的证据。它多少抓住了公众的想象，不过维尔和帕伦提出了有说服力的证据，认为达尔文在很久以前就已经说服了自己摆脱基督教信仰——也许早在安妮出生以前。他们并未质疑安妮之死给达尔文带来的痛苦。

次会走上五圈以完成一英里的步行。为了计数，他在第一个转弯处放了一堆打火石，每走一圈踢掉一块。我来这儿主要就是想走走这条小路。

当我走上小径，经过达尔文研究多种不同植物的温室，以及比较各种不同蔬菜的厨房花园，语音导览解释说，沙子路也不是什么孤独沉思的地方。当达尔文散步时，孩子们在中间玩耍；偶尔他们还会代替他去踢打火石，好让父亲多陪他们一会儿。

今天，我独自一人在树林里。地面铺满落叶，小径上散落的山毛榉果嘎吱作响。朽木倒伏，支在活着的树上。冬青树刚强的绿意辉映着四周的秋色。树木、灌木、蕨类和地被植物挤挤挨挨。每种植物都在寻找优势、寻求生存、寻求生产出下一代。达尔文一定也踩过掉落的种子——这些树木传宗接代的万千次尝试——他也知道一棵年轻的树要穿破老林有多不平凡。他所寻找的一切解释都在这里。

两只松鼠和我一起。当然，是灰色的。我后来想弄清达尔文有没有在这里见过松鼠。灰松鼠直到19世纪70年代才被引入英格兰，但道恩小屋有没有红松鼠呢？最后，我重读弗朗西斯的回忆录，知道了他父亲长久地在这儿蹑手蹑脚，或者一动不动，以寻找"鸟兽"。有一次，

"一些小松鼠爬上了他的背和腿，而它们的母亲在树上对它们痛苦地大喊"。

我停下来观察这灰色的两只。它们不怎么在意我。不过当一只后退时，另一只也停下来，飞快地注意了我一下。它的尾巴看起来像个问号。

我们不是干燥沙漠里的骆驼和人类骑手，但我们感觉还是像不可能的一对儿。两个脱离环境的、无休止的代谢熔炉。超出认知的漫长历史之中两个随机的句点。我想，我们构成了这座树林中生命的多么小的一部分，有那么多植物，远比哺乳动物多；我们两个是何等奢侈之物。

就在松鼠和我身处的这个空间，自然所塑造的最为聪明、最为无尽好奇的智能，曾将注意力转向了大自然本身，产生了一套理论解释万物为何如是。松鼠逃走了。它的尾巴跟着身体的弧线运动而摆动——一个毛茸茸的"m"跳上了树。不带任何停顿或明显的思索，它从平地跑上了树干垂直的表面。

松鼠往上跑着跑着，不见了。我忽然满怀感激：能站在这儿是什么样的运气啊。我决定再走一圈。

精选读物

导言

Wilson, D. E., Reeder, D. M. (eds) (2005). *Mammal Species of the World: A Taxonomic and Geographic Reference* (3rd edition). Johns Hopkins University Press.

第一章

Chance, M. R. A. (1996). Reason for externalization of the testis of mammals. *Journal of Zoology*, 239: 691–695.

Kleisner, J., Ivell, R., Flegr, J. (2010). The evolutionary history of testicular externalization and the origin of the scrotum. *Journal of Biosciences*, 35: 27–37.

Lovegrove, B. G. (2014). Cool sperm: why some placental mammals have a scrotum. *Journal of Evolutionary Biology*, 27: 801–814.

Moore, C. R. (1926). The biology of the mammalian testis and scrotum. *Quarterly Review of Biology*, 1: 4–50.

第二章

Burrell, H. (1927). *The Platypus: Its Discovery, Zoological Position, Form and Characteristics, Habits, Life History etc*. Angus & Robertson (Sydney).

Darwin, C. R. (1845). *Journal of Researches into the Natural History and Geology of the Countries Visited During the Voyage of HMS 'Beagle' Round the World*. John Murray.

Griffiths, M. (1978). *The Biology of the Monotremes*. Academic Press.

Hall, B. K. (1999). The paradoxical platypus. *Bioscience*, 49: 211–218.

Scheich, H., et al. (1986). Electroreception and electrolocation in platypus. *Nature*, 319: 401-402.

第三章

Harper, P. S. (2008). *A Short History of Medical Genetics*. Oxford University Press.

Josso, N. (2008). Professor Alfred Jost: the builder of mo modern sex differentiation. *Sexual Development*, 2: 55-63.

Morgan, G. J. (1998). Emile Zuckerkandl, Linus Pauling, and the molecular evolutionary clock, 1959-1965. *Journal of the History of Biology*, 31: 155-178.

Rens, W., et al. (2004). Resolution and evolution of the duck-billed platypus karyotype with an X1Y1X2Y2X3Y3X4Y4X5Y5 male sex chromosome constitution. *Proceedings of the National Academy of Sciences of the USA*, 101: 16257-16261.

Sinclair, A. H., et al. (1990). A gene from the human sex-determining region encodes a protein with homology to a conserved DNA-binding motif. *Nature*, 346: 240-244.

Sutton, E., et al. (2010). Identification of SOX3 as an XX male sex reversal gene in mice and humans. *Journal of Clinical Investigation*, 121: 328-341.

Wallis, M. C., Waters, P. D., Graves, J. A. (2008). Sex determination in mammals - before and after the evolution of SRY. *Cellular and Molecular Life Sciences*, 65: 3182-3195.

第四章

Ah-King, M., Barron, A. B., Herberstein, M. E. (2014). Genital evolution: why are females still understudied? *PLoS Biology*, 12: e1001851.

Laurin, M. (2010). *How Vertebrates Left the Water*. University of

California Press.

Pough, F. H., Janis, C. M., Heiser, J. B. (2013). *Vertebrate Life* (9th edition). Pearson.

Sanger, T. L., Gredler, M. L., Cohn, M. J. (2015). Resurrecting embryos of the tuatara, *Sphenodon punctatus*, to resolve vertebrate phallus evolution. *Biology Letters*, 11: 20150694.

Shubin, N. H., Daeschler, E. B., Jenkins, F. A. Jr. (2006). The pectoral fin of *Tiktaalik roseae* and the origin of the tetrapod limb. *Nature*, 440: 764-771.

Tschopp, P., et al. (2014). A relative shift in cloacal location repositions external genitalia in amniote evolution. *Nature*, 516: 391-394.

Wagner, G. P., Lynch, V. J. (2005). Molecular evolution of evolutionary novelties: the vagina and uterus of therian mammals. *Journal of Experimental Zoology. Part B, Molecular and Developmental Evolution*, 304: 580-592.

第五章

Carroll, S. B. (2005). *Endless Forms Most Beautiful: The New Science of Evo Devo and the Making of the Animal Kingdom*. Weidenfeld.

Hartman, C. G. (1920). Studies in the development of the opossum *Didelphys virginiana* L. V. The phenomena of parturition. *Anatomical Record*, 19: 251-261.

Nowak, R. M. (2005). *Walker's Marsupials of the World*. Johns Hopkins University Press.

Tyndale-Biscoe, H., Renfree, M. (1987). *Reproductive Physiology of Marsupials*. Cambridge University Press.

Wagner, G. P. (2014). *Homology, Genes, and Evolutionary Innovation*. Princeton University Press.

Weismann, A. (1881). *The Duration of Life*.

第六章

Burton, G. J., Fowden, A. L. (2015). The placenta: a multifaceted, transient organ. *Philosophical Transactions of the Royal Society B, Biological Sciences*, 370: 20140066.

Furness, A. I., et al. (2015). Reproductive mode and the shifting arenas of evolutionary conflict. *Annals of the New York Academy of Sciences*, 1360: 75–100.

Haig, D. (1993). Genetic conflicts in human pregnancy. *Quarterly Review of Biology*, 68: 495–532.

Haig, D. (2015). Q & A. *Current Biology*, 25: R700–702.

Janzen, F. J., Warner, D. A. (2009). Parent–offspring conflict and selection on egg size in turtles. *Journal of Evolutionary Biology*, 22: 2222–2230.

Moore, W. (2005). *The Knife Man: Blood, Body-snatching and the Birth of Modern Surgery*. Bantam.

Pijnenborg, R., Vercruysse, L. (2004). Thomas Huxley and the rat placenta in the early debates on evolution. *Placenta*, 25: 233–237.

Pijnenborg, R., Vercruysse, L. (2013). A. A. W. Hubrecht and the naming of the trophoblast. *Placenta*, 34: 314–319.

Trivers, R. (1974). Parent–offspring conflict. *American Zoologist*, 14: 249–264.

第七章

Blackburn, D. G., Hayssen, V., Murphy, C. J. (1989). The origins of lactation and the evolution of milk: a review with new hypotheses. *Mammal Review*, 19: 1–26.

Daly, M. (1979). Why don't male mammals lactate? *Journal of*

Theoretical Biology, 78: 325–345.

Francis, C. M., et al. (1994). Lactation in male fruit bats. *Nature*, 367: 691–692.

Lefèvre, C. M., Sharp, J. A., Nicholas, K. R. (2010). Evolution of lactation: ancient origin and extreme adaptations of the lactation system. *Annual Review of Genomics and Human Genetics*, 11: 219–238.

Oftedal, O. T. (2012). The evolution of milk secretion and its ancient origins. *Animal*, 6: 355–368.

Pond, C. M. (1977). The significance of lactation in the evolution of mammals. *Evolution*, 31: 177–199.

Schiebinger, L. (1993). Why mammals are called mammals: gender politics in eighteenth-century natural history. *American Historical Review*, 98: 382–411.

Vorbach, C., Capecchi, M. R., Penninger, J. M. (2006). Evolution of the mammary gland from the innate immune system? *Bioessays*, 28: 606–616.

第八章

Broad, K. D., Curley, J. P., Keverne, E. B. (2006). Mother–infant bonding and the evolution of mammalian social relationships. *Philosophical Transactions of the Royal Society B, Biological Sciences*, 361: 2199–2214.

Clutton-Brock, T. H. (1991). *The Evolution of Parental Care*. Princeton University Press.

Graham, K. L., Burghardt, G. M. (2010). Current perspectives on the biological study of play: signs of progress. *Quarterly Review of Biology*, 85: 393–418.

Lukas, D., Clutton-Brock, T. H. (2013). The evolution of social monogamy in mammals. *Science*, 341: 526-530.

Numan, M. (2007). Motivational systems and the neural circuitry of maternal behavior in the rat. *Developmental Psychobiology*, 49: 12-21.

Pedersen, C. A., Prange, A. J. Jr. (1979). Induction of maternal behavior in virgin rats after intracerebroventricular administration of oxytocin. *Proceedings of the National Academy of Sciences of the USA*, 76: 6661-6665.

Rilling, J. K., Young, L. J. (2014). The biology of mammalian parenting and its effect on offspring social development. *Science*, 345: 771-776.

Spinka, M., Newberry, R. C., Bekoff, M. (2001). Mammalian play: training for the unexpected. *Quarterly Review of Biology*, 76: 141-168.

Zohar, O., Terkel, J. (1991). Acquistion of pine cone stripping behaviour in black rats *(Rattus rattus)*. *International Journal of Comparative Psychology*, 5(1): 1-6.

第九章

Archibald, J. D. (2012). Darwin's two competing phylogenetic trees: marsupials as ancestors or sister taxa? *Archives of Natural History*, 39: 217-233.

Close, R. A., et al. (2015). Evidence for a mid-Jurassic adaptive radiation in mammals. *Current Biology*, 25: 2137-2142.

Foley, N. M., Springer, M. S., Teeling, E. C. (2016). Mammal madness: is the mammal tree of life not yet resolved? *Philosophical Transactions of the Royal Society B, Biological Sciences*, 371: 20150140.

Goswami, A. (2012). A dating success story: genomes and fossils converge on placental mammal origins. *EvoDevo*, 3: 18.

Hillenius, W. J. (1992). The evolution of nasal turbinates and mammalian endothermy. *Paleobiology*, 18: 17-29.

Kemp, T. S. (2005). *The Origin and Evolution of Mammals*. Oxford University Press.

Luo, Z-X. (2007). Transformation and diversification in early mammal evolution. *Nature*, 450: 1011-1019.

Madsen, O., et al. (2001). Parallel adaptive radiations in two major clades of placental mammals. *Nature*, 409: 610-614.

Murphy, W. J., et al. (2001). Molecular phylogenetics and the origins of placental mammals. *Nature*, 409: 614-618.

Novacek, M. J. (1992). Mammalian phylogeny: shaking the tree. *Nature*, 356: 121-125.

Simpson, G. G. (1945). The principles of classification and a classification of mammals. *Bulletin of the American Museum of Natural History*, 85: 1-350.

Springer, M. S., et al. (1997). Endemic African mammals shake the phylogenetic tree. *Nature*, 388: 61-64.

Ungar, P. S. (2014). *Teeth: A Very Short Introduction*. Oxford University Press.

第十章

Bennett, A. F. (1991). The evolution of activity capacity. *Journal of Experimental Biology*, 160: 1-23.

Bennett, A. F, Ruben, J. A. (1979). Endothermy and activity in vertebrates. *Science*, 206: 649-654.

Dhouailly, D. (2009). A new scenario for the evolutionary origin of hair, feather, and avian scales. *Journal of Anatomy*, 214: 587-606.

Farmer, C. G. (2000). Parental care: the key to understanding endothermy and other convergent features in birds and mammals. *American Naturalist*, 155: 326–334.

Hayes, J. P., Garland, T. Jr. (1995). The evolution of endothermy: testing the aerobic capacity model. *Evolution*, 49: 836–847.

Huttenlocker, A., Farmer C. G. (2017). Bone microvasculature tracks red blood cell size diminution in Triassic mammal and dinosaur forerunners. *Current Biology*, 27: 48–54.

Kemp, T. S. (2006). The origin of mammalian endothermy: a paradigm for the evolution of complex biological structure. *Zoological Journal of the Linnean Society*, 147: 473–488.

Koteja, P. (2000). Energy assimilation, parental care and the evolution of endothermy. *Proceedings of the Royal Society B, Biological Sciences*, 267: 479–484.

Koteja, P. (2004). The evolution of concepts on the evolution of endothermy in birds and mammals. *Physiological and Biochemical Zoology*, 77: 1043–1050.

Lovegrove, B. G. (2016). A phenology of the evolution of endothermy in birds and mammals. *Biological Reviews*, 92: 1213–1240.

Maderson, P. F. A. (1972). When? Why? And how? Some speculations on the evolution of the vertebrate integument. *American Zoologist*, 12: 159–171.

McNab, B. K. (1978). The evolution of homeothermy in the phylogeny of mammals. *American Naturalist*, 112: 1–21.

Stenn, K. S., Zheng, Y., Parimoo, S. (2008). Phylogeny of the hair follicle: the sebogenic hypothesis. *Journal of Investigative Dermatology*, 128: 1576–1578.

第十一章

Allin, E. F. (1975). Evolution of the mammalian middle ear. *Journal of Morphology*, 147: 403–437.

Benni, J. J., et al. (2014). Biogeography of time partitioning in mammals. *Proceedings of the National Academy of Sciences of the USA*, 111: 13727–13732.

Buck, L., Axel, R. (1991). A novel multigene family may encode odorant receptors: a molecular basis for odor recognition. *Cell*, 65: 175–187.

Gerkema, M. P., et al. (2013). The nocturnal bottleneck and the evolution of activity patterns in mammals. *Proceedings of the Royal Society B, Biological Sciences*, 280: 20130508.

Heesy, C. P., Hall, M. I. (2010). The nocturnal bottleneck and the evolution of mammalian vision. *Brain, Behavior and Evolution*, 75: 195–203.

Niimura, Y., Nei, M. (2007). Extensive gains and losses of olfactory receptor genes in mammalian evolution. *PLoS ONE*, 2: e708.

Niimura, Y., Matsui, A., Touhara, K. (2014). Extreme expansion of the olfactory receptor gene repertoire in African elephants and evolutionary dynamics of orthologous gene groups in 13 placental mammals. *Genome Research*, 24: 1485–1496.

Svoboda, K., Sofroniew, N. J. (2015). Whisking. *Current Biology*, 25: R137–140.

Takechi, M., Kuratani, S. (2010). History of studies on mammalian middle ear evolution: a comparative morphological and developmental biology perspective. *Journal of Experimental Zoology. Part B, Molecular and Developmental Evolution*, 314: 417–433.

第十二章

Calabrese, A., Woolley, S. M. (2015). Coding principles of the canonical cortical microcircuit in the avian brain. *Proceedings of the National Academy of Sciences of the USA*, 112: 3517-3522.

Dugas-Ford, J., Rowell, J. J., Ragsdale, C. W. (2012). Cell-type homologies and the origins of the neocortex. *Proceedings of the National Academy of Sciences of the USA*, 109: 16974-16979.

Harris, K. D. (2015). Cortical computation in mammals and birds. *Proceedings of the National Academy of Sciences of the USA*, 112: 3184-3185.

Harris, K. D., Shepherd, G. M. (2015). The neocortical circuit: themes and variations. *Nature Neuroscience*, 18: 170-181.

Kaas, J. H. (2011). Neocortex in early mammals and its subsequent variations. *Annals of the New York Academy of Sciences*, 1225: 28-36.

Karten, H. J. (1969). The organization of the avian telencephalon and some speculations on the phylogeny of the amniote telencephalon. *Annals of the New York Academy of Sciences*, 167: 164-179.

Karten, H. J. (2015). Vertebrate brains and evolutionary connectomics: on the origins of the mammalian 'neocortex'. *Philosophical Transactions of the Royal Society B, Biological Sciences*, 370: 20150060.

Northcutt, R. G. (2002). Understanding vertebrate brain evolution. *Integrative and Comparative Biology*, 42: 743-756.

Romer, A. S. (1933). *Man and the Vertebrates*. University of Chicago Press.

Rowe, T. B., Macrini, T. E., Luo, Z. X. (2011). Fossil evidence on origin of the mammalian brain. *Science*, 332: 955-957.

Striedter, G. F. (2004). *Brain Evolution*. Sinauer.

第十三章

Darwin, C., ed. Darwin, F. (1958). *Selected Letters on Evolution and Origin of Species (With an Autobiographical Chapter)*. Dover Publications.

Estrada, A., et al. (2017). Impending extinction crisis of the world's primates: why primates matter. *Science Advances*, 3: e1600946.

Kaas, J. H. (2013). The evolution of brains from early mammals to humans. *Wiley Interdisciplinary Reviews: Cognitive Science*s, 4: 33–45.

Kemp, T. S. (2016). *The Origin of Higher Taxa: Palaeobiological, Developmental and Ecological Perspectives*. Oxford University Press and University of Chicago Press.

Martin, R. D. (2012). Primates. *Current Biology*, 22: R785–790.

Young, J. Z. (1950). *The Life of Vertebrates*. Oxford University Press.

Van Wyhe, J., Pallen, M. J. (2012) The 'Annie hypothesis': did the death of his daughter cause Darwin to 'give up Christianity'? *Centaurus*, 54: 105-123.

致谢

感谢那位默默无闻的足球员，在 2011 年未能越过我得分。我恨了你大概半小时，但我很高兴这本书能存在。感谢劳拉·海尔穆特和 *Slate* 杂志，刊登了我关于睾丸外化自然历史的文章。深深感谢朱莉·贝利读完这篇文章以后邀请我写一本书并信任我能行。在布卢姆斯伯里出版社，与安娜·麦克迪尔米德的共事无与伦比；我感谢她为这本书面世所做的辛苦工作。成为吉姆·马丁 Sigma 系列作者的一分子太棒了，和他的共事也一样。我深深感谢我的编辑凯瑟琳·贝斯特，以及再次感谢朱莉，她们使成书比我交的手稿更好。

在计划这本书的时候，我远远低估了这个任务的量级。幸运的是，我得到了许多人的支持，我对此深怀感激。早些时候我跟朋友说："但愿我不是咬了一大口嚼不下。"回答让我陷入怀疑的旋涡："是不是只有哺乳动物会嚼？"我对此所知甚少。

感谢纽约的美国自然历史博物馆的馆长和受托人、牛津大学自然历史博物馆、大英博物馆和道恩小屋，感谢他们创造出的灵感之地。

我感谢汤姆·肯普、珍妮·格雷夫斯、罗杰·克洛斯、汤姆·桑格、帕特里克·乔普、安娜·卡拉布雷塞、约恩·卡斯、卡罗琳·庞德和哈维·卡滕与我讨论他们的研究，有些还为我的手稿草稿写了反馈。在本书所覆盖的主题中，这么多科学家做了这么多出色的工作（而我不过提到了皮毛），我不胜谦卑地感谢他们每一个人。而本书中任何错误皆归于我。

特别感谢海伦·斯凯尔斯，她冷静的声音常常给我指明方向。还有德雷克，帮助我走出最难的部分——那些卡壳的注解。

许多人阅读并对这些章节提出了评论，我感谢海伦、邦尼·沃克、艾玛·布赖斯、德布拉·奥沙利文、凯蒂·格林伍德-斯金纳、埃莉诺·古尔德、柯蒂斯·阿桑特、艾玛·斯蒂文、雅伊梅·麦卡琴、达米安·帕廷森，以及伦敦 NeuWrite 的其他成员。

我知道这不是奥斯卡演讲，但我还是想感谢我的父母——我原本不知道这个故事和养育后代的关系如此之大：它让我更深地感谢你们。感谢我的兄弟，不为什么。我真诚致谢我的岳母苏珊·卡斯蒂略·斯特里特，她对本书的支持从未松懈，是最认真的读者，也是本书能完成的不可或缺的原因。我现在知道她为何有一群忠诚且充满感激的学生了。

克利夫·霍普金森教会我尝试写作意味着什么。导师这个词现在被用滥了。我会把它严格地留给这样一个人：他的善意、智慧和巨大的个人付出，帮助了新人成为更好的他或她自己；他留下了深远的影响。我不该太严肃，我们其实一路欢笑纵饮，但克利夫，你就是那样的导师。感谢你。

伊莎贝拉和玛丽安娜，你们让我变得更好。你们每天都带给我快乐。看着你们成长，在我能做的地方提供帮助，使我谦卑。愿你们都能腾飞。还有对克里斯蒂娜：首先是本书特供感谢，感谢你容忍我的一团糟。然后还有更大的感谢：感谢你是你，感谢你成就了我们，以及爱我。谢谢你。我希望你们仨对我的意义已经在前文里充分体现；从现在开始，我要坚持用更常规的方式表达我的爱。

图书在版编目（CIP）数据

我，哺乳动物 / (英) 利亚姆·德鲁 (Liam Drew)著；钟与氏译. —
重庆：重庆大学出版社, 2022.11
书名原文：I, Mammal: The Story of What Makes Us Mammals
ISBN 978-7-5689-3391-9

Ⅰ.①我… Ⅱ.①利… ②钟… Ⅲ.①哺乳动物纲 – 通俗读物 Ⅳ.
①Q959.8–49

中国版本图书馆CIP数据核字(2022)第114235号

我，哺乳动物

WO,BURUDONGWU

［英］利亚姆·德鲁 著
钟与氏 译

责任编辑 李佳熙　　　　装帧设计 媛　媛
责任校对 邹　忌　　　　责任印制 张　策

重庆大学出版社出版发行
出版人 饶帮华
社址 （401331）重庆市沙坪坝区大学城西路21号
网址 http://www.cqup.com.cn
印刷 重庆俊蒲印务有限公司

开本:787mm×1092mm　1/32　印张：13.625　字数：231千
2022年11月第1版　2022年11月第1次印刷
ISBN 978-7-5689-3391-9　定价：68.00元

版贸核渝字（2018）第263号